HONDA CB STORY

進化する4気筒の血統

The Bloodlines of HONDA's Four-Cylinder Engine, and Its Evolution.

1959-2006

三樹書房 編集部 編
小関和夫 他共著

1959年：HSC＝ホンダ・スピード・クラブの面々とCR71による、浅間クラブマンレース用に向けて製作されたホンダ初の「スーパースポーツ」の広告。125ccCB92、150ccCB95、250ccCR71の名がある。250ccは「CB71」がドリームC71をベースに開発されたが、高速安定性の面からパイプフレームに変更したCR71にバトンタッチした。

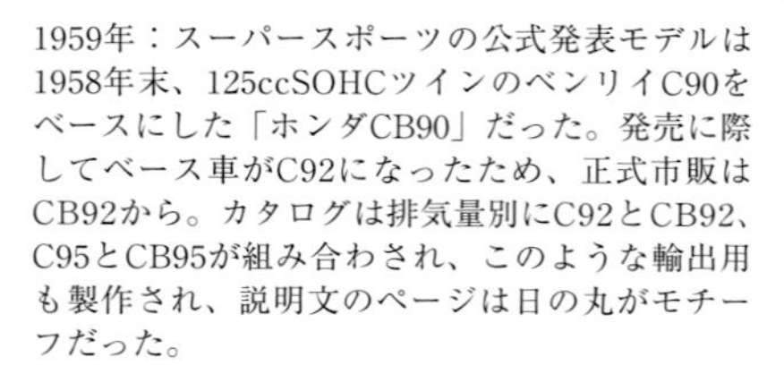

1959年：スーパースポーツの公式発表モデルは1958年末、125ccSOHCツインのベンリイC90をベースにした「ホンダCB90」だった。発売に際してベース車がC92になったため、正式市販はCB92から。カタログは排気量別にC92とCB92、C95とCB95が組み合わされ、このような輸出用も製作され、説明文のページは日の丸がモチーフだった。

1961年：ホンダの車種ごとのカタログは1958年から60年頃まで、A５版12ページの豪華なものとB4版の３つ折のものがあったが、61年以降は輸出、日本向けともA4ないしB4の３つ折になった。C92とCB92併記され写真の上と中が輸出用でマン島TT出場車も載せた。下段は国内向けの一部で、内外向けともC92とCB92が並走している場面があった。

1962年：通称ドリームSS（スーパースポーツの略）と呼ばれた250ccクラスが一般ライダーに乗られるようになるのがCB72から。72は輸出車ということで開発されたため、輸出と日本向けとも同じ写真を使用して文章もほぼ同じ。英文カタログは米軍基地周辺のホンダ販売店に置かれたりしたので、日本でもまれだが入手することが可能だった。

1962年：CB72の輸出仕様はSUPER SPORTだが、日本向けはSUPER SPORTSと最後のSの有無表記の違いが興味深い。初期型CB72はフロントフォーク部がスチール製でシングル・リーディング・ブレーキ、トップブリッジにアルミ・メーターブラケットを持つのが特徴。当初はCB92および95同様にフラッシャーランプがなかった。

1962年：輸出向けのタイプⅠは180度クランク採用により「トップで60km／h以下では走れません。」とアピールして話題になった。日本向けはタイプⅡと呼ばれ360度クランクで最高速度もタイプⅠの155km／hに対して145km／h。CBにC72のエンジンを搭載したアップハンドル車CM72も造られ、CBM72アップハンドル車誕生のきっかけとなる。

1964年：SOHCツインのCB93は1963年東京モーターショーで公開、ベンリイレーシングCR93に似た車体が特徴。だが翌年の市販時に排気量表記のCB125としてデビュー、ヨーロッパにも輸出され、1970年代にはCB125Tに発展する。また排気量アップ車のCB96も市販時にCB160になり、さらにCB175、CB200などを生んでゆく。

1967年：CB450のストリートスクランブラーはCL450として知られるが、当初はエキゾーストパイプを左右アップにしたCB450Dコンドルと呼ばれるモデルが投入された。Dはデザート＝砂漠用を意味するレアなスーパースポーツで黒、赤、青のカラー各車がアメリカのみで販売。ティアドロップ・タンクは後にCB450K1に継承された。

1965年：CB450K0はGPを制覇したホンダが「英国製650ccモデルに、より少ない排気量で対抗」するため生産した世界初のDOHC量産車。初期型には青または黒のカラーが施され、日本仕様はフラッシャーランプを装着。車体が年々強化されてゆくに従いテールランプが大型化され、最終型はCB72も同様だがC50用大型テールが装着された。

1968年：CB450のDOHCエンジンは高回転型のため、K0の4速ミッションで扱いにくかった。しかし、このK1から5速化されデザインも一新して人気を得た。側面クロームメッキのタンクが主流だった日本車も、1970年代以降「塗装タンク」全盛になるため、外観的にも意義深いモデルであり、1970年まで国内で販売。輸出仕様には浅いフェンダー車もあった。

1969年：CB450K2、日本では「エクスポート」と呼ばれたが海外では「スーパースポーツ」。CB750FOURのデザインにあわせたカラーリングが特徴で、価格と性能もK1と同じため人気はエクスポートが高かった。1970年にはフロント・ディスクブレーキを装着したCB450K3、日本名「セニア」が登場、バーチカルツイン派に愛用された。

1971年：CB250／350のK0は1968年モデルとして、台頭してきた2サイクル2気筒車達に対抗する性能を持って登場。日本向けはCB72系タンク、輸出仕様は上下分け2トーンカラーのタンクを持ちエクスポートの名で日本でも市販された。構造デザイン的にそれまでのCB72／77とガラッと変わったため、当初は賛否両論だった。

Two Fast Road-Burners

Sling a leg across the neat tuck-and-roll seat.
Push the starter button.
Snick it into low with the short-throw, positive-feel racer linkage gear change. S[illegible]p open the throttle and drop the c[illegible]ch.
You'll off on the ride of your life.

True riding pleasure. That undefinable thrill of open road freedom, that boss feeling you get as you work smoothly up through the gears, wind in your face. Second. Third. Fourth. Top.
Six thousand. Seve[illegible] Eight.
Moving out now. Ni[illegible] thousand.
Ten thousand rpm, with 500 still on tap.

Down one and hard over around a curve. Tracks like it was on rails.
Blasting down a straight stretch. Racing through the hills on a snaky back road. Brakes, clutch, gears, throttle coordinated perfectly.
This is real sports motorcycling.
The Honda way.

1972年：CB250／350はK0、K1までニーグリップゴムがタンク側面にあったが、このK2で消え、K3では丸みのあるタンクに。さらにK4からCB750同様のディスクブレーキとブーツ付フロントフォークの「セニア」が誕生。世界中で人気車になり、他社からもSOHCバーチカルツインの類型モデルを生み出させるきっかけにもなった。

1968年：CB750FOURのプロトタイプ（プロト）車が東京モーターショーに展示されたが、アメリカン・ホンダモーターでは、いちはやく走行シーンを４ページのカタログにした。プロト然としたエンジンやマフラー、ディスクブレーキ、タンクやシート、サイドカバーの違いに注目。ゼロヨン12.6秒、最高速度200km／hなどのデーターが公表された。

1969年：CB750FOUR K0の超豪華な日本向けの本カタログの表紙。価格的に当時のホンダ製高性能軽乗用車N360TSに匹敵したため、自動車のものと同じにしたと考えられるＡ４版縦12ページ。世界初の空冷並列４気筒二輪車ということで、ホンダの力の入れ方がわかる。当時のカタログは価格的に50cc車１台分ものプレミアがつく場合がある。

1974年：CB750FOUR K4の本カタログ。６ページに２つ折のCB750FOURのミニ・ポスター４ページがつけられた豪華版。CB750FOURカタログは2から４つ折の普及版カタログが一般的だったが、1975年のCB750FOUR-II以降はＡ４版の縦または横８ページ以上の豪華ブックレットタイプと３つ折、２つの体裁が主体になり今日に至っている。

1969年：数種あったCB750FOUR K0のカタログの一種。３つ折で表紙はシルバー地に「The Best Motorcycle」の英文ロゴを配していた。K0のもう一種の３つ折カタログは３面にCB750FOURの姿を配置、表紙は走行するCBの前輪およびエンジン部のアップがある輸出仕様と同じ体裁のものので性能データーを強調したものだった。

1971年：日本向けの乗りやすい、やや小柄の車体にして登場したのがCB500FOURで、4つ折の開くと大きな横型ポスターになるように工夫されていた。シックなカラーリングと丸みのあるデザインが好評。1974年に550FOUR、1979年にCB650FOURに発展するが、隅谷守男が乗り続けたRSC製ワークスレーサーのベースマシンになった。

1972年：４気筒の最小モデルとして登場したのがCB350FOUR。小柄で乗りやすいモデルだったが、加速性能は2気筒のCB350がやや速かったためと価格面で、絶大なる人気を得るには至らなかった。カタログは４つ折で裏面は縦長のポスターになっており、直線を走るCB350FOURを空撮したのびのびしたもので「旅」を意識していた。

1974年：CB350FOURをCB350より速く、かつスタイリッシュにしたのがCB400FOURであった。集合エキゾースト、セミロングタンク、後退したステップなど「カフェレーサー」の要素が盛り込まれ、発売と共にたちまち大人気を得た。カタログの表紙も「400」と集合エキゾーストを強調したもので、カタログ自体の人気も高かった。

おまえは風だ。

1974年：CB400FOURの排気量は408ccだったため、中型自動二輪免許に対応させて1976年には398ccのFOUR-I、FOUR-Ⅱアップハンドル車を加えた３車種を生産。クランクシャフトの変更や生産性の面でコストがかさむようになり、結果的に400ccクラスのCBは1977年にCB400TホークⅡにバトンタッチしたのである。

1979年：RCBの４バルブやCBXの生産技術を反映させた第二世代CB750が空冷４バルブDOHCエンジンを搭載して登場、CB750KおよびCB750Fが勢ぞろいしたカタログが「KING OF THE WAY」「王者、いま並び立つ。」として制作された。メカニズム、性能ともにクラストップに立ち、再び「CB時代」に突入した瞬間だった。

1978年：12月に空冷４バルブDOHCエンジンの第一弾としてグレートクルーザーCB750Kが先行発売された、最初のカタログ表紙にはDOHCエンジン単体写真が強調されていた。1980年にはブラックコムスターホイールや、ジュラルミン鍛造ステップ初装着のCB750Cカスタムエクスクルーシブが限定販売され、即時完売になった。

1979年：６月にホンダファン待望のスーパースポーツCB750Fが新たに加わった。CB750Fはパイプアップハンドルの対米仕様が先行出荷されていたが、日本向けのCB750Fは欧州向け輸出車CB900F、通称「ボルドール」と同じジュラルミン鍛造ハンドルを装着、豪華なメータパネルや４in２エキゾーストの装着などが特徴的だった。

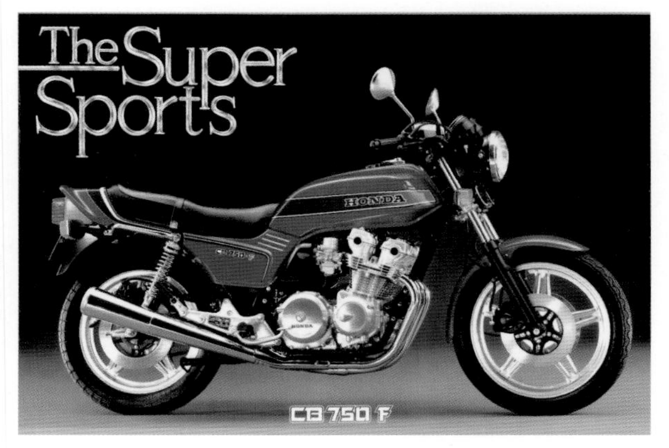

Your authorized HONDA dealer:

1979年：海外における新型モデルの公開は前年の８月から始まるのが常、ホンダも欧州向けにCB900FとCB750Kを発表。1976年以来、欧州各地で連勝を重ねたRCBと並んだカタログが配られ話題になった。日本で制作企画、印刷されたCBの欧州仕様車カタログは表紙、裏表紙続きの横長写真が一貫して使われ、当時の二輪車カタログでの新境地を開いた。

1981年：フルカウリングを装着したスーパースポーツがCB900F2として登場。これは耐久レースの基地となったフランスでの広告。イギリスやドイツでは通常の走行シーンだったが、フランスでは下側からの姿をみせレース戦歴をアピールしていた。カウリングは日本では解禁されてなかったが、F2の外装パーツがカスタム用で出回った。

CB1100R-C R&D Prototype

1982年：市販車の状態で海外での耐久やスプリントレースに勝つため製作された市販レーサーがCB1100R。エンジンやフレームなどが１台ずつ職人により「手組み」され、年間平均、1,000台ほど限定販売。1981年CB1100RB、1982年CB1100RC、1983年CB1100RDの３種があり、日本にも欧州から逆輸入されCBマニア達に愛好された。

1981年：400ccクラス初の4気筒車だったCB400FOURが1977年限りで生産中止、ライバルメーカー各社が400cc 4気筒車を揃えたため、ホンダはクラス最強の48psを空冷4バルブDOHCエンジンによって達成。カタログの表紙ではX状にクロスさせたエキゾーストパイプ、フロントのインボードディスクブレーキを強調させていた。

1992年：待望のCB750が復活、海外では「セブン・フィフティ＝750」と呼ばれ、この3つ折カタログには1969年以来伝統を受け継ぐマシン…とアピール。ベースはCB750の第三世代、背面ACGエンジンを搭載したCBX750F＝チェーン駆動車で1983年に登場しており、CB750系では最も長寿のエンジンを搭載したことになった。

2004年：CBのフラッグシップCB1000SFやCB1300SFが登場するなか、CB750も内外のホンダファン向けに生き残っていた。2004年1月2トーンカラー（パールヘロンブルー／キャンディブレイジングレッド）、12月にゴールドホイールを装備、かつてのCB1100Fを思わせるカラーリングとなり、空冷エンジンを搭載したCBファンに向けたモデルだった。なお海外向けCBにはホーネットシリーズも含まれている。

1992年：プロジェクト・ビッグ１の先陣を切って1992年に登場したCB400SFも、高性能化をすすめ、1995年には589,000円のスタンダード、609,000円のバージョンR、翌年にはバージョンS（599,000円）などを加えた。そして1999年にHYPER VTECを装備、スペックIでは6,750回転で２バルブから４バルブ作動開始。盗難抑止機構H.I.S.S.も標準装備となって、セキュリティの面でも充実した。

2002年：この年のCB400SFからHYPER VTECもスペックⅡとなり、実用域の6,300回転で４バルブ作動開始となり、より扱いやすくなる。2002年にはタンク、前後フェンダーが７色、前後ホイール３色が組み合わせ、計18パターンものカラーオーダープランシステムを導入、２万円高の649,000円で注文可能になり、人気がより高まった。

2002年：このCB400SFのカラーリングはスタンダードプランのフォースシルバーメタリックで、1982年にF・スペンサーが乗ったAMAスーパーバイクレーサーをイメージさせた。HYPER VTECも2003年以降のCB400SFではスペックⅢを搭載、１－５速は6,300回転、６速のみ6,750回転から４バルブ作動に変わるハイ・メカニズムに進化。

1969
Dream
CB750 Four
1979
CB750F
1981
CB1100R（輸出車）
1983
CB1100F（輸出車）
1992
CB1000 Super Four
1998
CB1300 Super Four
2003
CB1300 Super Four

CBの意志を刻み続けること。

1968年10月26日、第15回東京モーターショー。ここに、1台の衝撃的なマシンが展示された。ディスクブレーキ、ダブルクレードル・フレーム、4本のエキゾーストパイプ、そして、量産車で世界初の直列4気筒OHCエンジン。それは、オートバイ史に新たな1ページを切り開く圧倒的な存在感を放っていた。Dream CB750 Four。このマシンは翌年の1969年より市販が開始されたが、ハイウエイ時代の幕開けとともに一世を風靡し、大型モーターサイクルの流れを英国車から日本車へと変えてしまうまでのインパクトを世に与えた。
その衝撃的な登場以来、CBはインラインフォアというひとつの理想形を心臓に持ちながら、レースとともに発展し、年を追うごとにDOHC化、大排気量化と進化を遂げ多くのライダーを魅了してきた。そして1992年、CBはさらに大きな躍進を遂げる。「本当に自分たちが乗りたいモーターサイクルをつくろう」。開発の根本となったその思いは、新しい時代にふさわしいロードスポーツモデルを模索するなかで、自らがHondaファンを自負する開発者たちの心の言葉そのものであった。そして、その理想を実現するためのプロジェクトが発足した。「水冷4バルブインライン4を心臓にもつこと」「その体躯はあくまでセクシー&ワイルドであること」「走る者の心を魅了する感動性能を有すること」というキーコンセプトを設定したPROJECT BIG-1である。こうして、新世代ネイキッドスーパースポーツ、CB1000 Super Fourは誕生した。
時代の要請に応えながら、より優れたマシンを生み出していくこと。そのなかで、CBは自らの進化を繰り返してきた。CB1000 Super Fourの誕生から10余年。我々はまた、CBの飛躍に向けてより熱い思いを新たにマシンに注ぎ込んだ。「本当に乗りたいモーターサイクル」。その思いを表すために、PROJECT BIG-1のコンセプトの原点に戻り、新たなCB1300 Super Fourをここに誕生させたのである。見て、触れて、乗る。そのひとつひとつに、より大きく深い感動をもたらすために。そして、さらなる走りの歓びのために。New CB1300 Super Four。

PROJECT BIG-1

2003年：CB1000SF誕生から10余年、この年のCB1300SFのカタログを開くと、1969年CB750FOUR以来、歴代のCBフォアが並んでいるのがわかり圧巻である。右の文面には「BIG-1のコンセプトの原点に戻りNew CB1300 Super Four」を誕生させたと言明。CBの進化がつきないことを示していることが読み取れる。

2006年：CB1300 SUPER BOL D'OR<ABS>SPECIAL、CB1300はSC40からSC54型式になって2005年からABS車を加えた。海外にも輸出されジャンルは「トラッド＝伝統」のホンダ車としてアピール。写真はハーフカウル装備のスーパーボルドール期間限定販売車で、かつてのCB1100RBを想わせる赤いフレームやフォークなどが特徴である。

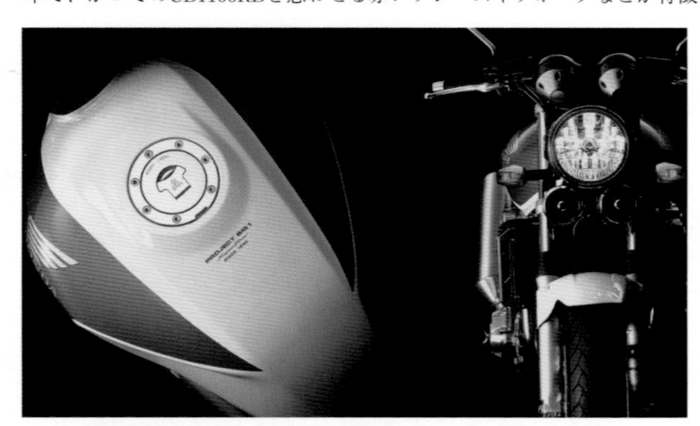

2006年：「PROJECT BIG1 Super Four SINCE 1992 」のロゴがタンク上に輝いていることで、技術者の熱意が伝わる。ネイキッドのフラッグシップとしてCB1300 SUPER FOURは、SC54からさらにボリュームを増し、車体色にシックなシルバーメタリック系も揃えて、この年の登場となった。

2006年：ハーフカウル装備のスーパーボルドールは、高速巡航での余裕を持たせるダイナミックツアラーとして位置付けされ、ABSタイプも設定されて2005年に登場。シート下にはUロックも収納可能な約12リッターの大容量収納が用意され、より実用性を向上させていることがわかり、設計者のCBに対する思いの深さを感じさせる。

ホンダ CB ストーリー

進化する4気筒の血統

MIKI PRESS
三樹書房

はじめに ——三訂版実現までの道程

本書の初版は、1998年4月に刊行されました。1996年頃から製作を開始し、同時に小関和夫氏に編集参画をお願いして、同氏に重要なCBシリーズの変遷や歴史などについて御執筆いただくことになりました。そして1959年に登場したCBの初号機であるCB92の誕生から、その後登場する数多くのCBについて約半世紀に及ぶ経過をたどるとともに、ホンダの主力となる歴代のCBシリーズの軌跡をまとめました。また、本田技研工業株式会社および株式会社ホンダモーターサイクルジャパンのご協力をいただいて、歴代モデルの開発を担当された方々への取材、収録することも実現しました。また当時のめずらしい写真や資料なども、コレクションホールからもご提供いただくなど、充実した内容にすることができたと考えております。関係機関をはじめ、数多くの方々のご協力をいただいて完成した初版は数年で完売し、8年後の2006年4月には増補新訂版（二訂版）を刊行しました。このときはカラーページなどを増ページしてより充実を図り、そしてさらに、CBシリーズを代表するホンダドリームCB750Fourの誕生から50周年の節目に企画した今回の三訂版は、歴代のCBの中でも最大排気量を誇るホンダCB1300SUPER FOURの開発担当者の方々の、2003年と2006年にまとめられた証言を収め、第16章として増補、編集しました。

以上のように、本書は20年以上にわたり、多くの方のご協力をいただいて、内容の充実を図ってまいりました。開発時の体験談などに関しましては、現在ではお聞きできない方の貴重な証言も含まれております。こうした点をより臨場感をもってお読みいただきたく、第7章、第9章、第13章などは初版の取材記事もふくめて、当時の内容をそのまま掲載しております。また第16章でご登場いただいた皆様についても、役職などは当時のまま記載しておりますことを、あらかじめご了承ください。

巻末にはホンダドリームCB750Fourのエンジン組図と共に本田宗一郎社長（当時）による誕生に関する談話を収録しております。名車CBの歴史を感じつつ、皆様にぜひ楽しんで読んでいただければ嬉しく思います。

なお、本書の資料やデータ等に関しましては、当時の資料から転載するなど正確性を追求しましたが、もし差異などがございましたら、適切な訂正を加えますので当該する資料と共に編集部にお送りいただければ幸いです。

編集責任者　小林謙一

ホンダCBストーリー
進化する4気筒の血統

—目　次—

第1章

CBスーパースポーツ車総論編

ホンダドリームSA

1955年4月発表
空冷4サイクル直立単気筒
SOHC 246cc
最高出力10.5ps／5,000rpm
変速4速ロータリー
始動方式キック
全長2,125mm
軸距1,365mm
最高速度110km/h
燃料タンク容量11.5ℓ
車両重量171kg
価格187,000円

日本における本格的ロードレースは1953年に公道上を走り開催された名古屋TTで、ドリーム3Eがメーカーチーム賞を獲得した。世界をめざしたホンダはエンジンをOHVのE系から、SOHCのS系に進化させた。250cc級のSAは1955年7月の富士登山レースで1—2位。11月の浅間火山レースで2位、350cc級SBが1〜3位を得て、これ以降レース活動が本格化していく。

世界の二輪車をリードした歴代CBモデル

ホンダスーパースポーツ“CB”の変遷は、そのまま日本製モーターサイクルの歴史といっても過言ではない。レースでの活躍のみならず、多くのライダーを魅了したことはもとより50ccから750ccなどのラインナップにより、世間の流行を左右するほどの広範な影響を持ち続けている。

日本のモーターサイクルの黎明(れいめい)期、1950年代後半に登場した“CB”は、いつの時代にも日本のモーターサイクルのリーダー的な存在といえる。

その歩みは、ホンダが世界一を目指す原動力となり、常にパイオニア精神に満たされていたのである。

“CB”の名称は、クラブマン＝CLUB MANのCとBからつけられたといわれる。最初にCBが冠せられたモデル第１号は、1958年12月に発表されたCB90で、1959年１月15日に市販される予定だった。

「スポーツ車であるがツーリング用、ドラッグ、ロード、ダート、スクランブル用パーツも用意、レース出場もできるマシンで公道走行車」と、今日では考えられないほど、欲ばったテーマが開発の趣旨であった。

当時、バイク自体がまだ贅沢(ぜいたく)品であり、30歳の男性が１年働いて125cc級のモーターサイクルがようやく買えるというくらい高価なものだったため、あらゆるニーズに応える必要性があった。平日はツーリングに、日曜日にはレーサーというアマチュアリズムにのっとって、このCB90は国産初の本格派ツーリングスポーツとして、開発されたのである。

第１回クラブマンレースが1958年８月に開催され、CB90のような性格のマシ

ホンダC型（1948年）
エンジンのみを生産していたホンダが、1949年２月にフレームを自社設計して送り出したのが２サイクル96cc、３psのホンダC型だった。同年末に開催された日米親善レース・軽発Ｂクラスを62.36km/hで走破、１―２位を得た。

ンが登場するバックグラウンドが、着々とできあがりつつあったのもまた確かといえよう。

CB90は、それまでの市販車C90をベースにして、カムシャフト、キャブレター、メガホンエキゾーストなどの吸排気系に手が加えられ、GPレーサーRC141と同じ44×41mmの124ccのエンジンは、C90の圧縮比8.3から10.1にし、最高出力は11.5psから15ps／10,500rpmに向上、最高速度130km/h、ゼロヨン17.5秒というデータは、当時の250ccモデルに匹敵していた。フロントブレーキも片ハブではあったが、ツーリーディングを備え、競技用の仕様であることを打ち出していた。車重はC90の115kgに対し、105kgへと10kgの軽量化が図られた。

CB90発表の前後に、開発が中止されたもう1台のCBがあった。CB71と名付けられていたそのモデルは、従来ならC71、CS71の発売とともにカタログに加えられることになっていたが、量産に移る前に消滅した。

当時、荒川テストコース(当時ホンダは、荒川河川敷の一部をテストコースにしていた)上では、ハイチューンされたCB71のテストが繰り返されていた。C90からCB90開発時にとられた手法の前後ホイールの18インチ化、バックステップ、硬めのサス、アルミロングタンクなどと同じ手法がC71から施されたCB71は、リーディングリンク式フォークのため、ブレーキ時のフロントアップやプレスフレームゆえの剛性の問題に悩まされていた。これらを解決するため、

ベンリイC90(1958年)
世界に例のない2気筒SOHC125ccのベンリイC90は1958年7月に発売、セルはなくキック始動で車重115kgと軽く、11.5psから115km/hをマーク。CB90を生み出すベースとなり、ホンダ伝統の神社仏閣スタイルを持つ。

結局CB71はフレームがパイプに格上げされ、名称もCR71と改められ、レース専用車として市販に移された。本来ならCB71→92→95の順で発表される予定であったはずが、CB71は、ついに日の目を見ることなく、倉庫の奥へとしまわれてしまったのである。

CB開発の目的は、あくまでも当時のクラブマン用であった。浅間火山レースにも参戦でき、普段の日はツーリングマシンとして使用できるという、オールマイティーさを売り物としていたのである。

CB90は発売後１カ月で、セルモーター付きのCB92にモデルチェンジされ、同時に150ccのCB95も発売された。日本中のマニアは、ホンダのみに付けられた「スーパースポーツ」の名に心をときめかせたのである。

CB92、95には「Y部品」という、レーシングキットパーツが用意されていた。92の場合はピストン、シリンダー、バルブ、バルブスプリング、キャブレター、エキゾースト系、タコメーター、シート、ハンドルなどであり、これらの各パーツは①ツーリング　②クラブマンレース　③ドラッグレース　④ダートレース　⑤スクランブルレース（今のモトクロス）　⑥ロードレース用にチョイスすることが可能だった。

だが、CB92、95は街中ではそれほど見かけられなかった。ピーキーなエンジンが低速トルクをスポイルし、5,000rpm以上でないと満足なレスポンスが得られないなど、誰でもがイージーに楽しめるというマシンではなかった。

このため、CBがより身近な存在として騒がれるようになったのは、なんといっても250cc級のCB72からである。

1960年代になると、浅間から世界GPレースへと舞台は移り、マニアだけでなく人々は、世界へ打って出た国産車の戦績に一喜一憂し、おのずとホンダファンは増大していった。そんな背景のもとに、250ccクラスのCB72は華々しいデビューを飾ったのであった。

CB72の開発のテーマは、「普段はツーリングモデル」。この性格を徹底させるため、エンジンはC72をチューンしたものが用いられた。エンジンレイアウトは先発のCB92、95同様のSOHC２気筒、気筒あたり２バルブで、カムシャフトの駆動は92／95がクランクシャフト左側からのチェーン、72は中央からのチェーンによるものだ。CB72エンジンのボア・ストロークは54×54mmのスクエア247cc、これはC72と同一だが、新しく設計されたシリンダーヘッドは、C72の圧縮比8.3から9.5へとアップされ、ツインキャブの採用などで最高出力はC72の20psから24ps／9,000rpmとなり、データ的にはカムシャフトをギアトレインにしていたCR71と同数値を得ていた。

CB72のフレームはGPレーサーをベースにしたパイプバックボーンで、フロントにテレスコピックフォークを採用、流麗なスタイルと優れた性能で、たちまち日本中にCB72ブームを呼んだ。

CB72大成功の要因は、他にも数多くある。「トップギアで70km/h以下では走れません」のPRコピーが、マニアの走り心をくすぐり、あっという間に人気を独り占めにした。もちろんGPレーサームードもさることながら、なによりもスーパースポーツ車として、モーターサイクルに乗る楽しみをユーザーに味わわせたことが、最大の理由であろう。そして、Y部品を装着すればレーサーそのものに仕上げられることも魅力のひとつであった。ロングタンク、クリップオンハンドルをはじめとするパーツが、ホンダの市販レーサーCR72と共用できたのである。

クラブマンレースは、この頃すでにDOHC 4バルブのCR72と93系が主流となり、ロードレースの世界ではCR72などの限定生産の市販レーサー時代に突入していた。

CB72のユーザー達は、なかなか手に入らないCR系のパーツを求めて、全国のホンダディーラーに日参することも多かった。

爆発的ともいえるCB72ブームは、この後5年間にわたって続き、CBはツーリングスポーツ車として確たる地位を築いたのである。

このことはアップハンドルモデルのCBMや、実用車CM72、スクランブラーのCL72などが発売されたことでもわかるであろう。

CB72のライバル車は2サイクルスポーツであった。しかし、当時のオイルは今日ほど品質も良くなく、さらにガソリンとの混合潤滑式だったため、白煙をもうもうとはきだす排ガスなど、様々な2サイクルゆえのデメリットのため、とてもCB72の牙城(がじょう)を崩すには至らなかった。

CBの人気は、やがて“CB93”ともいうべきCB125を生むが、このモデルも市販レーサーCR93のパーツが流用できるとあって、なかなかの人気を得た。同時にCB95はCB160へと存続していった。

CB72は、1965年から2サイクルにとり入れられた分離給油付きスーパースポーツ勢の巻き返しに遭(あ)い、販売面で次第に下降線をたどった。

1964年、ホンダブランドのトップモデルとして、DOHC 2気筒のCB450が送り出された。しかし同時に、CB72のボアアップモデル、305ccのCB77はライン

CL77(1966年)
ストリートスクランブラーCL系の最大排気量モデルCL77は、1966年10月に発売。CB77の305cc、高出力28.5psエンジンを搭載して135km/hをマーク、高速化に対応させ大径ブレーキを装着。集合サイレンサーはCL77のみ。

CB160(1964年)
1963年モーターショーにCB96として発表された後、1964年2月発売時にはCB160と機種名がこのモデルから排気量表示になった記念すべきCBで、160cc、16.5psにて135km/h。またCB93はCB125の名称で1964年4月発売。

アップから外されている。

CB450の開発コンセプトを、――ホンダの技術をもってすれば、450ccでも650ccクラスのトライアンフボンネビルの性能を上回れる――としたホンダイズムの展開は、ボアストローク70×57.8mmの444ccで、なんと43ps／8,500rpmという最高出力を得、ホンダファンの期待に応えた。

CB450は、シリンダーの高さの倍はあろうかと思われるDOHCのヘッドを持ち、高回転時のストレスをなくすため、トーションバー式バルブスプリングが採用され、同時にメンテナンスの簡略化が図られていた。

また、高回転型エンジンをより使いやすくするため、CV(コンスタントバキューム)と呼ばれる、エンジン負圧によってスロットルバルブが働くキャブレターが設けられ、ハイチューンDOHCエンジンを扱いやすくしていた。

当時のマニア間で、絶対的人気を誇っていたトライアンフ打倒を目指してホンダは、CB450を開発したが、その意気込みとは反対に、打倒トライアンフの目的を100%果たすことはできなかった。

トルクで走る傾向のあるトライアンフに対し、CB450に対する評価は、――スピードが出る割には忙しすぎる運転特性――というもので、高回転型エンジンがCB450の意外な弱点となった。

当時の技術レベルではCB450のフレームに問題が残った。CB450の初期型、キャメルバックと呼ばれたK0だけでも、3種のフレームがあったほどである。CB450でのストップ・ザ・トラは果たせなかったが、その経験は世界最大のマーケット、北米市場が何を求めているかの解明に大きなヒントを残した。

デビュー以来24psのまま戦ってきたCB72、そして28.5psのCB77のイメージを一掃した“ニューCB”が登場し、再びブームを呼んだ。

1968年に“ニューCB”として登場したCB250／350は、初めてターゲットをアメリカに絞って造られたマシンであり、これは進出著しい2サイクル勢に対する、ホンダの挑戦でもあった。

CB250は、CB450をSOHCにしたようなメカニズムであった。当時、250ccスポーツの1つの条件は、30psの壁を超えることにあり、CB250のボアストロークは56×50.6mmのショートストローク249cc、圧縮比9.5で30ps／10,500rpm、

CL250（1968年）
国内向けは“黒一色”が多かったCBは、1965年登場のCB450より色彩が鮮やかになり、1968年４月発売のCB／CLの250／350系でかつてないほどに派手になった。白地に赤、青、緑色を組み合わせ、新しいCBイメージを築きあげた。

またCB350は250のボアを64mmに拡大し、325ccで36ps／10,500rpmの高性能を持っていた。

だが、CB250の評価が高かったのは、斬新なスタイルにあった。白を基調にタンク上部をレッド、あるいはブルーに塗り分けられ、速度、回転計をセパレートタイプにするデザインは、アメリカイズム以外の何者でもなかった。

アメリカ向けには浅いメッキフェンダー、ヨーロッパ向けには深いフェンダー、国内用としてはヨーロッパ仕様のフェンダーとCB72系のメッキタンクを備えるなど、輸出地別にバリエーションを揃えた初のモデルとなる。

しかし、国内向けデザインのCB250は、どうしてもCB72のイメージと二重写しになるため、国内向けはアメリカと同仕様の基本デザインが施されていくようになった。

もちろんCB250系にもY部品が設定され、主にヨーロッパのプロダクションレースで活躍を見せた。

この頃、CB450もCB250／350に合わせ、ティアドロップ型のガソリンタンク、５速ミッション、セパレートメーターなどアメリカンオーソドックススタイルが採用され、キャメルバックのK0からK1としてスタートする。

1960年代後半になると、世はツーリング時代に移り、レースは一部マニアのものになっていった。この変化は、モーターサイクルのカテゴリーにも変化をきたし、ロードスポーツ車と、そのマフラーをアップにしたストリートスクランブラーに大別されるようになる。そして多くは、かつてのスーパースポーツ系に属するモデルになっていった。

しかし、巨大マーケットであるアメリカにおいては、依然として人気を得ていたのはトライアンフであり、トップの座を奪うことは、困難にも見えた。

1968年の東京モーターショーは、CB史上において、最も記念すべきものとなった。アメリカで主流になってきていた45キュービックインチ、つまり750ccクラスに日本車として初めて加わるモデル、CB750FOURのプロトタイプが展示されたのである。

ターンテーブルの上で誇らし気に輝くCB750FOURの雄姿は、見る者を圧倒せずにはいられなかった。

1,480mmという長いホイールベース、ホンダ初のダブルクレードルフレームに積まれた空冷４サイクルSOHC４気筒エンジン、フロントには油圧ディスクを備え、それまでのモーターサイクルの概念を完全に破り、外国製モーターサイクルとも比べようもない物体であった。

威風堂々と、ターンテーブル上で回るCB750FOURは、世界中のモーターサイクルメーカーに大きなショックを与えた。それは、CBの——というより、モーターサイクル史上に永く残るほどの迫力を持っていた。

もちろん、それまでにも４気筒モデルはあった。MVアグスタの600、ドゥカティがアメリカ市場用に試作した1,200アポロ、四輪用の４気筒エンジンを流用したミュンヒ1000などがあったが、それらはいずれもハンドメイド的なマシン

東京モーターショー(1968年)
世界のモーターサイクル市場を、大きく変化させたのが、1968年のCB750FOURの発表であった。重量車市場をリードしていたトライアンフBSAの３気筒をしのぐ４気筒SOHCを搭載、発売後たちまちCBがトップセラーに。

で、超高級車のイメージを脱しきれなかった。ノートンアトラスが量産車として唯一の750ccで、モトグッチは700、トライアンフも依然650ccであり、各社が750ccという排気量へ移行しつつある時代であった。このような時代背景と環境の中で、安い価格と高品質を武器にしたCB750FOURは、競合車を圧倒したのである。

そして、1969年に市販が開始されたCB750FOURのデビューは、まさにセンセーショナルなものであった。CB750エンジンのボアストロークは61×63mmの736cc、圧縮比9で67ps／8,000rpm、最大トルク6.1kg-m／7,000rpmのK0は、最高時速200kmをマークし、世界最速車となった。

カムシャフトは左右2気筒ずつのセンターからチェーンで駆動され、一体式クランク中央から、ダブルチェーンでパワーはメインシャフト→カウンターシャフトと来て、さらにファイナルギアに入る。最終シャフトには、バックギアが組み込めるスペースが設けられていた。

超高性能CB750FOURには数々の安全対策が施されていた。キルスイッチ、強制開閉式キャブレター、フロントブレーキスイッチなどが採用され、モーターサイクルの歴史を新たに書きかえたのである。

その頃、CBシリーズ最小のCB125もCB93系バックボーンから250系のセミダブルクレードルフレームを採用し、大柄な車体になり、ツイン系CBは125〜450ccまでと、アップマフラーのCL系の2系統、さらに125と250には実用車としてCD系のバリエーションが加わった。

生産の合理化も一段と進歩し、CB系の主流は次第に大排気量に移行したが、その要因には、各社の規模が安定し、ローン販売が可能な時代に入り、購入層の年齢拡大があったことも見逃せない。

こんな背景のもとに、CB750FOURが誰にでも乗れる時代——1970年代に突入するが、より底辺拡大をするため、CBが用いられることになる。

すでに「CBはCLUB MAN」というベースを脱し、ホンダオンロードスポーツの呼称としての位置を確立した感があった。

1970年、再びCBに2桁モデルが登場する。CB90である。それは、初めて

“CB”の二文字が冠せられた1959年のCB90とは趣(おもむき)を異にするツーリングモデルで、SOHC単気筒のボアストロークは48×49.5mmの89cc、10.5ps／10,500rpm、110kmをマークする性能を備えていた。同時にCB125Sも生産された。この２モデルは伝統的なカブ系の水平エンジンをバーチカルにしたもので、左側にカムチェーンを持つSOHC、フレームはダイヤモンドで、他のCB同様に90、125ccクラスにもCDとCL系が加えられた。

1970年代におけるCBシリーズは、単気筒に90と125、２気筒に125、135、175、200、250、350、450。４気筒ではCB750FOURの計10モデルを数え、日本国内

“スーパースポーツ”グループとしてのCBは、1971年６月発売のCB50によってフルラインアップを構成した。単気筒CBは50〜125cc、２気筒CBは125〜500cc、４気筒CBは350cc以上の体制が1970年代に確立された。（1972年カタログより）

にも輸出仕様車とほぼ同じスタイルのモデルが出回った。

それでも、“CB”の二字が50ccにまで移行するとは多くの人が考えてはいなかった。ところが1971年、プレスバックボーンフレーム／カブベースのSS50から、CB90同様のエンジンレイアウトを持ったCB50がデビューしたのである。ボアストローク42×35.6mmのショートストローク49ccエンジン、6ps／10,500rpm、95km/hはデータ的にSS50と同じであったが、タコメーターを備え、ロングタンクを持つ新しいイメージを備えていた。

CB50〜750までのラインアップは、ネーミングの上でも他社の手本となった。こうして1970年代のホンダでは、CBがロードスポーツ、CLがストリートスクランブラー、SLがラフロードモデルに統一された。

CB系のデザインも、従来の角型基調から丸味のあるものへ変わっていった。CB750FOURでの長年の夢、打倒トライアンフを果たせた成果が、明らかにスタイリングの上にも現われてきたのである。

1971年に発表されたCB500FOURの曲面を生かしたガソリンタンクは、まぎれもなくトライアンフ系のティアドロップ型であった。この年、CB系各車はこぞってティアドロップタンクを採用し、人気も上昇した。

小柄な日本人に合わせる——という趣旨で開発されたCB500FOURは、CB750FOURの持ち味をより柔和(にゅうわ)で親しみやすくしたモデルで、発売と同時に幅広い層の支持を受けた。

CB500FOURのエンジンは、潤滑方式も750のドライサンプに対し、500はウェットサンプになり、メカニズムの簡略化が図られていた。ボアはCB125Sと同一の56mm、ストロークはCB250、350と同じ50.6mmの498ccで、48ps／9,000rpmというデータであった。フレームはタンクレール部をプレスにしたCB250と同様のレイアウトがとられ、2本のダウンチューブを持つパイプ＋プレスの合成フレームが用いられた。

フロントブレーキはディスクだが、CB750FOURに比べて20mmほど小径にし軽量化が図られていた。同時期にCB250、350にもディスクモデルを付けた「セニア」モデルが登場した。

このディスクブレーキブームは、CB750FOURの登場からわずか3年間で90cc級のCB90にまで波及し、CB90JXを登場させることになる。

排気量分けで充実をみたCB系は、灯火系でも充実が図られた。CB450もフロントまわりに750のフォークが流用された「セニア」が加えられた。

CB450のメイン車種は1970年に「エクスポート」になるが、セニアの登場で内容的に充実をみたものの、K1系ファンにとってはCB450の面影は薄れ、450の人気は下火になっていった。

1972年、CB350FOURが登場した。このリトルフォアは、2気筒SOHCのCB350よりもマイルド化されてのデビューであった。最高出力は34ps／9,500rpmと2気筒より上であったが、最高速度は160km/hで2気筒を下回った。

CB350FOUR（1972年）
世界最小の空冷4気筒SOHC量産車として1972年6月に発売されたCB350FOURは、ジェントルなマシンとしてマニアに好評だった。当時RSCが、シリンダーやヘッドを別物にした500ccレーサーを造るなど素性は良かった。

CB350セニア（1972年）
海外輸出のベストセラー車として、全世界的にヒット作となったのがCB350セニア。2気筒SOHC 325cc、36psにて170km/hの高性能、日本の他社から類型モデルが登場するきっかけを生んだ。写真は1972年CB350K4。

それでいて価格は５万円ほど高かったため、いまひとつ人気が盛り上がらずに終わっている。

1973年にCB50にディスクブレーキが装着され、CBシリーズすべてにディスクが付いたことになる。そして、1973年は第１次オイルショックの年であり、敏感なアメリカ人は四輪から二輪へ移行したため、CB350はアメリカで飛ぶような売れ行きを見せたのである。

1973年には単気筒にS、２気筒にT、そして４気筒にFというネーミングが施される。T（Twin）系にはCB250T、360Tの６速車、そして1974年にCB500Tが450のストロークアップで498ccのフルスケールで登場。最高出力41ps／8,000rpmをマークしたが、すでに世の中ではツイン離れが進んでいた。

こうした時代に、斬新なデザインで1974年にデビューしたのが、CB350エンジンのボアを４mmアップし、51×50mmの408ccとしたCB400FOURである。最高出力37ps／8,500rpm、４into１エキゾースト、加えて６速ミッションを備え、最高速度175km/hで、タンクには“SUPER SPORT”の文字があった。このようなボアを拡大する手法は、CB500FOURにもとられ、CB550FOURに生まれ変わった。

1975年には、550、750系にも４into１エキゾーストのスーパースポーツ系が加えられ、ホンダフォアの拡販を目標とされた。これらのモデルが登場するまでに、ラフロード系の開発が急ピッチで進められ、２サイクルのエルシノアをはじめ、４サイクルのSL系もデビューする中、CB系はわずかにCB125SがXL125ベースのニューエンジンになったくらいであった。

しかし、外観のみをリファインしたCBのカフェレーサー系フォアモデルは、世界的には人気を得ることがなかった。

1976年には、ＣＢのライバル車達の多くがDOHCエンジンになり、すでにSOHCは、過去のメカニズムになりつつあった。しかし、オイルショック以降のアメリカ市場の需要はとどまるところを知らず、400〜750ccを愛用するライダーが増加の途をたどっていた。この要求に応えるため、よりイージーライドが可能なビッグモデルとして、油圧オートマチックミッション付きのエアラ

CB750Aを市場へ投入されたのである。

流体トルクコンバーター＋２速ミッションのCB750A（エアラ）は、最高出力も47psとマイルド化され、より扱いやすいモデルに仕上げられたが、CB750FOURの、SOHC系最後を飾るモデルになってしまった。

CB750FOUR系は1977年にKモデルが前後ディスク＋メガホン４本エキゾースト、Fモデルが４into１＋コムスター付きとしてリファインされたが、パワーは65psとアンダーになり、輸出仕様の73psとの格差があまりにも大きく、人気を得ることなく終わった。

こうしたフォア系の低迷とは別に、ツイン系には続々とニューエンジンのモデルが登場、このトップを切ったのが、CB125Tであった。125Tはフランスに

CB360T（1973年）
新時代の新設計TWINを搭載、1973年８月にはCB250Tが27ps、９月にCB360Tが31psで登場。トロコイドポンプによる強制潤滑、ツイン系初の６速、大型車なみの50/40Wヘッドランプなど、高速化時代に対応したCBだった。

CB550FOUR-Ⅱ（1975年）
バランスの良いCB500FOURをベースに、1974年２月にCB550FOUR、1975年６月には４イン１集合エキゾースト付CB550FOUR-Ⅱが登場。両車とも50ps、180km/hの性能でより扱いやすいエンジン性格となり、海外で人気があった。

ターゲットを合わせたモデルだが、日本のマーケットでも125ccクラスを騒がせたモデルの１台だった。エンジンはCB50を２気筒にしたような180度クランクで、ボアストロークは44×41mmの124cc、歴代CB125の中で初めて15psを超える16ps／11,500rpmを発揮した。

1977年になると、斬新なデザインを持つCB400FOURは、コストの上昇を理由に生産を中止、その後継モデルとしてCB400TホークⅡ、CB250Tホークが登場した。400のエンジンはボアストロークが70.5×50.6mmの395cc、250は62×41.4mmの249ccで、いずれも超ショートストローク、バルブはインテーク２、エキゾースト１の耐久レーサー技術をフィードバックした、３バルブ方式を採用していた。点火はポイントレスのCDI、さらに２気筒エンジンをなめらかにするため、バランサー機構を内蔵するなどの手法が用いられ、フレーム回りでは扁平タイヤをアルミコムスターホイールに履くなど、多くの先進技術が投入された技術的に画期的なモデルであった。

最高出力は400が40ps／9,500rpm、250が26ps／10,000rpmとSOHCとしては傑出（けっしゅつ）した性能を備えていた。その丸っこくユニークなデザインは物議の的（まと）となったが、新時代のマシンとしてファンに受け入れられていったのである。

1977年、「80年代の世界戦略車」として１ℓのCBXがデビューした。

ホンダテクノロジーを結集したようなCBXは、世界初の空冷DOHCインライン６気筒エンジンを搭載。ボアストローク64×53.4mmの1,047ccエンジンは、気筒あたり４本のバルブを持ち、105ps／9,000rpmを発揮。ダイヤモンドフレームに積まれたそのスタイルは、かつてのホンダGPレーサーRC166をほうふつさせるに充分な仕上がりを見せていた。

カムチェーンにはハイボ(Hi-Vo)チェーンを採用。吸、排気カムシャフトをそれぞれ別に駆動するという、手の混んだ方法がとられた。セパレートタイプのハンドルはジュラルミン鍛造のもので、この手法はステップバーにも採用され、新鮮さを加味していた。

しかし、CBXは輸出専用車であり、日本のユーザーには縁遠いものであった。６気筒CBXのデビュー後間もなく、４気筒DOHCモデル登場の噂が流れたほどである。すでに世界エンデューロレース界でRCBの地位は不動のものになっており、DOHCフォアのデビューは時間の問題とされていた。

海外では、1978年秋にはCB900Fボルドールを筆頭にする、ニューCBフォアが発表され、日本でも４本マフラーのCB750Kが第１弾として発表された。しかし、最高出力は65ps／9,500rpmと低く抑えられ、ファンはより高出力モデルの登場を熱望していた。

CB750Kデビューと同時に、CB550系も625cc、53ps／8,500rpmのエンジンを積んだCB650Kと変化を遂げたのである。

1979年６月、空冷DOHC４気筒のCB750Fが国内に市販された。最高出力68ps／9,000rpmとKモデルを凌駕（りょうが）するパワーと流麗なデザインを持っていた。ニューCBのDOHCエンジンは、ボアストローク62×62mmのスクエア748ccで、圧縮比９。900cc系は64.5×69mmとCBXと同一のボアが採用されていた。

こうして1980年代のホンダフォア系は900—750—650のラインアップをとり、それぞれにアメリカンスポーツタイプの「カスタム」が追加される。

ホーク系も1980年代を目前にし、ヨーロピアンスポーツタイプのホークⅢ CB400NとCB250Nがラインアップし、ホーク人気を盛り上げていく。

1980年代に入ると、CB系モデルは各排気量にわたり、キメ細かい車種構成が

CB400N（1978年）
レーシングテクノロジーをフィードバックした２気筒３バルブSOHCのホークⅡに、CB750/900F系スタイルを採用したのがホークⅢCB400Nで1978年８月発売。CB250Nも1979年７月に登場し、CB人気をより高めた。

実施され、その中で先陣を切ったのがCB250RSであった。XL250SエンジンをベースにしたヨーロピアンスポーツのRSは、SOHC 4バルブ248ccで25ps／8,500rpmを得、かつてのスーパースポーツCB72を上回る性能を持っていた。フレームも専用設計された、車重125kgの軽いRSは注目を集め、2気筒のCB250よりも人気を得たのである。

1981年、ホンダCBのフラッグシップCBXが大幅なモデルチェンジを受け、初のプロリンクサス、ベンチレーテッドディスク、ハーフカウルなどが装備され、高速ツアラーとしての方向付けがなされた。またレーシングバージョンとしてCB1100Rが耐久レーサーのレプリカとして商品化・限定生産された。1,062ccで115ps、200km/h以上のデータは日本製4気筒車中で最強のパワーで、6気筒のCBX以来の“逆輸入車”のトップセラーとして、マニア垂涎（すいぜん）の的（まと）となり、CB1100Rはコレクターズアイテムとなっていく。

CB1100Rの赤白カラーは日本でもスーパーホークRやCB250RS-R、CB750Fボルドールなどの限定仕様車として採用され人気を得ていった。

この後、ホンダは耐久レースなどでV4系のVF、VFRを主力として戦い、CBは4バルブヘッド、新シリーズCBX750F、水冷エンジン搭載のエアロフォルム・スーパースポーツCBRへと変遷を重ねて進化していった。しかし、あの良き日の“CB”を超えるべく、CB1000SF・BIG1、CBR1100XXスーパーブラックバードやCB1300SFへとその技術を継承し続けられていくのである。

SPECIFICATIONS [DK Type]

Engine		1,062 cm³ DOHC 4-stroke 16-valve 4-cylinder
Bore & Stroke		70 x 69 mm
Compression Ratio		10.0
Carburetors		4 x 33 mm constant vacuum
Max. Horsepower		120 PS/9,000 rpm (DIN)
Max. Torque		10.0 kg-m/7,500 rpm (DIN)
Ignition		Transistorized
Starter		Electric
Transmission		5-speed
Final Drive		#530 'O'-ring lubrication sealed roller chain
Length		2,200 mm
Width		770 mm
Height		1,280 mm
Wheelbase		1,490 mm
Seat Height		795 mm
Ground Clearance		140 mm
Fuel Capacity		26 lit including 4.5 lit reserve
Wheels		Gold anodized New ComStar
Tires	Front	100/90V18 tubeless
	Rear	130/80V18 tubeless
Suspension	Front	Air-assist low friction telescopic hydraulic anti-dive fork, 39 mm fork tubes, 140 mm travel
	Rear	60 way adjustable gas charged hydraulic dampers with aluminium body reservoirs, 105 mm axle travel
Brakes	Front	Dual ventilated discs with dual-piston calipers
	Rear	Disc with dual-piston caliper
Dry Weight		233 kg

CB1100Rは、海外市場に向けて開発されたモデルで1981年から1983年までに4050台が生産されたという。

第2章
ドリームC70

ホンダドリームSS CR71

1959年7月発売
空冷4サイクル並列2気筒
SOHC 247cc
最高出力24ps／8,000rpm
変速 4速リターン
始動方式キック
全長1,920mm
軸距1,300mm
最高速度150km/h
燃料タンク容量12ℓ
車両重量135kg
価格230,000円

CB92／95系とよく似たデザインのタンクを持つCR71は限定生産の市販レーサーであった。エンジンはドリームC70-71系ドライサンプ潤滑とカムギアトレインを採用、1950年代の日本における本格的ロードコース“浅間”でのクラブマンレース向けにツインキャブ化、24psに出力アップ。車体もパイプ構成によるRCレーサー直系で、野性味にあふれていた。

CB71、CR71など初期空冷２気筒車

ホンダの地位を不動のものにしたマシンの中でも、1957年に発売されたドリームC70は外観、内容ともにかなりの意欲作であった。ホンダが今日までに築きあげてきたスーパースポーツの源流は、まさに空冷４サイクル２気筒のC70に始まる、と断言できるだろう。

４サイクル250ccというエンジン型式と排気量に設定された、ホンダ製軽二輪車の第１号車は、1955年にデビューした246cc単気筒SOHCドリームSA型であった。

ホンダは第１号車ホンダモーターA型から４号車のドリームD型まで、２サイクルエンジンを採用していたが、当時の本田宗一郎社長の「排気音がどうも頼りなく、気にくわない」との提言で1952年に初の４サイクル車単気筒E型146ccが市販された。なぜ150cc級にという疑問もわくかもしれないが、当時の軽二輪車の規定では２サイクル100cc、４サイクルは150ccとなっていたのである。

この頃のホンダは、静岡県浜松市でも中規模のメーカーだった。しかしE型の人気が上昇するにつれ、東京にも工場を建設するまでになった。

「４サイクルは売れる」、ホンダの創立者でもある本田宗一郎の考えに由来し以来20年近く、ホンダは４サイクルエンジン車を中心に生産を行なってきた。

４サイクル／２サイクルの区別なく、軽二輪車の排気量が250ccに引き上げられた1953年、E型も146ccから219ccにスケールアップされた。

だがE型は、決して新しいメカニズムを持ったエンジンとはいえなかった。クランクシャフト側にカムを置き、プッシュロッドを介してバルブを作動させるOHVエンジンであり、最高出力はたったの8.5ps／5,000rpmにすぎなかったのである。

1954年にヨーロッパの本格的ロードレース“マン島TT”を見学してきた本田宗一郎は意欲的にエンジンを手がけ、ホンダの目標「世界レベルへ」の第一歩を踏み出した。

当時のGPマシンには、まだSOHCもあったので、このメカニズムを新しいマシンに注ぎ込んだのである。

1955年デビューの単気筒SOHCカムチェーン駆動のドリームSAが、ホンダ製

ドリームC70（1958年）　日本車らしい独創的な造形美として考えられた“神社仏閣スタイル”の第１号モデルがドリームC70。角ばったヘッドライトやエンジン部は、それまでの二輪車の概念を打ち破るもので、CB71、90、92、95の各車にも継承された。

ドリームC71（1959年）　アメリカ向けにダブルシートを装着したドリームC71は出力を20ps／8,400rpmにアップして、134km/hを誇った。1959年６月より発売されたが、パイプハンドル付きの輸出向けCA71が造られツーリング用として好評だった。

SOHCエンジンの第1弾となった。ボアストローク70×64mmの246ccながら、パワーは10.5ps／5,500rpm、4速ミッションによって最高速度は100km/hをマークすることができた。

1950年代の日本の250ccクラスは実測データで100km/hを出すことはかなり難しく、ほとんどはエンジンが焼き付いたり、車体がスピードについていけずにフレームが折れたり、ヒビ割れたりした。

また当時、日本の道路の舗装率も10%以下で、高性能マシンが生まれる土壌ではなかったといえよう。

こうした背景にもかかわらずホンダは「世界GPレースにチャレンジする！」と公言したのである。

「単気筒SOHCでは、まだ国際レベルではない」と本田宗一郎が考えていたとき、ライバルの2サイクルメーカーからも、多くの2気筒エンジンが生み出されていた。

2サイクル2気筒は、振動が相殺され、そのメリットとして振動係数は4サイクルの4気筒なみと評価されていた。

コレダ(今日のスズキ)をはじめとして、1957年には二輪車生産わずか2年目のヤマハまでも2サイクル2気筒を手がけたのだから、ホンダが黙っているわけにはいかなかった。海外のメーカーで、4サイクル2気筒を生産していたのは、西ドイツのツュンダップと、スイスのモトサコシであったが、いずれもOHVの型式だった。

こうした理由により、1957年に247cc2気筒SOHCを完成させたホンダは「まず世界一へ」の真の第一歩を踏み出したといえるだろう。250ccクラス市販車で世界初といえる2気筒SOHC、ドリームC70がデビュー。最高出力18ps／7,400rpm、それは世界のスーパースポーツに匹敵する数値だった。

他の250ccクラスで18psのデータは、イタリアのモンディアル、西ドイツのアドラーぐらいしか例がなく、ライバルメーカーのセールスマンは「あんなにエンジンを回しては、すぐコワレるに違いない…」とウワサを立てるほどだった。

しかし、独特の角ばったスタイルは「神社仏閣」と称され、しかも車重は138kgと軽く扱いやすいマシンに仕上がっており、C70の人気はエスカレートし

ドリームC70より2カ月遅れで発売されたのが自動二輪車のC75。外観上の格差をつけるため、タンクは前ずぼまりのスポーティなデザインを採用。60mmにボア拡大した305ccとなり、21psから140km/hをマークした。(写真のモデルは1961年のCⅡ72と思われる)

ドリームのスポーツタイプCS71初期型。カムやピストンの変更で20psを発揮、左右アップマフラーとタンク部ラバー以外は、輸出仕様C71と同一装備を持つ。当時は荷台付があたりまえで、ダブルシート付は少なかった。

ドリームCS76はC75のセル付車C76のスポーツ型で、24psから145km/hという高性能車。データ的にCB72タイプⅡと同一であり、500ccクラスの走りが楽しめた。カタログではスピードを強調しているのが興味深い。

た。耐久性の高い4サイクルSOHC 2気筒とともに、C70の角ばった外観スタイルは、従来のモーターサイクルにない全く新しいものであり、開発は本田宗一郎以下技術スタッフが、日夜総力を結集して完成させただけに、仕上がりも完璧なものになっていたのである。

C70の社内開発ナンバー“XC-70”プロジェクトがスタートしたのは1956年の11月。白子工場の生産設備が大和工場へ移転され、現在の本田技術研究所が発足する半年前で、さらに同社が海外への進出を計画したのと時を同じくしていた。

それ以前の1954年6月、本田宗一郎は日本のモーターサイクルメーカーとして戦後初めて英国のマン島TTレースを視察、また川島喜八郎(当時営業課長)もヨーロッパ、東南アジアを見聞してきたのもこの時期で、XC-70の開発にはかつてない意欲がみなぎっていたのである。

世界にないマシンを製作するというコンセプトは、類をみない250ccクラスの4サイクル2気筒SOHC車、しかも市販車で世界最高速という条件を満たすことでもあった。

当時のホンダは基本図面をもとに、クレイでデザインを決めてから石膏（せっこう）取りをするというシステムをとっており、デザインの通常手段である木型は全くといってよいほど使わなかった。

エンジンを2気筒にするということは、当時の2サイクル250cc勢が2気筒化を進めているから、4サイクルでもできないことはないであろう……という明快な理由であった。ボアストロークを54mmスクエアにしたのはエンジン幅との関係からで、当時のベンリイJC、ドリームSA、SBがいずれもショートストロークであったことで納得がいく。

エンジン、車体ともに本田宗一郎のイメージはすでに決まっていた。

日本人が造るモーターサイクルは日本でしか考えられないことを盛り込もうと、奈良や京都を散策し、神社や仏閣の造形美を現代デザインに導入したのである。

スタートしたときのXC-70は、SAのフレームをベースにしたような丸っこいラインのデザインであったが、クレイデザインが開始されると本田宗一郎の毎日のような研究室通いが続いた。

研究員が“このくらい”と示す、ほどよい丸味を本田は、どんどん削り込んでいったのである。彼はあの日本建築の屋根のラインやカチッとした鋭さをそのままイメージし、丸いエンジンフィンやフレーム、フォークは削り取られていった。そして、かつて見たこともないようなエッジのあるスタイルが出現した。

C70の面を強調したスタイルは強烈であった。1957年９月に量産プロトタイプの2XC-70が生まれるまでの約10カ月間、開発スタッフの深夜の作業が何日も続き、テストライダーとして研究員まで動員されたという。

ホンダ得意のプレス鋼板製フレームにはJC、SAに見られない薄い鋼板による新しい溶接であるシーム法がとられたため、必然的にステアリングヘッドからリアフェンダーにかけて直線的ラインが生まれ、かつ軽量化に役立ったのである。

また3.25-16インチタイヤも、平面を強調したデザインにマッチさせるため生みだされた“太い”ボリュームイメージの結果である。

エンジンのレイアウトも４サイクルの250ccクラスでは、初の前傾になっているがこれはプレスフレームにすっきりと収め、キャブレターの位置を考慮し、さらにスピード感が出せるなど数多くの利点から採用されたスタイルであった。

また従来と異なる面構成の各パーツの製作も、取引先のプレス業者には初めての経験だった。当時これほどエッジの効いたプレス製品は皆無に近く、型造りはなかなか進行せず、研究員自らフロントフォークやフェンダーの金型削りに、プレス工場まで出向く日々も少なからずもあった。

ホンダは、フロントサスペンションについてはドリームME、MFからリーディングボトムリンクをずっと採用し続けてきた。当時の日本の道路事情、つまり「ガタガタ道に対応でき得るサスペンションはアールズでもなくテレスコピックでもなく、それは路面に忠実なボトムリンクである」というのが主たる理由で、これは浅間型レーサーはいうに及ばず世界GPレーサーにまでも採用された。

1957年９月28日、ホンダは東京、上野の精養軒で10月１日から発表される2XC-70の量産モデルC70の発表会を開催し、本田技術研究所から原田次長(当時)が出席してニューマシンの説明にあたった。

「世界市場への進出が可能」というキャッチフレーズのもと、1958年型ドリームC70のデビューであった。乾燥重量138kg、パワーウェイト比7.7kg、最高速度も130km/hというもので、２サイクル２気筒の性能も超えるスーパーモデルであった。

C70が発表されて19日後、浅間火山レースにパイプバックボーンの工場レーサーC70Zが、ホンダスピードクラブの主将であった鈴木義一をメインに５台出走し、きたるべきスーパースポーツモデル時代に備えてのレースデビューを飾った。

1958年５月、セルモーター付きのC71が発売された。ちょうど荒川テストコースが完成した頃である。そしてこのコースに姿を見せたのが最初の市販スポーツプロトタイプ車の、CB71試作モデルであった。C71をベースに18インチタイヤ、ロングタンク、バックステップ、パイプハンドルを装備したクラブマン用マシンであり、レースに出られない人でもC71を改装すれば、スーパースポーツ車から簡単で安価にレーサーにもできるという“親切心”から開発されたものだった。

ドリームCS71（1958年） 250ccクラスのCS71も、ほどなくCS76系タンクが装着されスポーティさを増した。またアメリカ向けのCSは305cc系のみに設定されプレスハンドルはCS、パイプハンドルがCSAと呼ばれ、白、黒、青、赤各塗装色があった。

ドリームC72(1960年)
100時間全開テストに耐え得る新型ウェットサンプ潤滑エンジンを搭載、12V電装に20psとすべてが強化された1960年ドリームC72。白タイヤ採用でデラックスムードを盛り込み、フレームも0.2mm厚く剛性も大きくアップ。

ドリームCS72(1960年)
CSシリーズはCS72がC72タンクを装備して登場した。このドリームCS77はC77と同じタンクを装備、23ps/7,500rpm、145km/hの性能を持つ輸出主力車。国内パイプハンドル車がCⅡ72/77、CSⅡ72/77の名で設定。

ドリームCⅢ72(1963年)
神社仏閣型最終モデルCⅢ72は1963年発売。C77系はC78としてCB72系タンクの同一スタイルで登場した。1960年より性能面で変化がなく外装面に手を加え、最終型はホワイトリボンタイヤとカブ系大型灯火類が装着された。

荒川テストコースにおいてCB71の走行テストが開始された。アサマ型CR70Zのタンクデザインを吸収、ハブ等もマグネシウムの200mm径、アルミリムを使ってバネ下重量が極力軽くされていた。

しかしハイチューンされたパワーユニットとプレスバックボーンフレームとの相性は、テストライダーのテクニックをしても扱いきれなかった。

走行テストが終了する直前まで市販車としての発表準備が行なわれていたが、寸前に発表はとりやめられ、CB71は“幻の名車”となった。そしてC70の後継モデルといえる、安価な250ccスーパースポーツの登場は、CB72まで待たされることになったのである。

浅間火山レース場で1957年に撮影された可能性が高いめずらしい写真。中央の人物は本田宗一郎社長（当時）で、手前の２台のホンダの出場マシンには、４サイクル・OHC２気筒エンジンが搭載されており、後のCB72等に進化する原型と思われる。

第3章

ベンリイSS・CB92

ホンダベンリイC92

1959年2月発売
空冷4サイクル並列2気筒
SOHC 124cc
最高出力11.5ps／9,.500rpm
変速4速ロータリー
始動方式キック・セル併用
全長1,910mm
軸距1,265mm
最高速度115km/h
燃料タンク容量9 ℓ
車両重量120kg
価格135,000円

国産125ccで6～8psがやっとの1958年に、ベンリイC90が2気筒SOHCエンジンを搭載して11.5ps、115km/hの高性能で登場。原付クラスということであえてキック始動のみだったが、3カ月後に49mmボアの154ccホンダC95にセルを装備して大好評。ベンリイのセル付C92を発売。C92をベースにベンリイSS、CB92が生み出された。

最初のCB90からCB92、ホンダCB95

CB92を語るのに、多くのエピソードを生んだ浅間火山レースを欠くことは、やはりできない。車名のベンリイ・スーパースポーツ、またはベンリイSSを略して呼んでいた“ベンスパ”マニアにとっては、アサマの光景が、今もまだノスタルジックに浮かんでくるであろう。浅間における日本のライダー、メーカー、そしてマシンの黎明期を語るのに、いかなるスポーツモデルよりも、CB92はふさわしいといえよう。

第２次世界大戦後の日本におけるモーターサイクルは、単なる荷物運び用の道具でしかなかったが、一方では、輸入外車を乗りまわすというマニア的なライダーが一部に見られた。アメリカ人と交流する国際MCクラブ、東京オトキチ、ABCクラブ等、外車主体のクラブに属する者が多かった。こうした人達にとって、250cc級として唯一スポーツ的な用途に耐えられるのが、西ドイツのアドラーMB250・空冷２サイクル２気筒であった。アドラーなら、BSAやトライアンフ、ヴィンセントなどといっしょに走ってもついていけるという評判に、多くのメーカーは２サイクル２気筒なら市場を広くつかめるのではと考えたのである。

その頃のホンダは、単気筒SOHCのドリームSAを手がけていたが、重い車重と低出力で、250ccとしては高性能とはいえなくなっていた。このため、満を持してデビューさせたのが、２サイクル車と同じ出力を持つC70であったのだ。

この車に絶対の自信を持つホンダは、発表直後の1957年10月19日開催の第２回浅間に、パイプバックボーンの車体、５速エンジン装備のC70Zレーサーを出走させ、250cc級で必勝を期していたのだが、結果は４～５位に終わる。さらに、125cc級には、C70Zの片側気筒を用いたC80Zが出場したが、54mmスクエア、124ccのこの単気筒SOHCレーサーも善戦はしたものの、やはり３～４位にとどまった。両車ともに圧縮比を12.0としたため、エンジンがオーバーヒート気味になったのが敗因とされた。

浅間の後ベンリイの1958年モデルは、予想された単気筒SOHCのC80ではなく、よりパワーの出る２気筒SOHCのC90となり、1958年７月に発表、９月に発売が開始された。

最初のCBとして1958年に発売される予定だったドリームSS、CB71プロトタイプ車。しかし高性能化したエンジンに、車体がついてゆかずCR71へ発展。計画中止となりタンクやリムなどはアメリカ向けのCE71へと流用された。

CB71の考え方をソックリ125cc C90へ移行させたのがホンダSS、CB90であり、1958年にこの写真を発表。だがベースのベンリイそのものもプロトC91、セル付C92と進化していたために、CB90は関係者に出回ったのみ。

“CB92プロト”と呼ばれ、1959年2月より発売される予定だったモデル。アルミリムにニーグリップ別体のアルミタンク＆フェンダーを装備、リアフェンダーフラップがないのに注目。この姿の限定生産車も造られたといわれている。

C70を追って開発されたC90のパワーユニットは、より進歩を見せた。C70／71のウェットサンプからドライサンプとなり、その後ホンダ車に続々と使われた、クランクシャフト直結の遠心式オイルフィルターも、初めて採用された。

デビュー以前、業界では1958年5月発売のC71で使われた、セルモーター始動方式をC90にもと予測する声が高かったが、それは見送られた。C90系のセルモーター装備は、同年10月のC95が最初のもので、ベンリイにセルモーターがつけられていくのは、1959年2月から市販されたC92以降のモデルであった。

CB92は、プレスフレームの実用車をベースに仕上げられたとはいえ、ホンダスーパースポーツの初めての量産車といえる。しかし、CB92に至る過程で、実に様々なモデルが発表されているのである。

まず、1958年8月24日、台風の豪雨を押して決行された第3回浅間（第1回全日本クラブマンレース）のクラブマン模範レースでデビューしたベンリイC90Z、ドリームC71Zというレーシングマシンの存在があげられる。この3モデルは、ノーマルベースのチューニングエンジンと思われるパワーユニットを、パイプバックボーンフレームに搭載した浅間専用モデルで、レースでは強烈な印象を人々に与えた。当時、ホンダディーラーに市販型を要求する声が殺到したといわれている。

しかし、ホンダではレース専用モーターサイクルはまだ時期尚早と判断した。それよりも日常はツーリングに使用でき、少しの改造によって、ロードレーサーやモトクロッサーにもなるというマシンが、企画されたのであった。コストを抑えるために、フレームやサスペンションは市販型をベースに強化し、エンジンとブレーキ系を一新するというコンセプトでスタート。1958年5月にCS71のフレームにC71Zのエンジンや、タンク等を装着した第1弾のCB71プロトタイプが完成して間もない荒川テストコースを試走するようになった。

だが、C71Zでは発生しなかったシミーやウォブルに悩まされ、CB71の市販は見合わされ、結局RCレーサー系の車体を用いたCR71となってデビューを遂げたのである。

一方、125ccも、当初企画されたのはホンダ・スーパースポーツCB90だった。

ベンリイCB92　浅間クラブマンでの大活躍ぶりに、人気が殺到したベンリイSS、CB92は量産増強策で各部が変更された。タンクマークは丸くなりスチールタンクやフェンダーを採用するが、人気が衰えることは、まったくなかった。

1958年7月のベースモデルC90発表直後、浅間のクラブマン模範レースでパイプフレーム車C90Zの走行があった。その後1959年1月15日発売として、一部関係者にCB90の写真が配布され、当時の二輪専門誌の誌面を飾った。CB90は、ヘッドランプ上部のマスコット風防、スワローハンドル、アルミ製フェンダー、ロングなフューエルタンク、むき出しのリアスプリングなどに加え、ツインカムのエアスクープ付き前ブレーキに18インチアルミリム付ホイールなどが、スーパースポーツを立証していた。

エンジンは、左側チェーン駆動2気筒のSOHCで、圧縮比をC90型の8.5から10へ上げ、カムシャフトも変更し、ボアストローク44×41mm、124ccのエンジンをC90ベースの改造フレームに搭載したモデルであった。

だがその過程で、セル付きのC92とCB92を、1959年2月にデビューさせることに変更し、CB90は少量が世に出た程度に終わった。

CB92は、CB71系のブレーキを前後に採用、φ200mmと大径化して、後のCB72のものとほぼ同仕様であった。これは、同じプレスフレームとボトムリンクサスを持つ当時の市販レーサー、NSUスポーツマックスに匹敵するもので、ホンダはこの時点ですでにブレーキやフレームに対する方向性を見い出していたといえる。また、RC141／142を製作するために購入したイタリア製モンディアル125GPレーサーからも、ブレーキの効き味やライディングポジションなど、そのノウハウが、いかんなく投入された。

実際には1959年５月から店頭に並びだしたCB92初期型は、すべてのパーツが専用設計されていた。リアフェンダーにはフラップがなく、全長1,875mm、左右別体のニーグリップラバーを持つフューエルタンクはアルミ製で、ウィングマークとスーパースポーツの文字が描き込まれていた。当初はH型アルミリム採用が予定されたが、コストの面で見送られた。注目すべき点は、CB90のタイヤサイズがフロント2.25-19、リア2.50-18とC90Zレーサー同様であるのに対し、CB92ではフロント2.50-18、リア2.75-18と350ccレーサーのC76Zと同一サイズに太くされたことである。

1959年のRC141／2系マン島TTレーサーが、やはりフロント19／リア18インチ。同年浅間型RC142はCB92と同一サイズに変更されており、CBの進化と考え合わせてみると興味深いものがある。ちなみに、50年代のイタリア製GPレーサーでみると、当初は前後20〜21インチ、1952年19／18、1956年は18／18と様変わりをみせたが、市販型は19／19か19／18の組み合わせが多かった。

ホンダが、北米市場に本格的に参入するのもこの頃である。1959年６月、ロスアンゼルスにアメリカン・ホンダモーター・カンパニー(略:アメリカ・ホンダ)を設立、アメリカの二輪誌にスーパーカブC100、CB92メインの広告を打ち、C71／76にも輸出仕様が設定された。

しかし、CB92より一足先に生産されたのは、CA92／71／76のCAシリーズであった。国内仕様のロータリー４速ミッションはリターン式に変更され、アップハンドル、ダブルシート、マイルメーター付きが特徴で、一部が日本市場にも出回った。

Cはサイクルの略で、いわゆる標準仕様の意に使われ、Aはアメリカ、CAで対米仕様という意味である。1957年にドリームC75のダブルシート仕様をアメリカに送り込んだものの、低いプレスハンドルとロータリーミッションが不評で、改良を加えたのがCAシリーズであった。

CB92は、歴代のストリート用ホンダ車の中では、内外レースでの活躍も多く、特に浅間クラブマンレースでの戦いぶりに特筆すべきものがあった。

1959年浅間に向けていち早く市販されたCB92は、全国のホンダ系ディーラーに配車され、ライダーが決められていった。そしてレース当日、なんといっても光ったのは、CB92でワークス勢を破った関西ホンダスピードクラブの主将、北野元だった。

彼は、ワークス対決の場でもあるウルトラライト級に出走。1周目は、谷口尚己(RC142)、伊藤光夫(コレダRB)に次いで3位。上位3台のタイム差11秒に対し、4位との差は33秒もあったから、この3人の速さがわかるというものだ。2周目には2位に浮上し6秒、3周目9秒、4周目に11秒差とぴったりつき、谷口の転倒により、ついにトップに躍り出た。6周目に伊藤が急追するもののリタイヤ。7周目からはRC142に乗る藤井璋美やホンダスピードクラブのボス鈴木淳三と2秒差の接戦となった。メンツをかけたワークス勢であったが、火山灰コースを疾走する北野の走りには、RCの20psという5馬力の出力差をもってしてもカバーできなかった。しかも、RCやRBは80kg台、CB92は保安部品を外しても90kg台後半がやっと、RCの6速に対して4速ミッションという条件差にもかかわらず北野の堂々たる勝利だった。

海外のレースでは、アメリカホンダに持ち込まれたCB92が、さっそく1960年1月10日開催の北米最大イベント、南カリフォルニア山間部を走るクロスカントリー「ビッグベアラン」に出場、クラス優勝を得た。この年765台の出走で、完走はわずか207台。1位はロイヤルエンフィールドで、クラス別では他にBSA、ヤワ、ドゥカティ等が入賞している。

1959年マン島では、練習用として150ccにボアアップされたCB150に、チームアドバイザーとして同行したビル・ハントが跨って出走したが、転倒。この車は、実は後に発表されたホンダSS CB95のプロトタイプ車で、当時はまだ耐久性や性能が不安定だったため、市販されずにいたものであった。

1960年にはオーストラリアのタスマニアTTレース125ccクラスで地元クラブマンが1～2位と健闘、1961年シーズンは、第2戦西ドイツホッケンハイムにも姿を見せた。プライベートチューンで、キャブレターはデロルトSSIに変更、フォーク上部から10cmも下がったスワローハンドルを装着して、ちょうどNSUレンフォックスのようなスタイルだった。

同年第４戦のマン島では、R.E.ロウがフルカウル付きのCB92を駆って22位でゴール。１位との差20分余りあったが、ドゥカティGPのDOHC市販レーサーに囲まれて113km/hで走ってのゴールは立派といえた。

CB92の日本でのレース戦歴のピリオドは、本格的サーキット時代を迎えた1962年に打たれることになる。

1960年の第３回宇都宮クラブマンレースでも１位を得たが、1961年の第４回、横田ジョンソン基地までが、プレスフレーム・スーパースポーツ車のレーサーとしての限界だった。またGPレーサーレプリカとして、1962年６月にはホンダが市販レーサーベンリイレーシングCR93を発売したため、CB92は、もはや単

ベンリイCB92（1961年） 125ccクラスも２人乗りが可能になり、1961年よりCB92にもタンデム用のシートバンドが加えられた。リアステップはスイングアームにボルトオンする方式を採用、当時の街中で２人乗りのベンリイSSがよく見られた。

なるツーリング車としての存在でしかなくなってしまった。

モーターショーでベンリイCB92が展示されたのは、1961年と62年のみであった。またベース車のC92は、1960年２月に１次駆動がスパーギアからヘリカルギアに変更され、プラグもCタイプから熱的に有利なDタイプへと変更されたが、CB92もこれに伴い、同等の改良が施された。

ホンダ量産スーパースポーツ第１号として、ベンリイSS CB92は、1960年11月にドリームCB72がデビューするまでは、まぎれもなく公道上の王者であった。上級モデルにはボアを49mmに拡大した154ccのホンダSS CB95も存在したが、それはクラブマン200ccレースモデルであり、軽二輪ユーザー達にとってはより大排気量車のCR71あるいはCB72へのつなぎ的な存在といえた。

1960年代前半は、スポーツカブC110やランペットスポーツCA2などの50ccブームが、CB72やCS90といった中間排気量モーターサイクルにも波及していった時代といえるが、125ccクラスの多くは実用モデルであり、ヤマハさえも1959年モーターショーで発表したYAS1の生産を見送っている。CB92のような思想で造られたのは、わずかにトーハツLD／LEの市販車とLRレーサーくらいで、あとはスズキがSB2とスポーツS31を手がけてモトクロスに参画したぐらいであった。

1950年代後半から60年代前半にかけての日本は、まさにスポーツモーターサイクルの過渡期といえた。実用車として設計したプレスフレームの車体とパワーユニットを、メーカー自身がスポーツスタイルに改装した時代だった。ヨーロッパの本格的な市販レーサーが多く存在したというレース情報が、まったくといってよいほど入ってこなかった、そんな時代に、まさに光り輝いた珠玉の１台がホンダCB92なのである。

20 JUNE 1963 MOTOR CYCLE 9

Start comparing machines and you'll find yourself owning a Honda

The price of a Honda Benly Super Sport is £199.19.0. tax paid. All the "extras" on it are fitted as standard. Among the ones we've listed here, you'll soon notice items you'd have to lay out a good deal extra for on most machines. They're "all-in", and so is the performance that nothing but Honda can give you. Save this advertisement as a check list against any other machine on the market—it'll lead you right onto a Honda.

Speedometer–Rev counter drive fitting–Rough track steering damper–Fingertip brake and clutch cable adjusters–Anti-theft lock–Shaped knee-grip petrol tank–Rear view mirrors–Electric starter and kick starter. *Specifications:* Engine twin cylinder o.h.c. 4-stroke. Max. output 15 b.h.p. at 10,500 r.p.m. Max. torque 1.06 kgm at 9,000 r.p.m. Capacity 124 cc. Bore x stroke 44 mm. x 41 mm. Compression ratio 10:1. Ignition h.t. coil and battery. Generator A.C. Clutch multiplate running in oil bath. Gears 4-speed positive stop. Overall ratios top 8.98:1, 3rd 11.12:1, 2nd 15:76:1, bottom 26.83:1. Oil filter centrifugal type. Tyres 2.50 x 18 front, 2.75 x 18 rear. Brakes twin leading shoe front only, leading shoe, trailing shoe rear, internal expanding. Front suspension short leading link. Rear suspension pivoted fork. Fuel capacity 1¾ gallons. Frame pressed steel, electrically welded, backbone type. Max. speed around 80 m.p.h. Fuel consumption with normal usage over 100 m.p.g. Weight 220 lbs.

2 Manorgate Road, Kingston-upon-Thames, Surrey

1963年におけるCB92のイギリスでの広告。最終型のベンリイSSで、フラッシャーランプがない。これは当時の国内向けCB系も同様で、右左折時には手をあげたりする動作が必要だったが、CB93（CB125）で解決された。

第4章

ドリームSS・CB72

ホンダドリームSS CB72

1960年11月発売
空冷4サイクル並列2気筒
SOHC 247.3cc
最高出力24ps／9,000rpm
変速4速リターン
始動方式キック・セル併用
全長2,000mm
軸距1,290mm
最高速度155km/h
燃料タンク容量14ℓ
車両重量153kg
価格187,000円

外国製スポーツバイクにも負けない“速く走れるマシン”を開発主眼としたのが、ドリームSS CB72であった。マン島TTレースに出場したRCレーサーの技術をフィードバックし、フロントにテレスコピックフォーク、パイプバックボーンフレームを採用した。エンジンはフルスロットル100時間走行に耐えたC72用がベース、ツーリングからレースまで広く愛用された。

GPレーサー技術から誕生、CB72、CB77、CP77

ホンダ製250ccというと、まずCBという名称が思い浮かぶ人が多いはずだ。だがCBの型式はCB72や1968年からのCB250、さらにCBX、CBRとさまざまな形で続いている。

実際、CB以前にも250ccはあったのかと考える人もいるだろう。だが、50歳以上のライダーには、CBよりもSAとかMEとかいった単気筒SOHCの方がいかにもホンダらしく、なじみ深いという人も多いだろう。それが世界GPに出走する以前のホンダのモーターサイクルで、性能本位の設計よりも“感性”といった人間性の面から造られた感があるからだ。

ホンダ250cc第1号車は、同社初のSOHCエンジンでもあった。

その前のホンダの歴史を追うと、2サイクルに始まり、次に4サイクルOHVを手がけている。排気量は150ccが基本で、サイズアップして220cc級にまでなったが、性能的にはメグロなどの古典派モデル達と同程度であって、まだ“性能”を誇示するまでに至らなかった。生産台数もトーハツなどの実用車がトップにあった時代で、リアフェンダー後部にときには100kg近くの大きな荷物が、積載されることも多かった。

そのホンダが1950年にマン島TTレースへ出走すると決め、当時のレーシングマシンをチェックしたところ、どれにもSOHC／DOHCが採用されていることに気づいたのである。当時、ドイツから工作機械を購入していた関係からも、特にNSU MAXに注目していた。

1950年代の国産SOHCエンジンとしては昌和、サンヨー、パールなどがあったが、大量生産には至っていない。ホンダの4サイクルSOHCシングルSA-ME系は10.5ps／5,000rpm、最高速度は100km/hで、各ギアでは①32、②45、③70、④100km/hというものであった。

1955〜57年になると2気筒2サイクルが台頭、ホンダも2気筒化したC70を送り出す。この車は、本田宗一郎が奈良や京都の寺院をイメージした“神社仏閣型”というデザインで、フォークやフェンダーなどに角ばったエッジをきかせ、後のCB92などのデザインベースとなっている。

コンパクトな車体とエンジンの軽量化により、C70はMEに対して車重も

160kgから138kgとなり、18ps／7,400rpmの出力で130km/hをマーク、各ギアでは①35、②68、③94、④130km/hと、当時のメグロセニア650T2にも匹敵するほどの速さを示した。ただし一般のユーザー側からは、あくまでもエンジン回転を5,000rpmまでしか上げないことがあり、かえって低中速トルクが不足しているのでは……ともいわれることがあった。

馬力を上げるために高回転域まで回すという信念を、ホンダはC70以降のモーターサイクルに貫き続けた。それは、まだ実用＝二輪トラック的な用途のバイクが多い時代にあっては、珍しい存在でもあった。

C70に続いて、ホンダはセルモーターを導入、C71とスポーツ型CS71を1958年後半より市販、また、スーパースポーツのCB71も公開した。

車種名はC＝CYCLE、S＝SPORTSから由来し、C71のアメリカ仕様のCAと称する、AはAMERICAである。ここまでラインアップが揃い、次にCBという名称が付けられた。

CB71の思想は「ふだんはツーリングユースに用い、レースにも出場できる」と

ドリームRC71（1958年） 幻のレーサーといわれるRC71は、RC141系の車体にCS71系カムチェーンSOHC系1キャブエンジンを搭載、ブレーキ等はCR71プロトタイプとほぼ同一。東南アジアのレースでイギリス人のP・ホワイトが活躍をみせた。

いうものだった。当時のレースとしてはMCFAJのクラブマンレースが浅間コースで行なわれていたのである。

CB71は、ホンダ荒川コースで、市販に向けてチェックされていた。同じプレス製フレーム／フォークを持つNSUスポーツマックスがマン島TTで活躍、1954～55年にかけて限定市販されたことにヒントを得たと考えられる車体だった。

スポーツマックス同様、18インチ前後ホイールに大口径ブレーキを組み合わせ、セミロングのタンクシートを持つスタイルはCB92そのままで(というより、CB71がCB92へと発展したわけだが)、迫力ある250ccだった。しかし、NSUよりもリーチの短いショックユニットとサスアーム、軟らかめのラバーブッシュなどは、とても24psのパワーと150km/hに耐えらなかった。本家のNSUでも実質的にはリアフレームをすべてパイプにして強化されており、やはりプレスのままでは強度不足であったと考えられた。

1958年中に市販されるはずだったCB71はCR71へ開発が移され、外装を生かしてアメリカ向けのCE71が造られた。また外観を小ぶりにしたC90ベースのCB90が1959年1月に発表され、2月にはCB92として正式にデビューした。5月から一般ユーザーの手に渡り、8月の浅間レースに向けて準備が開始された。

しかし、ホンダとしても250ccクラスを用意する必要があり、GPレーサーRC142系のバックボーンフレームに、CB71エンジンを搭載したモデルがテストされた。だが、振動の多い浅間のコースではスロットルワークに対するエンジンのカムチェーン作動に不安が残った。そこでCB71のエンジンをギアトレイン化、セミワークスともいえるCR71を、浅間レースに向け、少数造ることになった。

だが、CB71はもとよりアサマを走ったCR71でさえ一般の人の手に渡ったのはほんの数台といわれ、ほとんどはホンダ系ショップが所有していた。そして、CB71(1958年5月)から本格的量産スーパースポーツCB72が1960年11月にデビューするまで、実に2年半が費やされた。その間、ホンダの世界戦略が刻々と進行していたのである。

ホンダが世界市場に向けて輸出を開始したのはC71デビュー以降で、ヨーロッパではベルギーのディーラー、アメリカではアメリカン・ホンダ・モーターを

浅間クラブマンでの必勝を期して製作されたCR71のプロトタイプ。フロント部やステップ部にRC71の影響がみられるが、エンジンはツインキャブ化、タンクはCB71用を装着するなど、開発途中の様子がよくわかる。

量産型のドリームSS、CR71フルレストアモデル。本来はシート後部にツールバックも付くなどツーリング用にも対応。アサマレース用Y部品も同様に発売、305ccのCR76もレース用に特別に生産され“浅間”を走った。

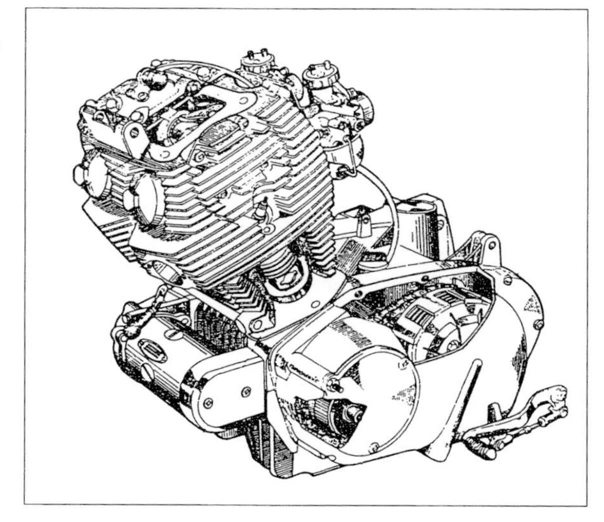

カムチェーン駆動、2キャブ、ウェットサンプ潤滑採用のCB72Eエンジン。オイルはポンプからクランクシャフト左側の遠心式フィルターを通り各部へ圧送。クラッチへの一次伝導にローラーチェーンを採用しているのが特徴。

通じて販売された。

ヨーロッパでは、「250ccとしては高性能」という評価が出されたものの、アメリカでは車体の小ささなどが問題となった。その頃、まだホンダはアメリカ市場を完全には把握しておらず、スポーツモデルの経験も皆無であった。それでもとりあえずスポーツ車を、……ということから、スクランブラーRC70fがプロトタイプとしてアメリカに送られた。パイプ製クレードルフレームの本格派で、これが後にCL72としてデビューするわけだが、この時はパイプフレームの量産設備を持たなかったため、生産が見合わされている。

アメリカでは、プレスフレームのモーターサイクルというのは人気がなく、NSU以外ではイタリアのカプリオーロ、ベネリ250程度が支持されていた、パイプフレームにテレスコピックフォークというのがセオリーとなっていたのである。そこで、アメリカ向けの本格的スーパースポーツとして、新たにCB72が計画され、また、その間のつなぎとして、C71からC72へと、車体のリファイン、エンジンのスープアップが行なわれた。

C72では、クラッチがそれまでのクランク側からミッション側へと移され、潤滑はドライサンプからウェットサンプになり、電装は6V→12V化。フレーム鋼板の厚さは1mmから1.2mmにアップ、それまでのプレスハンドルからパイプのアップハンドルとなり、アメリカ人にはきつかったポジションも、かなり大柄のものに変更された。

だが、フロントサスペンションにテレスコピックが必要とされた1960年代前半に、C72のようなボトムリンク・フォークを持つのはホンダぐらいであった。ハーレーの165cc 2サイクル車や、アメリカへの輸入の多くを占めていたイタリア車は、全車テレスコピックを装備していた。ちなみに、アールズフォークのBMWがアメリカで不振だったとき、テレスコピック・フォークにしたら急速に売れ行きが伸びたといういきさつさえあった。

そこでCR71からCB72への変身にあたってはテレスコピック・フォークが採用された。エンジン面では、チェーンテンショナーの改良により、24psの高出力でもカムチェーンが乱れて点火タイミングが大きく狂うことがなくなり、ギアトレインはチェーン駆動に戻された。こうしてCB72がデビューし、ヨーロッパに送られた。アメリカ向けには、305ccのCB77が1961年から生産が開始された。

当初のモデルは輸出専用であったため、1960年に日本市場に出回った車は少数で、本格的市販開始は1961年3月からである。ホンダが二輪専門誌にCB72をPRするのもこの頃からであり、購入したオーナー達は、ツーリングするよりもスクランブルレースなどに出場して、そのスポーツ性を大いに楽しんでいた。

CB72には、RCレーサーからレーシングテクノロジーが多く投入されたといわれる。そこには、タイヤとサス、フレームでトータルに路面をとらえようというホンダ思想の変化がみられた。フレームもCR71のままとはいかず、シートレール下側にモナカあわせのプレス製ラグが造られ、スポット／アーク／ロウ付けという多彩な技術を投入、これらはその後のホンダ製パイプフレーム車に逐次採用されていった。

ホンダファンにとって、このCB72の存在は旧GPレーサー時代のなごりでもあるだろう。浅間時代の市販レーサーといえたCB92に代わり、テレスコピックフォークを持つこのマシンは、まさに世界GPマシンのレプリカにみえたに違いなかった。

1960年7月、本田技術研究所が本田技研工業から独立するが、CB72はその研究所の一角から生まれ出たマシンでもあったのである。もちろん、世界GPレーサー群もこの場所で様々に成長していくわけだが、CBもまた刻々とその内容が変わっていった。このことはCB72を語る上で、無視できない問題である。

1960年10月25日から開催された第7回モーターショーに、CB72が一般公開されている。「トップで70km/h以下は走れません」のキャッチフレーズが、このCB72の性格を物語っていた。ホンダは前年度のクラブマンレース用として、同じ4サイクルSOHCながら、バルブ駆動をギアで行なうCR71を発表したが、その1年後の1960年夏にはCB72を発売することを予告していたのである。

しかし、1960年9月4日の第3回宇都宮におけるクラブマンレース250ccには、CB72はただの1台も出走せず、ホンダの国内戦力となっていた旧CR71が、折懸六三によって2位を獲得したにすぎなかった。

CBはいつ出てくるのか、CRはどうなるのか――ホンダファンは今後のSS＝

スーパースポーツ系の動向に注目していた。

そしてショーでの公開。本田技研側はあえてそのデビューにクラブマンレースを選択しなかった。このCB72はあくまでも“世界”を目指すニュージェネレーションへ向けての第1作目であったからだ。

したがって、カタログも日本語のものと英文が同時に制作され、ホンダはこのモデルを機に世界一への道を歩み出したのである。

「世界レースの成果から生まれたドリーム・スーパースポーツ——輸出のホープとして高速タイプのニューモデル《CB72》は高速中心の設計と工業デザインのトップを行く最高のツーリング車です。さらにレーサーキットにより本格的レーサーとしての性能も充分に発揮する待望のデラックスカーです」以上がカタログのコピーの一部である。確かにこの文章の通りにCB72は、高速ツアラーとして、世界に誇れるまでに評価を受け、また本格的なスポーツマインドを日本のライダー達に与えてくれたのも確かな事実であった。

1960年に公開されたプロトタイプは、当時のスポーツタイプを使うユーザー層を反映して、いくつかの安全対策が施されていた。モーターショーに出展されたCB72は、フロントブレーキがシングルリーディング、リアがツーリーディング方式というメカニズムになっていた。

これは当時のライダーが、リアブレーキを主体として使っていることや、アマチュアのレース仲間やオトキチ達の間で流れていた、「プロレーサーはフロントブレーキを主に使っている」——というウワサに対しての転倒予防対策だった。

CB72は前後ともにCR71系を強化した大径200mm径ドラムを持っていたので、フロントをダブルカムにすると、ライダーによっては効きすぎてコントロールできないのではないか——という危惧が研究所内にはあった。その結果として、フロントのみシングルカムとしたスーパースポーツの誕生をみるわけである。しかし世のオーナー達がCB72に慣れるにしたがって、ブレーキ性能に不満を述べることが多くなり、CB72と305ccのCB77を含め6,300台ほど生産した1962年には、フロントもツーリーディング方式のダブルカムに改められた。

ホンダはCB92以来、レーサーキットのY部品を用意していたが、CB72オーナーが、それをレース場でなく街中で使用したことで問題を発生した。まず第

ドリームCB72（1960年） 角ばったスタイルのCB92／95系から一変して登場したのがドリームSS、CB72だった。特に初期型はメーターをアルミ製トップフォークブリッジ部に装着、フロントブレーキがシングルリーディングという特徴がみられた。

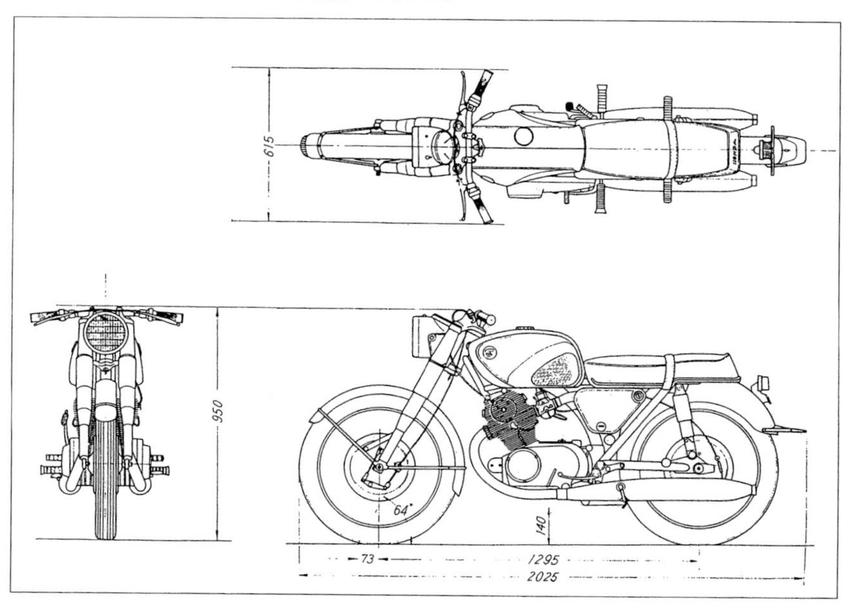

CB72には２種類あり、高速重視の180°クランク採用タイプⅠ輸出対象車がトップスロー60～70km/h、中速重視の360°クランク採用タイプⅡ国内対象車がトップスロー35～40km/h。なお外観的な差はほとんどなかった。

一にクリップオンハンドル、第二にレーサー用シングルシート、第三にメガホンエキゾーストを公道で装着したのである。

ホンダの考え方では、ツーリングにもレースにも使用でき得るマシンということで、ステップ位置が3個所に変更できるよう、アルミパネルにローレット付きボルト穴が設けられていて、この点では大いにマニアを喜ばせたが、レーサーシートやメガホン、クリップオンを一般公道で使用することなどおそらく考えもしなかったのであろう。

だが一部のユーザーは、データ的に浅間型クラブマンCR71と同等の24ps／9,000rpmの出力と、5km/hも速い最高速度155km/hという、このクラス最高のデータを体感せずにはいられなかったのである。CB72を街で多く見かけるようになると、Y部品を装着して「何か人と異なるマシン」造りをする人が増えていった。クリップオン、バックステップのCB72が増え出すと、公道でのシグナルGPが始まるのは時間の問題であった。そして、こうした実情に警察庁は「クリップオンとマフラー改造禁止」を唱えたのであった。

しかし、海外に渡ったCB72は、あたり前のようにクリップオンを装着し、多くのライダーが全開走行をし、CBの耐久性と高速性能を見て世界のジャーナリズムはホンダが世界中に普及することを予測した。

CB72を語る場合、その年式別による判断材料として、フロントフォークに関連するパーツ形状の違いについて知っておかなければならない。1960年のモーターショーに発表されたプロトタイプと同一モデルは、1,000台余りが国内、および海外へ販売されている。これはメーターがハンドルのトップブリッジ上にマウントされたもので、レース出場時にはヘッドライトが簡単に外せるようになっていた準レーシングバージョンと呼べるモデルであった。

しかし、このようなアイデアも対米および欧州輸出が盛んになると、より量産向きのメーターがビルトインされたものに変わっていった。またこのタイプはフロントフォークのアウターチューブが鉄製であり、かつホイールシャフトもフォーク中心部に位置していた。

この初期型が生まれて半年の間に、CB72はCⅠB72、CⅡB71などに分類され、呼称によってシリンダーヘッド、シリンダーなどのパーツも刻々と変化している。GPレースの経験もさることながら、欧米でのフルスロットル走行の使用状況がそうさせたのであろう。

1961年後期になると、メーターはヘッドライトケースにビルトインされた。これは、同年CB72フレームに、実用車のC72エンジンを搭載した４速ロータリー変速のCM72が発売されたが、そのフォークパーツを流用したものである。

1962年になると、CM72に加えてアップハンドル付きのCBM72が登場、またフレームが別物でクレードルフレーム採用のドリームスクランブラーCL72も生まれた。

CM72に始まるホンダの用途別車種生産計画は、東京の多摩テック、朝霞テックをはじめ鈴鹿サーキット、大阪生駒テックなどのモータースポーツランド

ドリームCM72(1961年)
1960年代はスーパースポーツ車を商用に使う人も多く、そうしたユーザー向けに設定されたのが、1961年８月発売のCM(コマーシャルの略)72。CBの車体にC72エンジンを搭載、シングルシートに荷台、フラッシャーなどを装備。

ドリームCBM72(1961年)
一文字ハンドルのCB72に対して、アップハンドルを採用したのがCBM72であり、タイプⅡに設定。初期型はフラッシャーがなく1964～65年後期から装着、1966年以降アップハンドル車にもCB72の名称が与えられた。

計画と合致して、モーターサイクルを万人に拡大しようというものであった。

そして同じく1962年には、新しいCB72が生まれた。フロントフォークは高速走行でもラフにハンドリングできるように前方にややオフセットされたものになり、ブレーキもダブルカムが採用された。この年、ホンダで初めての白バイが誕生した。上級モデルのCB77をポリス用に改装したCP77の登場であった。1962年度は東京警視庁に80台納入され、これがホンダで白バイを本格的に製作するキッカケとなった。そしてCP77の名称は、国内向けアップハンドルの305cc型が継ぐ。この時点でCB72のアップハンドル付きは日本向けの主力車種として1968年まで生産が続けられた。

ホンダは1962年からCB72、77系をより本格的に海外にアピール、CB72を“ホーク”、CB77を“スーパーホーク”とつけられた名称が強力なバックアップとなった。加えて、1962年度は世界GPレースで50ccを除き125、250、350の３種目を制覇し、鈴鹿サーキットの着工に至るなどモータースポーツ活動にも拍車がかかった。

そして1963年には、市販レーサーとしてCR72、77の登場をみる。CB72のタンクを大型化し、DOHCヘッドの形そのままにえぐりをつけての運輸省認定車であった。しかし、ついにこのCR72系は、CR110や93などのように価格を公表されずに、ホンダ系クラブマンによってレースオンリーの活動がされたにすぎなかったのである。

CB72のエンジンは1963年までに各部が変化していった。1961年型で４回、1962年型で２回、1963年型からは設計は安定し、長期にわたって生産が行なわれていった。CB92時代にもあったことだが、完成するまで毎日改良していくというのがホンダイズムのあらわれでもあった。

CB72を語るとき、もう１つ重要視されるのがクランクシャフトである。ホンダはCB72国内発売時点で「CB72は輸出車とともに２種類あります」と言明していた。Ⅰ型は輸出対象車であり、高速時に振動の少ない180度クランク、高速タイプカムシャフトを採用、「トップで70km/h以下は走れません」――というのはⅠ型であった。Ⅱ型は国内対象車であり、中速で加速の良い360度クランク、中～高速タイプカムシャフト、ギア比もローレシオになっていた。

CB72のイメージを持つCB250国内向けモデル。カラフルなツートンのエクスポートに対して地味な存在であったが、性能面では30ps、５段の変速にて160km/hと同一。またCB350は36ps、170km/hの高性能を誇った。

ドリーム・レーシングジュニアの名で1962年10月に発売されたCR72。設定車はCB72スタイルのツーリング仕様であったが、量産車はレーサーが多く２気筒DOHC４バルブ247ccの25ps／9,500rpm、６速にて180km/hをマーク。

ドリームCL72(1962年)
ドリーム・スクランブラーとして1962年登場のCL72は、1958年に発表されたRC70fの進化型。CBエンジンをセミダブルクレードルフレームに搭載、前後19インチタイヤと端正なスタイルが特徴。1965年にCB系ブレーキに強化。

CB72、CP77、そしてC72、77を含むホンダの2気筒SOHC 250～305cc系は、本田技研工業埼玉製作所の作品でもあった。ここからはCL72、ホンダジュノオなども生まれており、当時としては浜松製作所に次ぐ規模といえた。

CB72、CB77系で国内販売されたうち、今日までの残存車の多くは1961～65年まで生産されたモデルとみてよいであろう。1965年生産分からはプラグが10mm Cから12mm Dタイプに大きくなり、フロントフォークのアウターチューブがアルミ製となり、シルバー仕上げとなったモデルである。

そして1966年後期には1960年以来、国内車種伝統の小型テールランプが、スーパーカブC100同様に楕円大型となり、フラッシャーもカブタイプを装着して、イメージ的に大きな変化を遂げた。

CB72の生涯を振り返ってみると、1964年にフラッシャーが装着されるまでは、完全なスーパースポーツに徹していたのではないだろうか。ホンダがそのカタログにフラッシャー未装着の、トップブリッジにメーターがつけられた初期型の写真を載せていたことでも推察できる。取扱説明書も最終型の大型フラッシャーやテール装着モデルになった時点で、初めて改訂されたのである。

ホンダが世界GPレースから手を引いた1968年、RCレーサーから生み出されたといわれたCB72も生産ラインから消えて、新しく直立2気筒SOHCエンジンをセミダブルクレードルフレームに搭載したCB250シリーズの国内仕様にバトンタッチ、CB72タイプのガソリンタンクスタイル車が登場した。それほどまでに、このCB72の個性が反映されてCB250に引き継がれたわけで、やはりCB72が真のスーパースポーツを、実証するものであったといえる。

第5章

ドリームCB450・CB500T

ホンダドリームCB450Ⅱ

1966年4月発売
空冷4サイクル並列2気筒
DOHC 444cc
最高出力43ps／8,500rpm
変速4速リターン
始動方式キック・セル併用
全長2,085mm
軸距1,350mm
最高速度180km/h
燃料タンク容量16ℓ
車両重量187kg
価格268,000円

世界GPロードレースに向けて、市販レーサーCRシリーズを製品化したホンダの野心作がCB450であった。"二輪の王様"としてふさわしい直立2気筒DOHCエンジンを、重量車らしさあふれるセミダブルクレードルフレームに搭載。初期型K0の改良型K0-Ⅱはフレーム剛性を高めて1966年4月に登場、外観上はテールランプとステー部分に変化がみられた。

世界初の量産空冷２気筒DOHC、CB450

公道走行用モーターサイクルにおける、DOHCモデルの系譜をたどるとすれば、そのトップバッターは、やはりMVアグスタといえよう。それまでレース用として造られていた並列４気筒DOHCエンジンが搭載され、ナンバー付きモーターサイクルを試作、発表した1950年代のツーリスモの変遷をみれば、それらがいかに夢のプランであったかがわかるというものだ。

しかしMVの市販車は古典的なOHVが多く、ホンダに互して戦っていたGPレーサーと市販車の間にはあまりにも大きなギャップがあった。これをなくし、MVの名声を高める手段として、1965年ミラノショーに姿を現わしたのがMV600であった。このモデルは、超豪華モーターサイクルを望んでいたアメリカ人バイヤーに受け入れられ、やがて750Sアメリカにまで発展して一応の成功を収めたのである。

DOHCがレーシングマシンであるというイメージは、日本ではやはり、マン島TTレースへ挑戦する1959年あたりから育った。それまでの４サイクルレーサーはホンダやホスクの２気筒SOHCで、わずかにメグロの単気筒DOHCのみが公開されていたにすぎなかった。世界GPを席巻したホンダもマン島TTレーサーの開発にあたり、当初はSOHCに着手していたが、パワー不足が判明し、DOHC２バルブ、さらに４バルブ化への道を歩んだ。

以来、４サイクルエンジンにおいてDOHCが、最高のパワーが得られる証となった。ゆえにCR110／93／72／77の市販レーサー系が登場したとき、ホンダファンのおそらく誰もが、“一度は乗ってみたい、”と感じたに違いない。だが、CR系は当初、全車ヘッドライト付きの公道仕様で発表されてはいたものの、まぎれもないロードレーサーであり、ロングツーリングなどには困難だった。

1965年３月に発表されたホンダドリームCB450は、マニア達に大きな衝撃を与えた。巨大なシリンダーヘッドのエンジンをはじめ、それまでのCB達と異なる造形を持つ大容量タンクなど、それらはホンダの“新しい顔”であるようにも感じられた。

それまでの人気モデルCB72系のスタイルは、GPレーサー譲りのどちらかというとイタリア車に近いものであったが、CB450では、ノートンやトライアン

世界初の本格的量産DOHCエンジンCB450Eの大きなシリンダーヘッド内には、慣性質量軽減のためトーションバーバルブスプリング機構を内蔵。エンドレスカムチェーン、CVキャブレターも初採用し、超高回転に対応した。

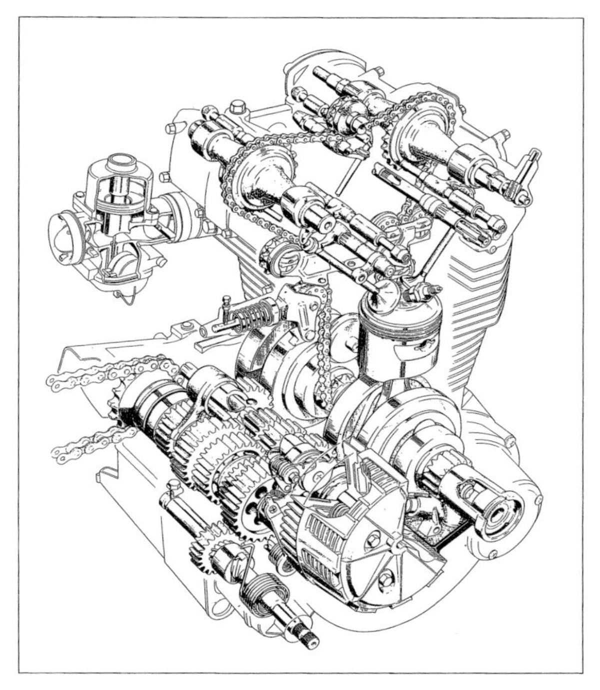

CB450（1965年）
初代のCB450K0-Ⅰ型。アメリカ市場における500～650ccのライバル達が、旧式な４サイクルOHV方式であったのに対し、SOHCでなくDOHCをあえて採用。新技術に挑戦し続けるホンダの姿勢を示したモデルといえた。

フ的シルエットの英国派に近い印象を与えた。セミダブルクレードルフレーム、従来のアップと一文字の中間的なハンドルバーがそれを強調していた。

CB450のターゲットは他ならぬブリティッシュツイン群であった。トライアンフT120R、BSA･A65、ノートンSSなどの650cc級OHV車は、世界最大のマーケットであるアメリカで、スポーツ＆ツアラーとして不動の地位を築いていた。一方、ホンダの主力商品であった輸出名スーパーホーク、305cc CB77は、スポーツ車やウィークエンドレーサーとしては受け入れられたものの、大柄なアメリカ人を乗せ、広大な大陸を走る本格的ツーリング用としては完全にアンダーパワーであった。こうした背景により、CB77よりも排気量の大きなニューモデルを生み出すことにもなったのである。

ホンダはすでに量産四輪車用エンジンとして、水冷４気筒DOHCの360～500ccを開発し、1964年から四輪レースの最高峰であるF1にも出場していたが、二輪車においてはまだ２気筒車が商品開発の主流であった。

CB72／77の開発では、クラブマンレーサーとしての使用も前提としていただけに、レース用Y部品もほぼ同時に開発され、GPレーサーにおける経験も活かされた。しかし量産重量車に関してはまったくの白紙状態であったため、人気、性能とも、当時ナンバーワンといわれたトライアンフT120Rのデータを抜くことに目標を定めた。

こうしてフレームとサイドカバーはトライアンフ風、タンクとフェンダーはノートン風に、どことなくイメージがだぶり、かつライトとマフラーはCB72系というスタイリングが完成した。

ホンダF1が1965年のメキシコGPで優勝したため、米二輪専門誌の表紙にCB450とともに紹介するなどの、アメリカ･ホンダによるPR作戦が求められた。しかし、当時のアメリカ人にとっての二輪車の性能の良否は、AMAレースの結果が、モーターサイクルのステータス性をはかる手がかりであった。そのため、いかに世界GPに勝とうと、ダートトラックを主体としたレースの上位に顔を出さないホンダは、レースに強い会社というイメージはまだ弱かった。

CB450は、トライアンフT120Rの持つ47ps／6,700rpm、最大トルク5.32kg-m／6,000rpm、最高速度186km/hのデータを打ち破るべき排気量を逆算して造られたモデルといえよう。トーションバースプリングを採用したDOHCによる、70×58.8mm、444ccエンジンは、43ps／8,500rpm、3.82kg-m／7,250rpmを発揮、ゼロヨン加速13.9秒、最高速度180km/hを公表して、データ的にはトライアンフにほんの少し及ばないものの、他の650ccツインをしのぐものだった。

「43BHP FROM 444cc」といったコピーに始まり、パワーユニットを強調したアメリカホンダの広告には自信がありありとうかがえる。

CB72系と同じく、CB450にもタイプⅠ／Ⅱがあり、それぞれ180／360度クランクを採用して120km/hを境に性能差が生じると発表された。輸出仕様は、高速走行を想定したタイプⅠが主体となり、アメリカ以外にもドイツ、フランスなどヨーロッパ各国へも送られた。特にドイツ仕様は一文字ハンドルが付き、スポーティなスタイルであった。

国内における市販開始は、海外向けよりわずかに早い1965年４月であった。

1950～60年代の重量車人気を独占し、日本車開発の目標となったイギリス車トライアンフ・ボンネビルT120R。1930年代の２気筒OHVエンジンを継承、650cc級で46ps／6,500rpm、重量178kgにて192km/h近くをマーク。

戦前に本田宗一郎のアート商会で働いていた伊藤正が生み出したのがライラックで、第１回浅間レースで優勝。1963年には対米専用車としてマルショーマグナムR92を輸出、500ccクラス水平対向２気筒35.6ps、160km/hを誇った。

当時の国産500cc車は、カワサキメグロK2が29万5,000円、マルショーライラックR92が25万8,000円だったが、CB450は26万8,000円に価格設定された。

広告には、「初心者にはおすすめできません」とうたっていたが、これは当時の日本では、あながちオーバーな表現ではなかった。

まだ大型な二輪の重量車に不慣れな日本のライダーにとっては、CB450は恐る恐る乗るとコーナーで倒しづらく、曲がらないマシンと感じられた。CB450を乗りこなすには、相当のテクニックが必要といわれ、CB77で練習を積んでから乗り換えるライダーもいたほどだった。

ホンダ初の重量車であるCB450は、発売以来数え切れないほどの細部改良を施されていった。改良型にはKの文字をつけてその初期型をK0と呼ぶが、このモデルだけでも少なくとも大きな変更が３回もあり、それほど改良面が多かった。

CⅢ92／72系に使われた小さな角型テールランプ付きのK0-Ⅰとでもいうべき最初期型は、限定販売的要素が強く、トータル生産台数は４ケタ台に止まり、1966年４月にフレームおよび各部を改善したK0-Ⅱにチェンジされた。スイングアーム取り付け部の剛性を高めたフレームと、丸型の英車的テールランプがこのタイプの特徴であった。K0-Ⅱは３万台近くが生産された。エンジンにも徹底的な改良が施されたK0-Ⅲは1966年10月の東京モーターショーに登場した。テール／フラッシャーランプはCD125をベースとした大型タイプになるなど、被視認性を中心とした改良が行なわれた。

CB450は高速ツーリングモデルとしてデビューしたがレースでも活躍しており、FISCOにおける1966年８月の第８回クラブマンレースのノービス500ccに、在日米軍のアマチュアライダー、ジェームス・クリストファーソンがほとんどノーマルのままで出場、平均速度127.8km/hで１位となった。タイム的には125ccロードレーサーと同程度だが、まずまずの速さだった。

その後はCB450をレースに使うライダーも増加し、1967年８月に開催された鈴鹿での全日本選手権には多くが出走した。アマチュア６時間および12時間耐久にはホンダ系チームの、ブルーヘルメット、テクニカルスポーツ、浜松エスカルゴなどもエントリーしてクラス優勝を飾った。ライダーには隅谷守男、菱木哲哉、佐藤実、太田耕治らの名がみられた。しかし、この年のレースは、す

CB450K0-Ⅲ(1966年) K0系の最終モデルⅢ型は、スーパーカブC50系の大型テール、フラッシャーランプを装備して登場した。CB、CL系全車が被視認性の良い灯火類になり後継の新型CB250、350、450とイメージ統一をはかった。

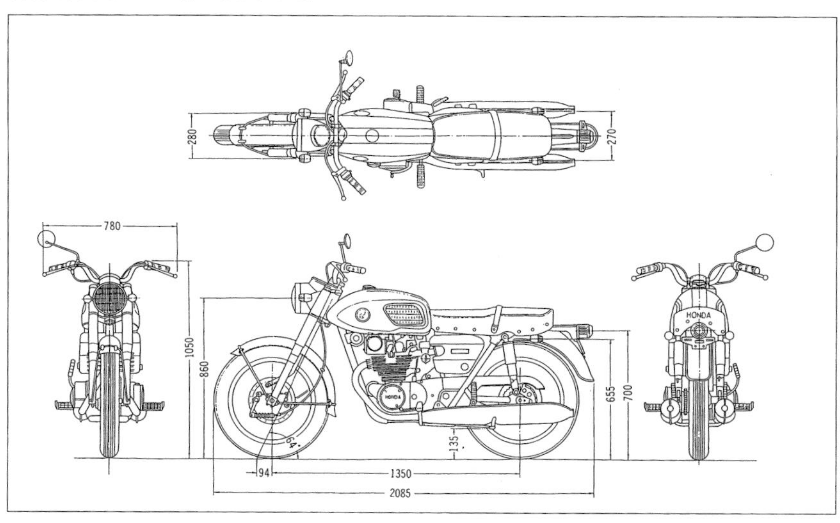

国内向けCB450K0-Ⅱの外観四面図。今日からみるとホイールベース1,350mmでGB250なみのコンパクトな車体を持つが、デビュー当時は大きく感じた。キャスター角は26度でCB72系の28度より立てられて設計された。

べてに高い完成度を誇っていたCB72が総合優勝、CB450が耐久初勝利を収めるのは翌1968年の10時間耐久に持ち越された。このときのライダーは、隅谷、菱木の名コンビで、1969～70年にはCB750FOURでも勝った。

650ccのライバルとして、200ccも少ない排気量ながらDOHCを採用してほぼ対等の出力を得たCB450ではあったが、ホンダ独自の高回転エンジンゆえの不利もあった。それは高回転域をキープし続けない限り、OHVビッグツインが生み出す太いトルクに対抗できなかったのである。

これをカバーするために５速ミッションとなったK1が市販されたのは、1967年11月のことであった。ミッションだけでなく、エンジン、フレーム、サスペンションなども全面的にリファインされ、スタイルもより端正になって、マシンのイメージそのものが一新された。K0の塗装からクロームメッキされた前後フェンダーをはじめ、ティアドロップ型に近づいたタンク、セパレート化されたメーターなども、ホンダ車としてはいずれも初採用されたものであった。

エンジンは外観こそ同一ながら全面的に見直されて、シリンダーヘッドは、バルブ径がIN＝36→38mm、EX＝32→33mmに拡大、カムシャフトもIN＝10—25度、EX＝10—40度と、近代ホンダ車にほぼ共通するタイミングとなった。トーションバーも強化されてサージング対策を実施、クランクシャフトも全車180度に統一され、圧縮比を8.5→9.0にした結果、45ps／9,000rpm、3.88kg-m／7,500rpmを得た。高出力化に対処して、クランクシャフト支持もにニードルローラーにベアリングホルダーの組み合わせを廃し、アウターベアリングケースにダウエルピンを組み合わせるという、ホンダのより近代的な方式に変更された。

こうした種々の改良によって公表された性能は、ゼロヨン加速13.2秒、最高速度185km/hとなり、K0をわずかにしのぐことになった。５速ミッションは、１速はK0と同じ2.412に揃えられたものの２速以上がそれまでの②1.400、③1.034、④0.903に対し、②1.636、③1.269、④1.000、⑤0.844と扱いやすく変化した。２次減速も国内とアメリカ仕様が15／35＝2.333でK0時代と変わらなかったが、ヨーロッパ仕様は16／33＝2.063とかなりハイギアードに設定された。

フレームは各パイプの見直しにより剛性を高めると同時に、キャスターは変化させずトレール量を94→80mmと少なくしてハンドリングを軽快にし、ホイ

CB450K1（1970年） 重量車にふさわしいデザインで1967年10月に登場したCB450K1は、対米向けCL450のダウンマフラー車であった。444ccエンジンは45psへ出力アップ、５速化されたミッションやセパレートメーターなど内容的にも一新。

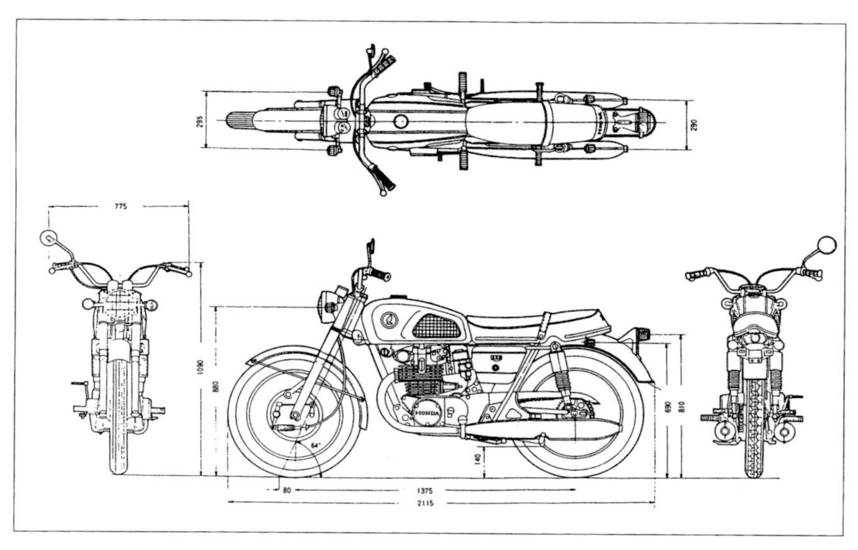

エンジン、車体ともに改良されたK1は、高速安定性を得るためホイールベースを25mm伸ばし、クイックなハンドリングを得られるようトレール量を94→80mmと15%縮めた。全体の見直しで車体重量も187→175kgへと軽量化。

ールベースも1.375mmと25mm伸ばして直進安定性を向上させた。

フロントのテレスコピックフォークは、ダンピング不足を解決するため、フォーク径が33→35mmに大径化された。このとき同時に、インナースプリングからアウタースプリングタイプへの変更も行なわれた。リアショックも、チッ素ガス封入の、いわゆるドカルボンタイプが初めて採用された。こうした結果、ストロークはフロント121mm、リア75mmに設定され、K1系のサスペンションは、その後CB450系各モデルに受け継がれていった。

ガソリンタンクは、本来CB450K0のバリエーションモデルだったCL用にデザインされたものを装着した。

こうして1968年モデルとしてデビューしたCB450K1は、アメリカで957ドルの価格がつけられ、アップマフラー付きストリートスクランブラーのCL450K1は、わずかに高価な1,035ドルであった。フラッシャーは小径、テールランプも丸型のオレンジ／レッド分割レンズ付きとシンプルにまとめられていた(ハンドルバーはドイツ仕様のみ一文字)。

1968年の東京モーターショーに、CB750プロトタイプがセンセーショナルなデビューを飾るに至り、CB450の「ステータスシンボル」としての役割は終わることになった。しかし、この時点でもCB450は決して過小評価されず、市販車としては依然トップクラスの性能を持っていた。レースでも実力を発揮、1968年3月のデイトナ100マイルではウィナーとなっていた。

チューニングパーツメーカーとして知られたプリシジョン・マシンことPM社がフレームをモディファイ、エンジンはスペシャルカムによるチューンが施され220km/hをマーク、フロントブレーキにCR72、タコメーターにCB92を使ったこのマシンは、ビル・リヨンズによって活躍を見せた。また後にスズキやカワサキレーサーに乗って有名になったアート・バーマンも乗車していた。

1969年9月に、新型フレームモデルK2が登場した。キャスター角を27度30分に寝かせ、トレール量を104mmと大きくして高速安定性を良くしたもので、アメリカと日本へ出荷された。ただ、ヨーロッパ仕様に関しては、クイックなハンドリングが好まれたため旧来どおりの26度仕様も造られ、1972年のK5まで採用が延ばされた。

CB450エクスポート(1970年)
CB750FOURイメージの全塗装ストライプ入りタンクを持つCB450エクスポート。1969年9月に登場、アメリカ向けK2のカラフルなキャンディカラー外装で人気を得た。国内向けK1もタックロールシート付で出荷。

国内向けK2は従来通りのK1スタイル車と、対米向けのキャンディカラーで、タンクデザインも異なるエクスポートの２モデルが市販された。

1970年３月発売のK3には、ディスクブレーキ付きセニアが加わった。また国内の450シリーズとしては、K1スタイルの他にエクスポートに加え、CLがラインアップされた。

1972年７月発売のK4セニアは、CB750／500系のパーツ流用によって、フロント部がそっくり新しくなり、ディスクブレーキに加え、19インチホイール、インナースプリングタイプのフロントフォークを持ち、マフラーもメガホンタイプで、CB250／350系と同イメージとなった。

小変更のK5は国内市販されないまま、1972年12月にK6が登場した。出力は41ps／9,000rpm、3.5kg-m／7,500rpmにパワーダウンされるとともに、180mmの大型ヘッドライトが装備された。また輸出仕様では、このK6までドラムとディスクの両仕様が設定されていた。ヨーロッパ向けにはドラム仕様の45psエンジンが残されたが、アメリカ向けは41psであった。

1974年には、アメリカ向けにのみK7が出荷され、CLはブラックマフラー仕様となった。この時代のホンダは、かつてのベストセラーCB350をCB360Tにモデルチェンジして、CB750FOURも新しいタンクグラフィックでユーザー拡大を狙っていた。さらにCB450のタンクはCB750同様のカラーリングパターンに、CL450もCL360Tのタンクグラフィックにするなど、シリーズ化を進めており、モデル別の個性は失われつつあった。しかし、1975年モデルとしてクラシ

CB450セニア(1972年)
フロントにディスクブレーキを装備したのがセニアで、1970年9月に登場。前後フェンダーが浅くメガホンマフラーを装着しているのが特徴で、この1972年12月発売の最終型では、よりCB750 FOURに近づいたスタイルを採用した。

CB500T(1974年)
ジェントルな大人のムードを持たせクラシカルスタイルを採用、1974年12月に登場したのがCB500T。ストロークアップした498ccエンジンは、アメリカと日本向けの公害対策仕様が41ps、ヨーロッパ向けは45psを誇った。

ックなイメージでデビューしたCB500Tは個性的に演出されていた。

CB500Tは、ツイン＝クラシック、フォア＝カフェレーサーという考え方から新しく生み出されたモデルであった。伝統のDOHCエンジンは、ストロークを8mm伸ばして70×64.8mm、498ccに排気量アップ、出力はCB450K6と同じ41ps／8,000rpmながらトルクは、3.8kg-m／7,000rpmと増大、加えて公害対策を施したもので、性能的にはマイルドで扱いやすくなった。このCB500Tの登場は、すでにCB450の誕生以来、10年目を迎えてのリフレッシュではあったが、排気量が2倍もあるGL1000が逆輸入される時代に突入しており、500ccは重量車ではなくミドルクラスと考えられるようになっていた。

第6章

ドリームCB750FOUR

ホンダドリームCB750FOURプロトタイプ（未発売）

1968年10月発表
空冷4サイクル並列4気筒
SOHC 736cc
最高出力67ps／8,000rpm
変速5速リターン
始動方式キック・セル併用
全長2,160mm
軸距1,455mm
最高速度200km/h
燃料タンク容量19ℓ
車両重量218kg
価格385,000円（K0データ）

1970年以降のモーターサイクルシーンを大きく変えたホンダCB750FOURのプロト車。フロント油圧ディスクブレーキ、ワンタッチ式タンクキャップ、別体オイルフィルター、GPレーサーゆずりの強制開閉式キャブレターなどは、量産用として多くが初めて考えられたものであった。堂々とした車体は“大きな外国人向け”に設計された新規格サイズだった。

世界初の量産空冷４気筒SOHC750の時代背景

ホンダは1965年に、DOHCモデルのCB450で対米市場に進出したものの、目標としたイギリス製650cc各車の敵とはなり得ずにいた。CB450がアメリカ人に好まれなかった理由は、「スロットルを開けてギアシフトを何回も行なわなければ、650ccに置いて行かれる」という一言に尽きた。さらに“４速しかないミッションではエンジン性能をカバーしきれない”とも言われた。

結局CB450は、５速ミッションとティアドロップタンクを装着したK1にマイナーチェンジされ、アメリカ・ホンダの要求に対応したものの、これも苦肉の策であって販売台数は伸び悩んでいた。ついにCB450はアメリカでは、一部のマニア向けの特殊なジャンルのマシンとして、評価されるにとどまった。

こうしたCB450K1への評価は、ホンダが「排気量に勝るものなし」という結論を導くのに充分なものであった。1968年にはカラフルなエキスポートタイプをはじめ、SL350をアメリカに送り込んだが、ホンダのイメージはまだCB77スーパーホーク（305cc）に代表される、小〜中排気量車のメーカーでしかなかった。

かつて輸出用車として本格的に開発されたCB72は日本向けのPRの「トップで70km/h以下では走れません」というキャッチコピーで話題となったが、当時の日本の道路では、実際に70km/h以上で走れる場所は非常に限られており、現状に即してはいなかった。ちなみに日本の道路行政が本格化したのは1964年の東京オリンピック以降であり、当時の国道は未舗装道路が多かった。GPレーサーを造ったホンダでさえ、荒川土手テストコースの直線で150km/h出すのがやっとといった状況だった。そうしたコース環境で開発されたCB450がアメリカで不振だったのは、道路事情の違いも大きく影響していたといえよう。日本製重量車として、マルショーライラック500・R92やカワサキ650W1、W2が出回っていたが、高性能というイメージは皆無に等しかった。

いかにホンダが世界GPのチャンピオンメーカーであっても、一般のアメリカ人はヨーロッパのレースには関心が薄く、AMAでの優勝マシンが彼らのトップブランドであった。したがってガーリー・ニクソンが1967〜68年チャンピオンとなったトライアンフが、アメリカでは人気ナンバーワンで不動の地位を占めていた。

1968年の第15回東京モーターショーで初公開されたCB750プロトタイプ、ターンテーブルの上にエンジンとともに展示された。見学者のほとんどが、かつてない4気筒エンジンとその車体の大きさに感嘆の声をあげた。

トライアンフT120Rボンネビル……このマシンこそが日本のライバルであり、これを追い落とすことなしには重量車クラスの制覇があり得ないことは、日本のどのメーカーも実感していた。

ホンダの切り札といえるCB750FOURが、いかなる理由で排気量を736ccとしたかは定かにされていないが、開発に際しては650ccのボンネビルT120Rよりさらに新しく高性能で出現したノートンコマンドやリックマンエンフィールド、ダンストールノートンなどの750ccをターゲットにしたのは明白であろう。エンジン型式はGPレースで実績があったホンダ得意の並列4気筒つまりインラインフォアを採用、量産に際しても4気筒DOHC四輪スポーツカーのS500／S600や軽トラックT360、また商業車のL700／P700の経験から、その実現はたやすい作業といえた。

750ccという排気量設定のマシンはCB750FOUR以前にも存在した。1960年代前期における英車の名門、ノートンアトラスとロイヤルエンフィールド・インターセプターの2車が代表格で、いずれもアメリカ市場を狙ったモデルであった。1967年からFIMレギュレーションのフォーミュラIが1959年以来続いた350および500ccが750ccへ増大されると、英国製750ccも増加したが、量産車はまだ少数だった。

BSA、トライアンフグループの2気筒系は、チューニングパーツメーカーによるボアアップキットで、750ccに頼らざるを得ず耐久性に不安が生じ、そのため別系列として、BSAロケット3およびトライアンフトライデントの3気筒OHVの双児車を生み出していた。これら3気筒車の発売は、CB750FOURより1年先行していた。

FIMの決定は、マン島でのプロダクションTTやアメリカのデイトナを含めてのF750レース開催へと結びついた。量産車をレーサーの素材とするために、世界中の二輪車メーカーが750ccモデルを次々とデビューさせたのである。それらの多くが1970年代に入って発表され、ホンダのニューモデルCB750FOURに対抗するためともみられたが、いずれのモデルも生産台数的にはホンダほどの成功を収めることなく終わった。

カワサキ500SSマッハⅢH1（1970年）
CB750FOURとほぼ同時期にアメリカで発売されたのがカワサキ500SSマッハⅢで、2サイクル並列3気筒498cc、60ps／7,500rpmから200km/hをマーク。マルチ＝多気筒時代をカワサキはホンダとともにリードしていった。

1967年に世界GPロードレースからの撤退を決定してからのホンダは、その技術を市販車のグレードアップに向けていた。すでに生産の半分以上を輸出していたものの、その頃のホンダには世界に誇るべき高性能車はなく、また当時2サイクル車を主体にしていた、国内3メーカーの激しい追撃にあっていた。

ホンダの1968年1月における生産台数は、50cc／30,179台、125cc／29,958台、250cc／0台、251cc以上／2,823台の合計62,960台というものであり、春を迎える4月にはそれぞれ53,239台、52,163台、4,361台、10,301台の合計約11万台へと増加し、今日と比較しても信じ難い数値だった。2位メーカーは4万台弱であり、日本の二輪車産業全体の月産は17～20万台ラインにすぎなかった。

この数字から当時のホンダは251cc以上の生産が約101,820台で、前年の1967年の36,525台に比較して278％増となり、生産比率は高まりを見せた。他社の同クラスは年産1万台程度にすぎなかった。いずれにせよ日本製重量車は、BSA、トライアンフ、ノートンなどのイギリス車達に対抗できる内容ではなかった。

CB750FOURの設計はこうした状況をすべてふまえたうえで1967年に開発がスタートしたのであった。

設計開始にあたっては、普通エンジン開発が先行するが、CB750FOURの場合は販売台数の目安がまったくつかないという、意外なところで設計は難航した。せいぜい少なくても当初の計画は年間1,500台から最大でも6,000台を造ればよいだろうという読みに落ち着き、このためクランクケースは、MVアグスタと同様の“砂型鋳造”で製作されることに決定された。

最初の試作エンジンはとにかく大きすぎたため、さらに2度、3度と設計変更が行なわれた。コンパクト化とコストの両方の点から考えて、最終的に決定された仕様は、クランクシャフトは一体式、ケースとの間はプレーンメタル支持という当時の国産二輪車としては例のないものであった。

メタル軸受は、すでに自動車用エンジンに用いられていたが、実用回転数はスポーツカーのトヨタ2000GTでも6,600rpmどまりであり、より高回転の二輪車用としては多少不安もあった。このためホンダでは、大同メタルに対して耐久性のあるものを依頼、この問題を解消したのである。

プレーンメタル支持のクランクシャフトは、エンジン騒音の低減と加工コスト面でそれまでの組立式よりも有利だったが、さらにトラブルのないように濾紙式のオイルフィルターエレメントを介して、オイルをクランクからカムシャフト系へ圧送するシステムを採用し、またオイルを常にフレッシュさと充分な冷却を与えるためにC70、CR71系に使われていたドライサンプ方式が再び採用された。

1968年2月に基本構想、4月に設計を開始して9月には走行テスト、そして10月のモーターショー用モデル製作という具合に、開発のテンポはまさにGPレーサー並みのタイムスケジュールで進行した。

当初からなぜDOHCにしなかったのかという疑問が生ずるが、当時、OHVのハーレーやトライアンフで育ったアメリカ人にとって、「DOHCはCB450で前例があったため、高回転型でトルクのないエンジンというイメージが強かった」という理由による。

ボアストローク61×63mmでロングストロークエンジンに設定され、736ccから67ps／8,000rpmを発揮、さらにトルクもフラットな特性が得られ、6.1kg-m／7,000rpm、2,000rpmあまりでCB450の最大トルクを発生し、従来の高回転型エンジンのホンダイメージを一掃した。

CB750FOURのプロトタイプは、マイク・ヘイルウッドがイギリス国内のみで乗ったレーサー、RC181スペシャルのレスター製フレームによく似た、ダブルクレードルフレームにエンジンを搭載するというオーソドックスな手法であった。それまでのホンダ車はCL72系、CB450系、そしてCB250系まですべてダウンチューブが1本の、セミダブルクレードルを採用していたが、1965年にデビューした同じ4気筒モデル、DOHCの少量生産車MV600が58×56mm、592cc、50ps／8,200rpm、185km/h、225kgで、また1966年にデビューしたミュンヒTT1000、4気筒SOHCは69×66mm、996cc、72ps／6,500rpm、200km/h、246kgの数値であったが、いずれもダブルクレードルフレームを採用しており、幅のある4気筒エンジンを搭載するにはどうしても同一型式が必須条件となり、採用することが必要であったのだ。

プロトタイプの公開は1968年10月26日の第15回東京モーターショーであった。会場に持ち込まれたマシンには当初CB450系のドラムブレーキが装着されていたが、マシンを観た本田宗一郎「なぜ、ディスクにしないのだ。すぐディスクにしろ！」の一喝でディスクブレーキ装着車が展示された。このフロントブレーキはアメリカのハースト・エアハート社製をベースにしたもので、後に量産化されるイタリアのブレンボやグリメカ両社にとっても大いに参考となった。ショーではターンテーブルの上に実物大のモックアップとエンジン単体が展示され、その仕様がどのようなものになるか、大いに話題を呼んだ。

ホイールベースは1,445mmでCB450と比べて105mmも伸びていた。200km/h以上で発生するふらつきであるウォブルを防止するため、フロント荷重の多い設計となった。ちなみに当時の主流はMVが1,391mm、ミュンヒでも1,371mmという短いホイールベースで、トライアンフ1,409mm、カワサキW1は1,414mmといった数値であった。また、スズキのT500がホイールベースを設計当初の1,328mmから量産車では1,435mmへと伸ばし、高速安定性を意識していた。

この頃よりハンドリングやサスペンションが本格的に研究されるようになっり、CB750の車体サイズも、身長の高いアメリカ人に合わせて設計されたために、日本人ではツマ先がやっと路面に着地できるという大きさであった。

こうして完成したCB750FOURは1969年3月から量産を開始し、200台あまりを造ったところで発表会が開催された。日本での報道関係向けの発表会の席上で本田宗一郎は、今日まで語りつがれた有名なセリフ「こんなデカいオートバイに誰が乗るんだ？」を口にしたのであった。

CB750FOURの大きさには、当時のバイク専門誌のテストライダーもさすがに驚きを隠せなかった。ホンダ側も“万が一”に備えて、テストコースに医療チームを待機させたほどで、それほどまでにCB750FOURは大柄であった。しかし、こうして完成した車格は、二輪車としてかつてない大きさであったにもかかわらず、以後10年ほどを経るうちにこのサイズが日本製重量車の標準＝ジャパニーズ・スタンダードサイズとなったのである。

アメリカにおける価格設定は、MV600が2,889ドル（104万円）、ミュンヒが4,000ドル（144万円）であったのに対し、CBはその半額以下の1,495ドル（53万5,000円、いずれも当時の換算価格）で市販された。あまりにも割安感があったため注文が殺到、年産計画台数が月産になり、月産計画はさらに倍の3,000台に引き上げられた。その際にクランクケースは砂型鋳造から、ダイキャスト製造の大量生産用のものに変更されている。

二輪専門誌によるテストでは、0—400mはメーカー発表12.4秒が13.38秒であったものの、最高速度はカタログデータに近い197km/hをマーク、その実力を示した。ちなみにトライアンフT500デイトナレーサーの1967年における優勝車の最高速度が182〜214km/hであったから、これに匹敵する速度をうち出したCB750FOURに、スピードマニア達の誰もが乗りたがったのは当然であった。

いわゆる“砂型”クランクケースのCB750K0は、3,566台の輸出向けエンジンが造られた後に国内市販に移され、1970年９月にK1キャストケース車にバトンタッチした。CB750FOURは1972年の４月にはK2となるが、この時点で月産5,000台をマーク、累計ではなんと25万台の販売台数を記録した。CB750FOURは、性能においても販売台数においてもまさしく空前絶後のマシンとして、世界のバイク史上に一時代を築いたのである。

「限定されたエリートライダーのために」とヨーロッパの専門誌は報じていたが、アメリカでは、あまりの低価格ゆえに多くの注文が続いた。価格を他車と対比すると、BMW R69S／1,648ドル、BSAロケット３／1,765ドル、トライアンフT120R／1,375ドル、ノートンコマンド／1,460ドルと、まさにヨーロッパ車をアメリカ市場から追い落とすのに充分なCBのプライスといえた。それはやがて事実となったが、アメリカ・ホンダもCB750FOURを売るためのあらゆる努力を惜しまなかった。

その一環のなかにレース活動もあった。当初から予定されていたレーシングキットの開発が行なわれ、1970年3月15日のAMAデイトナ200マイルレースでは、名手ディック・マンによる勝利を得て、CB750FOURの人気を不動のものとしたのだった。

CB750FOUR K0(1969年)
輸出専用車として発表されたCB750FOURも1969年8月から国内販売を開始した。初期型のK0は砂型クランクケースのエンジン、4本ワイヤーのキャブレター、角型エアクリーナーケースやサイドカバー等々の特徴がみられた。

CB750FOUR K4(1974年)
人気沸騰のCB750FOURは1970年にアルミダイキャストケースのK1に発展、乗りやすい17ℓタンクを装備。1972年K2の頃にはナナハンブームを生み、1974年にこのK4となりウィンカーブザーなど数多くの安全公害対策が施された。

また日本でもその前年の1969年、発表されたばかりのCB750FOURは８月16～17日にかけて鈴鹿10時間耐久レースにおいて、隅谷／菱木組、尾熊／佐藤組が１、２フィニッシュを飾っている。

CB750系レーシングパーツがRSCから発売され、1970年からはFIMのF750用としても供給されるようになった。また1971～72年のデイトナではゲーリー・フィッシャーの乗った、黄色いヨシムラチューンのCB750レーサーの速さはワークス以上といわれ、同時にアメリカにポップ吉村の名を知らしめるきっかけを生んだのである。

しかしながらCB750FOURが本当にトライアンフ・パワーのすべてを打ち破るには、ユタ州ボンネビル乾塩湖での絶対速度記録に挑戦し、それなりの記録をあげることもまた必要であった。２連装エンジンのスーパーチャージャー付きストリームライナー・ホークは、150ps／8,500rpm×２の高出力を絞り出し、1971年11月５日に389km/h、さらに同月20日には465km/hまでをマークし、世界記録をとりあえず超えた。ただ、規定の往復走行ができず、未公認に終わったが、その速さは充分なインパクトを世界中に与えることができたのである。

1970年代初頭のホンダフォア・パワーは充実したものとなり、イギリスのドレスダ、フランスのジャポート、スイスのエグリなどの耐久レースにおける多くのコンストラクターを生み出すことになった。

しかし日本車のライバルは日本車といわれるように、カワサキZ1の登場によってDOHCパワーが当たり前の時代が訪れるのであった。

ホンダ自身が対抗車として水平対向水冷４気筒SOHCのGL1000ゴールドウィングを生み出して以降、CB750FOURのホンダにおける存在は、その生産台数の多さとともに、ポピュラーなモーターサイクルとして位置づけられ、乗りやすさを追求していった。その結果として1970年代後半には、カフェレーサースタイルの４イン１集合エキゾースト付きF-Ⅰ、F-Ⅱ、またアメリカ向けのオートマチックのCB750Aエアラへと進展していった。

CB750FOURの当初の目的とされた、アメリカ市場での成功は、追随する他のメーカー達にとって、４気筒エンジンの新型車開発そのものに、CBという良い前例があったため、比較的容易な目標となった。そのため日本製二輪車の多

CB750F-Ⅱ(1977年)
4イン1エキゾースト・シリーズの最大排気量車として1976年6月に登場のCB750FOUR-Ⅱ。1977年4月には耐久レーサーRCBと同じコムスターホイールにトリプルディスクを装備、スタイルもリフレッシュされて登場した。

CB750エアラ(1977年)
CB750FOURにトルクコンバーターと2速ミッションを組み込み、アメリカのオートマチック車を求めるユーザーを対象に開発されたのがCB750A。乗りやすさを求め出力は47ps/7,500rpm、国内には1977年7月エアラの名で発売された。

くがCB750FOURの後を追って類似したスタイルで登場してしまい、「ユニバーサルジャパニーズ」と海外のジャーナリズムから酷評される要因にもなった。しかし、それはまたCB750FOURが、それほどまでに偉大な影響力があったともいえ、オリジナリティの点で、最も優れたものを持ったモーターサイクルといえる。

1970年デイトナの勝利マシンCB750レーサー。1960年代GPレーサーと1970年代RCBを結びつける意味におけるメモリアルマシンといえる。【ホンダコレクションホール所蔵】

『クルマよ、何処へ行き給ふや』中村良夫著より抜粋

ホンダCBフォアは大型バイクに新しい波をおこした傑作バイクであった。

当時、私は、モーターサイクル世界No.1のホンダが、近視眼的社会活動の性格をもっていた安全問題で萎縮すべきでないと、考えていた。

1969年、フランスのボルドール（ゴールド・カップ）24時間耐久レースに私達は、ホンダ・フランスのディーラーであるヴィラセカ氏のチームと合流し、若い２人のリヨン大学生が駆るCB750を、グランプリ・ライダーであるビル・スミスやトミー・ロブが、チームメカニックとして活躍して、勝った。

翌1970年３月、アメリカ・モーターサイクル・スピードレースの総本山ともいうべきデイトナ200マイルには、トミー、ビル、ラルフ・ブライアンズともう一人、アメリカ人ライダーということを考え、アメリカ・ホンダのボブ・ハンセンに適当なライダーを紹介してもらって、AMAのディック・マンがやってきた。レースでは若いラルフが圧倒的に速かったけれど、デイトナ用にバルブ・リフトを大きくしたのが裏目に出て、英国３人組はすべてカム・チェーン・トラブルでリタイヤ。スタンダードのリフトで走ったディックが安定走行して優勝した。

われわれとしても、アメリカではアメリカのライダーが勝ってくれることが、のぞむところでもあったのである。

ホンダ CB ストーリー

1959〜1998

ホンダドリームスーパースポーツCB72（1960年発売）空冷４サイクル２気筒・SOHC ２バルブ
247.33cc・最高出力24ps／9,000rpm・４速・始動キック／セル・車重153kg・187,000円
［写真のモデルは輸出仕様と思われるが詳細は不明・データは1960年型CB72より記載］

ホンダドリームスーパースポーツCR71（1959年発売）空冷４サイクル２気筒・SOHC 2バルブ
247.3cc・最高出力24ps／8,800rpm・４速・始動キック・車重135kg・230,000円

ホンダベンリイスーパースポーツCB92（1959年発売）空冷４サイクル２気筒・SOHC　2バルブ
124.67cc・最高出力15ps／10,500rpm・４速・始動キック／セル・車重110kg・155,000円

ホンダドリームCB500FOUR（1971年発売）空冷４サイクル４気筒・SOHC 2バルブ 498cc・最高出力48ps／9,000rpm・５速・始動キック／セル・車重186kg・335,000円

ホンダドリームCB500T（1974年発売）空冷４サイクル２気筒・DOHC 4バルブ 498cc・最高出力41ps／8,000rpm・５速・始動キック／セル・車重206kg・365,000円

ホンダドリームCB750FOUR（1969年発売）空冷４サイクル４気筒・SOHC 2バルブ 736cc・最高出力67ps／8,000rpm・５速・始動キック／セル・車重218kg・385,000円

ホンダCB750プロトタイプ（1968年第15回東京モーターショーで発表）量産型に比べて外観では、シートおよびサイドケース形状、ディスクプレートとマフラープロテクターなどが異なる。またエンジンは、クランクケースやシリンダーヘッドのデザインをはじめ、キャブレターも試作段階では違ったタイプが取り付けられている。サイドケースのエンブレムも量産型では変更された。

ホンダCB750F（1979年発売）空冷４サイクル４気筒・DOHC 4バルブ 748.0cc・最高出力68ps／8,000rpm・５速・始動セル・車重228kg・538,000円

ホンダCBX1000（1979年発売）空冷４サイクル６気筒・DOHC 4バルブ 1,047cc・最高出力105ps／9,000rpm・５速・始動セル・車重247kg・輸出車

ホンダドリームCB400FOUR（1974年発売）空冷４サイクル４気筒・SOHC 2バルブ 408cc・最高出力37ps／8,500rpm・６速・始動キック／セル・車重183kg・327,000円

ホンダCB1100R（1981年発売）空冷４サイクル４気筒・DOHC 4バルブ 1,062.0cc・最高出力105ps／9,000rpm・５速・始動セル・車重235kg・輸出車

ホンダCBX400F（1981年発売）空冷４サイクル４気筒・DOHC 4バルブ 399cc・最高出力48ps／11,000rpm・６速・始動セル・車重173kg・485,000円

ホンダCB1000 SUPER FOUR（1992年発売）水冷４サイクル４気筒・DOHC 4バルブ 998cc・最高出力93ps／8,500rpm・５速・始動セル・車重235kg・920,000円

ホンダCB400 SUPER FOUR（1992年発売）水冷４サイクル４気筒・DOHC ４バルブ 399cc・最高出力53ps／11,000rpm・６速・始動セル・車重192kg・589,000円

ホンダCB1300 SUPER FOUR（1998年発売）水冷４サイクル４気筒・DOHC ４バルブ 1,284cc・最高出力100ps／7,500rpm・５速・始動セル・車重249kg・940,000円（ツートンモデル）

写真協力／本田技研工業㈱広報部　ホンダコレクションホール　MPプロジェクト　　写真解説／三樹書房編集部

CB400FOUR発売後、1975年11月のCB400G＝グランドツアラー的試作車。CB400FOURの時期モデル案。４本マフラーと、後継車ホークⅡ的タンクに注目。

1973年８月下旬の最終モックアップ。フェンダーはプラスチックでレーシー、フレームはダークシルバーで決定。その後工場からのクレームが出て、フェンダーはCB350FOURのクロームメッキスチール製となった。

ビキニカウル付でカフェレーサー的なCX1000（CBX1000）のスケッチ。タンクからシートへかけてはCX500ターボ的フォルムを感じさせる。

CBX1000のスケッチ。迫力あるインラインシックスのボリュームに、後部が負けないようにシートテールに大胆なスポイラーを採用。

CB750FOUR-Ⅱのスケッチ。カフェレーサー的フォルムであるが、量産車はマフラーをはじめ、全体にズッシリした感じになった。

CB750/900F（CB750、850E）のイメージスケッチ。フランスのポールリカールサーキットで観たカスタムなどからヒントを得て描かれたという。

CB750/900Fのモックアップ検討途中のスナップ。フローイングラインと呼ばれ、流れるようなタンクからサイドカバー、テール部分までのフォルムは、他のCB系にも採用されて1980年代のホンダスタイルの主軸となった。

ホンダCB72（1966年）

写真上左：スリムなポジションを持つCB72／77およびCP77のカタログ上の全高は950mm、全幅は615mm。中期型を示すフラッシャー付である。

写真上右：リアクッションは、路面や積荷の状況に応じてスプリング負荷を3段に調節できるように工夫。通常は最弱にセットしておく。

写真下：メーターは初期型が速度計が左まわりで、俗称“バンザイ”と呼ばれる。写真は後期型で右まわり２連で、確認性を向上させている。

写真左：フロントブレーキは200mm径で、極初期型がシングル、多くはツーリーディング。またブレーキパネルとハブは、数度の改良が施された。

写真下：前傾２気筒SOHC、72は247.3cc、圧縮比9.5にて24ps／9,500rpm。77は305ccで28ps／9,000rpm。プラグは初期型10mm径C、後期12mmD。

写真上：京浜製ツインキャブレターは、72がPW22、77がPW26mm径。メインジェットは＃90～145を使用。フロート室はクイック脱着方式。

ホンダCB400FOUR（1976年）

写真上右：セリアーニ型フォークとコンチネンタルハンドルがスリム感を強調するCB400FOUR、FOUR-Ⅰ。全高は1,040mm、全幅は705mm。FOUR-Ⅱは全高1,080mm、全幅780mm。

写真上左：CBのFOUR各車にほぼ共通したテール、フラッシャーランプなど、リアのフォルムを持つが、メガホンマフラーはCB400FOUR独特のもの。

写真下：1970年代のCB独特のメーター配置。左に180km/hスピード、右に12,000rpmタコ…と、その数値はまさにスーパースポーツにふさわしい。

写真右：強制開閉機構による京浜製PW29mm径4連キャブレター。そのフォルムは、どことなくRCレーサー用CRキャブレターと似ている。

写真上：シングル・ディスクブレーキは260mm径、厚さ７mmステンレス製。キャリパーはシングルピストンタイプを装着、支持方法に注目。（車体番号は、1000001）

写真下：美しいフォルムのエキゾースト集合部は、世界的に評価された。エンジンは直立４気筒SOHC、408ccで37ps／8,500rpm＋６速。

ホンダCB750FOUR（1969年）

写真上右：エンジンがフレームから大きくはみ出し、全体が力強く迫力のあるフォルムのCB750 FOUR。全幅885mm、全高1,155mmと堂々としている。

写真上左：４気筒ゆえの４本マフラーは、デビュー当時は“GPレーサー”を想わせ、特にK0用HM300は独特のエキゾーストノートを奏でる。

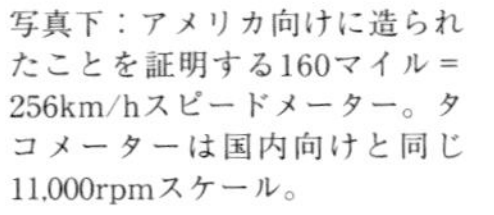

写真下：アメリカ向けに造られたことを証明する160マイル＝256km/hスピードメーター。タコメーターは国内向けと同じ11,000rpmスケール。

写真左：CB750FOURにて量産車世界初採用された油圧ディスクブレーキ。269mm径、７mm厚ステンレス製でキャリパーは冷却フィン付。

写真下：量産車世界初の並列4気筒SOHC、736ccエンジンは、圧縮比9.0、67ps／8,700rpmを発揮。右側メッキカバー部にポイントを持つ。

写真上：CB750FOUR、K0のみ独特の４本引きワイヤー作動、京浜製PW28mm径４連キャブレターを装着。K1以降は強制開閉式となる。

ホンダCB750F（1979年）

写真上右：被視認性の良い大型フラッシャーをフォーク部に装着するCB750FZ。全幅800mm、全高1,125mm、全体にスマートな印象を持つ。

写真上左：ジュラルミン鍛造ハンドルからテールカウルに流れる“ザ・スーパースポーツ”フォルム。日本向けのみ900FZと同系パーツを装着。

写真下：ジェット機のコクピットをイメージして造型処理されたメーターパネル部。180km/hスピード、10,500rpmタコメーターを装着する。

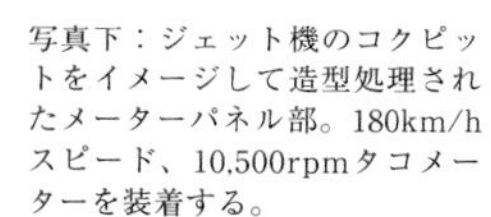

写真右：世界初の量産DOHC車、CB450から装着する負圧キャブレターは、新開発された京浜製30mm径VB52、CB900FZは32mm径VB51。

写真下：耐久レーサーRCB技術をフィードバックした４気筒16バルブDOHC、62mmスクエア748ccエンジンは圧縮比9.2、68ps／9,000rpm。

写真上：RCB用スターホイールから発展したコムスターを装着、ブレーキはフロントがダブル276mm径の５mm厚、リア296mm径の７mm厚。

ホンダCBX400F（1981年）

写真上左：CBX400Fのフロントインボードディスクはベンチレーテッドの229mm、11mm厚。CBX550Fはダブル・インボードディスク装着。

写真上右：リアもブレーキはインボードタイプを装着。剛性を増したブーメラン・コムスターホイールは、1980年代初期ホンダ車がこぞって採用。

写真左：機能アイテムを増したコクピット部。180km/hスピード、12,000rpmタコと中央部にはフューエルゲージを備えて、精悍フォルムになる。

写真右：クロームメッキ製キャップを持つ京浜製 VE50Aキャブレターを装着。低速、中速、高速のあらゆる回転域でレスポンスは鋭い。

写真下：ボリューム感あふれるタンクフォルム、容量は17ℓとロングツーリングに対応。CBRデビュー後も人気が高く、1984年に再生産された。

写真上：エキゾーストパイプがCBXの“X”に交錯するこだわりのエキゾースト。4気筒16バルブDOHC 399ccエンジンは48ps／11,000rpm。

第7章
設計者が語るCB総論 CB750FOUR開発の歩み

原田　義郎（はらだ　よしろう）
昭和28年（1953年）本田技研工業（株）入社。本田技術研究所二輪車部門の責任者として、スーパーカブC100、CB72、CB750FOURなどの代表的なマシンの総括を務めた。1972年、SL250S、CB500FOURなどを仕上げた後、昭和48年に本田技術研究所主席研究員となる。

白倉　克（しらくら　まさる）
本田技術研究所主任研究員として、CS90、CB250（２気筒OHC）、CB350（４気筒OHC）、CB750（４気筒OHC）他、数多くの銘機エンジンの設計に携わる。また、CB500T（２気筒DOHC）開発のLPLなども歴任。

池田　均（いけだ　ひとし）
リトルホンダP25のデザインをはじめ、ベストセラー車CB250、350やCB500FOURなどのスポーツモデルを担当。世界的にも影響を与えたCB750FOURの全面的なデザイン責任者を務めた。元本田技術研究所エグゼクティブチーフエンジニア（ECE）。

取材・編集：小林謙一

第1部　CBの系譜

原田　義郎・談
三樹書房編集部・編

CBの原点

“CB”の源流というべきドリームCB72がデビューしたのが1960(昭和35)年の11月です。その前にドリームC70というホンダで初めての2気筒車を開発しました。

250cc級エンジンで4サイクル、OHC、2気筒というのは世界的にも初めてでした。このC70のエンジンをベースに改良を加え、その発展型としてCB72を造ったわけです。

機種記号CB72のCは、“CYCLE”の頭文字、Bは“For CLUB MAN RACER”を意味しています。

二輪車設計の草創期時代

草創期のホンダのオートバイの開発機種には、A、B、C、D、E型……とアルファベット順に名前を付けていたわけです。もちろんその中には試作で終わった車も、市販には至らずに図面で終わった車もあります。製品化されたものには2サイクルのドリームD型がありましたし、これをホンダ初の4サイクルエンジンに改良したドリームE型もあります。このE型は大変良く売れました。

私が入社したのは、このE型にモデルチェンジした頃で、苦情のあった部分を改良したり、排気量をそのときの規定に合わせて変更したり、といった設計変更がありました。そうした改良を施したモデルには改良順に数字を加えて2Eだとか3Eといった機種名にしたのです。4Eというのは非常に良く売れた代わりに、キャブレターの問題が発生してその対応に苦心しました。

その次に汎用機のF型があり、次のGも汎用エンジンでした。ですから、G型などはあまり一般には知られていません。Hは背中に背負って使用するダスター(噴霧器)のエンジンだったのです。その後Iがあって、JがベンリイJ型です。

このようにアルファベット順で進めていたわけですが、機種名は付いても発売せずボツになったものが多かったものだから、またたく間に26文字近くまでいってしまったわけです。

ホンダ製２気筒SOHCのベーシックモデルは、250cc級がドリームC70→71→72へと変遷、125cc級がベンリイC90→92と進化。写真はホンダC95でベンリイ系ボア拡大車の1960年型。アメリカ向けのダブルシート付である。

その頃のホンダの設計部門は、河島喜好設計課長(当時)以下の陣容で、私はたしか12〜3人目の入社の設計課員かと思います。そういう少人数な状態だったので、図面の整備とか、設計をシステマティックにすすめることは無理な状態だったのです。

型式名称の変更

私はホンダ入社以前に、大企業での設計の経験がありまして、設計とはこう管理するんだとか設計標準というのはこういうふうに作るんだとか、どちらかと言えばむしろ古臭い手法でウルサく仕込まれて育ったものですから、これらの管理事項は事前に整理してスムーズに進めることが、後々の設計変更とか技術の蓄積の為に有効だ、ということは理解していたのです。その経験を活かして開発機種のネーミングの際、10番から始める数字式を提案しました。20、30、と数字であれば無限に続けられるわけです。そして、例えば10番から始めればその改良型は11番で、また次に直したものは12番にすれば良いのです。要するにマイナーチェンジする時は、まだ番号が９個残っているのだから１ケタの数字を変えることで対応でき、10、20と進めていったわけです。それで最初の２気筒ドリーム号はC70になったのです。

そして次の手順として番号だけだと、70といわれてもモーターサイクルか汎用エンジンか、または四輪車のエンジンなのか判別できないで困るので、後になって理解しやすくする為に、二輪車の“CYCLE”だから頭文字の“C”をとって、二輪の開発番号としたのです。スクーターの方は、すでに富士重工が「ラビット号S型」などで頭文字にSを使っていましたから、“MOTOR SCOOTER”のMにしました。

C70の排気量を拡大したモデルにC75があり、C70を改良したドリームC71の発展型としてドリームC76がそれにあたります。CB72はもともと250ccクラスで開発したのですが、アメリカ市場に対して少しでも排気量を上げようということで247ccを305ccに拡大し、それを無理やり350クラスと称していたこともありました。これがドリームCB77です。

その後に80番台、90番台のモデルが続くのです。C90などの125ccクラスは90番台でした。そして100番台はC100のスーパーカブになるのです。

社内では、自動車の方もそろそろ開発が始まってきまして、あの360の軽トラックは"AUTO MOBILE"のAで"AK"となっています。その他にもレーサーはRを付けてRC、四輪レーサーはRAというふうに最初の頃は整理したのです。

その後、またいろいろ変わってきたのは、この方式に藤沢副社長から注文がついたためです。例えば、ドリーム号をC76とかC77といっても、これでは何のことか社内の人間にしか分からないので、250ccクラスなら250、350ccクラスなら350とユーザーに対して分かりやすい表示にして欲しい、という要望でした。それ以降は開発番号と機種番号を区別しようということはなくなり、現在に至っています。

その結果、今度は開発番号を見ただけではその機種が何だか、全く想像がつかないので、機密保持という点でのメリットにつながったわけです。

初期の型式名称にはこうした経過があって改良されてきたのです。

ドリームC70の開発

前記したようにC70系は250ccではホンダ初の２気筒車になります。２気筒は海外にもありましたが、250ccクラスという小排気量エンジンでは存在しなかったのです。また、ほとんどの二輪車エンジンがOHV方式の時代で、OHC方式の２気筒247ccエンジンは、世界的に見ても非常に革新的なエンジンでした。ただし、OHVが主流といっても例外はありました。ドイツ車の中でも性能的にアドバンテージの高かったNSUなどでは、すでにシングルのOHCが開発されていたのです。

２気筒にすることによって格段に振動が減り、静かで性能も良く、実用回転数も上がったわけです。これは大きな変革だったと思います。250ccクラスで他にはヤマハの２サイクルで、確かドイツのアドラーをベースにしたエンジンだったと思いますが、いいエンジンがありました。それに対抗できるエンジンがホンダでも完成したと思いました。そしてさらにセルを装着してC71と進化させたのです。

C70とC71の違いというのは、仕様装備の違いと考えていただければ良いでしょう。CB72とC70は根本的な考え方のベースは同じですが、かなり違います。C70ではクラッチがクランク側にあったものをCB72ではミッション側に移しています。C70のときはクランクシャフトの方がクラッチの容量も小さくて済むことになりますから、都合が良いという考え方があったのです。当時は、理論的な裏付けが確立していなかったこともあり、外国の例を参考にして、レイアウトを決めていました。C70の場合もクランク側にしたのですが、実際にはプライマリー、ミッションの減速、第２次チェーンの減速が、全部重なって増幅されて、クラッチインの際の「ガタ」音が多くなることや、ショックが発生すること等が分かったのです。そうした問題点に対処するために、クラッチをミッション側に移したことで、CB72ではクラッチのつながりもよりスムーズに改良出来たのです。

ヤマハスポーツ250S（1959年）
1956年から国内に登場した２サイクル２気筒車は、理論的に４サイクル４気筒なみの振動でスムーズなエンジン回転感が好評だった。中でもヤマハ250Sは、今日までCR71やCB72のライバルとして知られた存在である。

ドリームC71（1958年）
ホンダが耐久性を特に重視して開発したドリームC72は、神社仏閣型スタイルのC70と全体イメージは変わらないが、オイル潤滑系から電装系、車体部材の変更とわずか２年で全面的な改良が加えられて1960年４月に登場した。

タイヤは、C70やC71では16インチの小径車輪を採用していましたが、これはドイツのアドラーなどが16インチサイズの二輪車を生産した頃で、ドイツが流行の始まりでした。日本ではC70が最初の16インチタイヤを用いた車だと思います。

C70系は、車体に関しても、エンジンに関しても、二輪車の新しい流れを作りました。

これらの結果を踏まえて、私たちは単気筒から2気筒、そして4気筒への多気筒化への自信を深め、新型車開発を推進して行くことになるのです。

アメリカへの進出

ホンダがアメリカに進出したのは1959(昭和34)年のことで、それまで一番大きい車は350ccクラスのC75ぐらいしかないので、これを改造して持ち込んだのです。

小排気量のスーパーカブは、大々的なキャンペーンによって自転車代わりとしてよく売れたのですが、現在と同様、自転車とオートバイでは用途、目的が全然違いますから、中型サイズといえる350cc級のC75はアメリカでは相手にされないわけです。350ccという排気量にとらわれる必要もない国ですし、出力や排気量の大きい二輪車が良いだろうということで、305ccにスケールアップしたC75を造ったのですが、今度はやっぱりC70系のプレスフレームではスポーツタイプとは言えないということを、当時川島喜八郎氏が社長を務めていたアメリカホンダから言われました。

そこで、今ならば現地で設計をする時代ですが、当時はまずサンプルを持っていって、現地に適応するか、販売店のニーズに合うのかどうか等、いろいろとディスカッションしようということになりました。同時に、現車に対する注文を聞いて改良するのが主目的です。後に現地適合テスト(現適)と呼ばれるようになりましたけど、私がアメリカに試作型のC75を持っていったのが最初でしょう。この時、和光工場の完成検査責任者をテストライダーとして連れて行きました。

CB72への進化

ドリームC72になって、CB72のエンジンのベースがほぼ出来上がり、シングルだったキャブレターを2キャブレターにしたり、細部の改良を加えてCB72のエンジンが完成しました。

車体関係では、C70はバックボーンタイプのプレスフレームを採用していましたが、このときの設計思想は、四輪車のようにメカニズムをできるだけ見せないという考え方で、キャブレターをアルミダイキャスト製のカバーで隠したりしていました。当時は、自動車のイメージに近づけることは、実用性の高いトランスポーテーションであることにつながる、という考え方であったのです。

ホンダベンリイ号もプレスバックボーンタイプのフレームでしたが、C70のベース車は、スタイルこそ違いますが、このような考えの先駆者として定評のあった、ドイツ製のヴィクトリアなどを参考にしました。

それまでのバックボーンフレームは、NSUマックスとかフォックスなどのように、セクションが小さいかわりに厚い鋼板を用いていたのです。断面の小さいほうがフレームにとられるスペースが小さくて済むわけですから、燃料タンク等にも都合が良いのです。その代わり強度をもたせる為に板厚は厚くする必要があります。同じ思想なのですがヴィクトリアは、板厚を薄くして同等の断面係数を確保するため、セクションを広げた軽量設計でした。本田宗一郎社長は、プレスにしてもやはり軽量化したほうが有利だというお考えで、C70ではヴィクトリア式の薄い鋼板構造を採用したのです。

フレーム溶接も、NSUに見られたフラッシュ・バットの例が日本ではまだ極めて少なく、技術的なこととも関連して自動車で一般化された溶接を使い、剛性を確保するためにフレーム本体は大きくなるものの、メリットとして付属品、電装品関係やエアクリーナーまでも、ボディ内に収めることができました。しかし、大きくてボテっと見える外観を改善するために、曲面に角をつける、というデザイン手法が生まれたわけです。本当は角を立てないほうがプレスは楽なのですが、外注先だった現在でも有名なプレスメーカーが、角を出すと他にシワが寄ってしまうことが多いのにもかかわらず、協力してくれたおかげで、技術的に解決し、実現することができました。

これらは後に、コマーシャルが上手な本田社長によって「神社仏閣デザイン」という実に日本的な表現でコメントされ、有名になりました。

CB72の開発

CB72のエンジンはC70系がベースである為、クレードルタイプのパイプフレームには不向きであったので、パイプ構成のバックボーンフレームを設計することにしました。したがってダウンチューブはありません。剛性を充分に確保することもあり、フレームヘッド部は鋳物で造り、その部分にパイプをロウ付けする工法としました。

ヘッド部は応力が集中する重要な部分ですから、まだ信頼性が充分とはいえなかった溶接技術に対して欠陥を出さないための対策でした。

エンジンも強度メンバーに利用していましたし、ほぼフレームにリジットに取り付けていましたので振動にも配慮して、輸出向けでは振動面で有利な180度クランクのⅠ型を搭載、国内向けは高速走行の頻度が少ないので360度クランクのⅡ型で低速のトルクを重視した出力特性としました。

ステアリングダンパーも、高速走行時においてタイヤのバランス不良や、リムの精度の問題などが原因となって発生する細かい振動に対処したものです。

そのほか、当時はハンドル部にダイヤル調整式のフリクションダンパーを設けるのが一般的でしたが、実際にはサイドカーでも装着しないかぎりあまり必要性がないこ

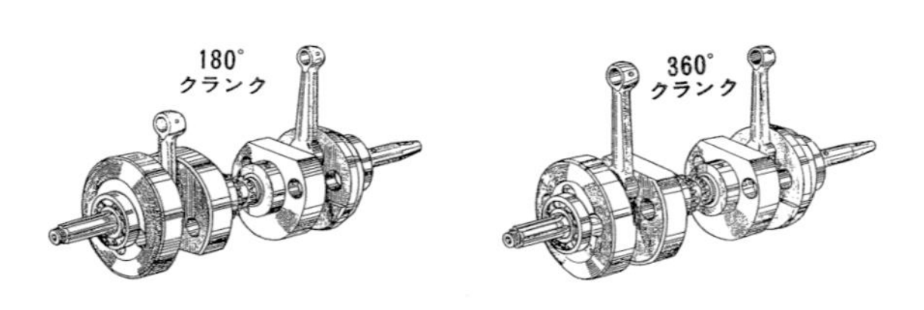

CB72では輸出を考慮して高回転型の180° クランクのタイプⅠと、トルク型の360° クランクのタイプⅡを設定。タイプⅠはトップギアで70km/h以下が使えないと宣伝されたが、日本国内にも数多く出回り人気を得た。

一文字の低いハンドルバーを装着したCB72も、ロングツアーや配達などの商用にもCBを使うユーザーが多く、アップハンドルにタイプⅡエンジン搭載のCBM72が主力となった。エンジン、車体ともにCBMの刻印で分類。

とがわかり、後のモデルでは中止してしまいました。

その後さらに研究がすすみ、車輪、エンジンなどの構成部品すべてのバランス等がウォブル（高速振動）を発生することがわかって来て、さらにその対応を加えることによって、ステアリングダンパーもいらなくなりました。

ブレーキ関係では、充分な制動力を確保するために、CB72はレースでの経験を生かしてツーリーディングタイプのブレーキを採用しています。

スタイルもタンク、シート、サイドカバー等の形状、レイアウト等、CB72でその後につながる一連のデザイン思想が確立したと思います。

当時はメッキタンクにグリップラバーを付けるのが普通でしたし、特にBMW、トライアンフといった車のタンクは“マイスター"と呼ばれる職人の手による、非常に手間のかかる工程で造られていたのです。CB72ではメッキ部分とタンク本体を分けまして、取り付けビスをエンブレムとグリップラバーの下におさめることで合理化し、これは後の量産時に寄与することができました。

特徴となっている３つの位置を選択できるステップも、輸出を意識して乗り手のポジションに自由度を持たせるためですが、マフラーを固定する役目も果たしています。素材はアルミ鋳物で試作時には倒れたり、一点に荷重がかかると折れてしまうという事もありましたが、曲げに強い材質ヒドロナリウムというアルミ合金で対応しました。こうした素材の実用化などはすべて外注の専門メーカーの方々の協力のおかげで、具体的な技術の進歩につながりました。

Y部品の供給

このCB72には「Y部品」と呼ばれるチューニング用パーツを用意しました。当時、試作部品は「X」コードを使っていましたが、これは量産部品と区別する意味で「X」を使用していたのです。また、「Z」コードは朝霞テックや、多摩テックで使用する遊戯用車のコードとして適用させていましたので、標準仕様部品でないオプション部品には「Y」をつけて「Yパーツ」としました。Y部品は今でいうところの用品パーツです。

Y部品のような信頼性の高い部品を、一般ユーザーに広く供給するという、こうしたメーカー側の対応もCB72をロングセラーとした理由になりましたし、なによりもCB72の成功はCBの始祖として、その後のCB750開発に数多くの教訓を、私たち技術者に残してくれたように思います。

CB77によるアメリカでのテストと市場調査

1960(昭和35)年の11月か12月の寒い頃、四輪の併走車にスペアパーツを積んで、試作のCB77に乗りまして、ロサンゼルスからグランドキャニオンに近いウィリアムスまでの約400キロをテストしたことがあります。走行テストは順調でしたが、ハイウェイを走るすべての車に追い抜かれました。ほとんどの区間をフルスロットル近くにして、スピードを上げても駄目でした。連絡ミスで防寒具が届いていなくて、寒くてテストライダーと交替しながらの走行ですが、ウィリアムスの近くでとうとう雪が降ってきてしまい、寒さのために約10時間におよんだ走行テストは中止することにしました。

この時の“現適”テスト等によって、エンジンの耐久性に関しては自信を持ちましたけれども、スポーツタイプ車とは軽快なパイプフレームである必要性を強く感じましたし、実際に走ってみてそのことを実感しました。

CB450の追加投入

1965(昭和40)年に発表されたドリームCB450は、DOHC 2 気筒の高性能車として市場投入したわけですが、CB77の上級クラスというアメリカホンダの要請に応えて開発しました。その頃の日本では、メグロ等のツイン500ccモデルが最上級とされていましたし、当時のアメリカの二輪車のマーケットは大型車を中心に年間 6 万台程度、日本に至ってはさらに小さく、月に数百台という市場に過ぎませんでした。ハーレーを除くと、アメリカでのシェアのほとんどは英国車で占められている状態でしたから、日本でもアメリカでも売ることができる450ccクラスの二輪車となったわけです。

すべてが新設計で、本田社長の思い入れも大きく反映されていまして、「OHCではなく、絶対にDOHCだ」とか、「バルブスプリングはトーションバータイプでやろう！」という具体的な指示があり、開発に苦心しました。トー

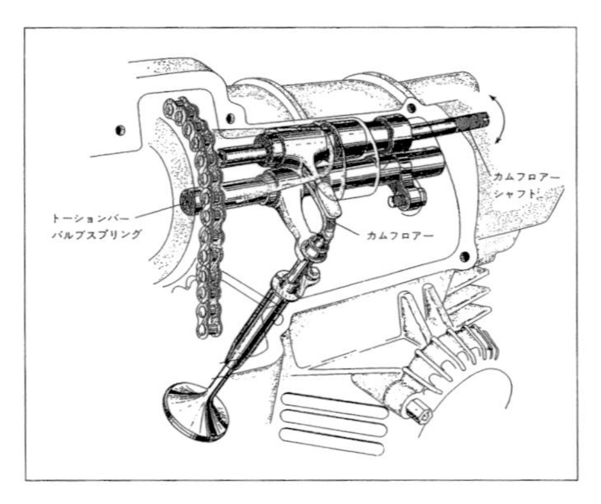

世界初の本格的量産DOHCモデル、CB450のトーションバースプリング・メカニズム
スプリングシャフトのねじれ剛性を利用し、バルブクリアランス調整にシム不要の偏心カムフロアーシャフトを採用し整備性にも配慮。

ションバー・バルブスプリングは主にレーサー向けでして、1万回転以上を常用するようなエンジンに使われていたものですが、社長のメカニズムに対するこだわりがそうさせたのでしょう。それに加えて、450ccクラスのエンジンで、トライアンフなどのOHV650ccクラスに匹敵する性能を求めたことも、ハイメカニズムを積極的に採用した理由の一つでした。

このCB450は、CB77を名称変更したCB350の1ランク上のクラスとして、アメリカでも好評でした。しかし、このCB450をデビューさせて一応は歓迎されたのですが、やはりアメリカ市場の要求に対して、充分な満足は得られませんでした。

CB450の場合、高回転型エンジンでスピードをかせいでいたのですが、やはりさらに大型の排気量車になると、トップギアでも低速からスムーズな加速ができたり、絶対的な力強いフィーリングがあるわけです。

ホンダのような出力特性がピーキーなエンジンより、どちらかというとフラットなトルク型エンジンのハーレーのような二輪車が、アメリカのライダー達の求めるオートバイだったのです。幸いCB350とCB450の台数を合わせれば、かなり売れていましたから、1967(昭和42)年頃には、さらに大型のCB750のプロジェクトを約20名程度の部隊でスタートすることにしました。

CB750への発展

CB750は1968年秋にはプロトモデルをモーターショーで発表していますから、開発期間は約1年程度ということになります。当時は原寸のクレイモデルによるデザインの検討で、エンジンの開発を含めても完成まで1年から1年半ぐらいが普通でした。

CB72系、CB450、CB750と私は今でいうLPL(ラージ・プロジェクト・リーダー)役を務めてきたわけですが、立場上、新型車の開発において経営のトップと話し合い、生産台数や開発コストなどについてかなり気を遣(つか)って進めておりました。ところがCB750では、割合と自由に開発を進められたように思います。そのころ、本田宗一郎社長や藤沢武夫専務の関心は、もっぱら空冷エンジンを搭載した四輪車、ホンダH1300の開発に移っていたからです。

この機種は、問題点も多かったようですが、本田社長は実際に造ってみないと納得しない人で、いわゆる実践型経営者でした。「何もしないで理屈ばっかりぬかしやがって！」が口癖で、現物で立証しなければ決して納得してくれませんでした。

CB750のライバル達

その頃、トライアンフの新型3気筒も750ccクラスだという情報が流れまして、こちらの方はさらにバランスの良い4気筒であり、振動面でも有利だと自信を持っていました。3気筒モデルは、2サイクルでカワサキのマッハ等もありましたけれど、特殊なモデルと考えておりました。

当時のCB750のライバルは、アグスタ、BMW、トライアンフ等で、特にアグスタ600は名声を得ていたので、これに対抗できる性能と信頼性の確保が必要だったのです。

CB750の設計

ホンダCB750FOURは、次のような技術指標の下に、設計レイアウトに着手しました。

1）ハイウェイにおける平均した最高クルージング速度を140〜160km/hと想定し、この速度範囲で、他の交通車両と比較して、充分な出力の余裕を持ち、振動、騒音を少なくして安全な運行が可能であること。

2）このスピードでも、安定した操縦安定性を持っていること。

3）高速からの急減速頻度の多いことを予想して、高負荷に対する信頼度と、耐久性に優れたブレーキ装置を持つこと。

4）人間工学的に配慮した乗車姿勢、操作装置と、容易に運転技術に習熟できる構造であること。

5）灯火類、計器類など、各補器装置は信頼度が高く、運転者に正確な判断を与えるものであるとともに、他の車両からの視認性に優れたものであること。

6）各装置の耐用寿命の延長を図り、かつ保守、点検整備が容易な構造であること。

7）優れた新しい材質と、生産技術、特に最新の表面処理技術を駆使した、ユニークで量産性に富んだデザインであること。

これらの項目により代表される開発企画趣旨の下に、グランプリレースマシン製作以来、蓄積された膨大な技術資料と電算機導入により、量産化計画は着々と進められたのです。

●エンジン　エンジンは初期段階では、もっと大きい1000cc程度の排気量も考えたのですが、当時のハーレーの小型車が750ccクラスでしたし、車両の大きさ、重量等を考慮して750ccクラスを開発することにしました。まず私が設計の実務を担当した白倉克氏と取り組んだのはエンジンの多気筒化で、CB450のエンジンで対策に苦心した振

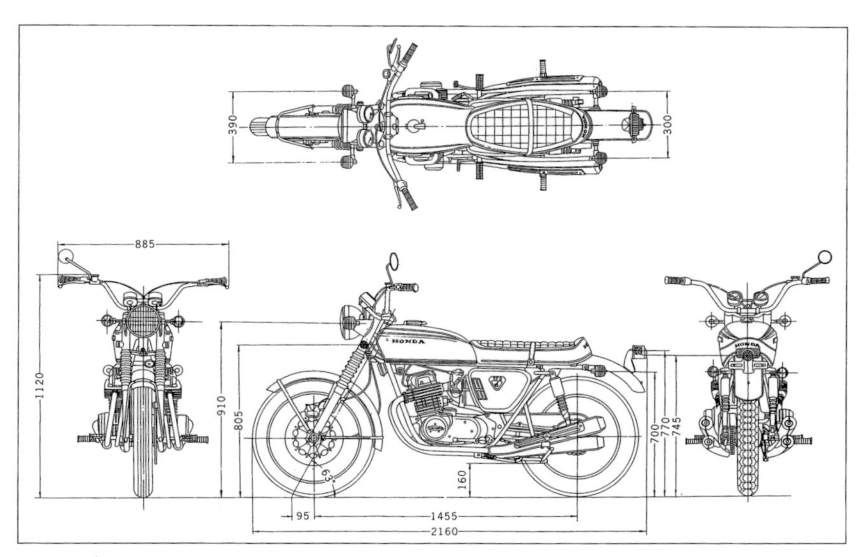

日本人には当時は大きな車格のトライアンフ650も、海外の大柄な２m近いライダーが乗るとまさに50cc程度だった。このためCB750FOURの諸寸法は、日本人の55kg体重でなく外国人の75～80kgを想定して決定されていった。

動の改善でした。750cc級の新機種ということで比較的にコスト面での制約は少なかったし、レーサーではすでに４気筒が性能的にも充分に完成度は高められていました。

量産化に向けて問題だったのはレーサーモデルがビルトアップ(組み立て)クランクでボールベアリング仕様だったことで、この方式はとても量産には向きません。ですからCB750では、一体型クランクシャフトとホンダでは初めて体験する、プレーンベアリングを採用することにしました。

CB750のエンジンはレーサーではないのですから、メンテナンス性も重視して、あえてシングルカム(OHC)として、必要があれば将来のモデルチェンジの際にDOHC化すれば良いと思っていたのです。

出力はリッター当たり100馬力というピーキーな出力特性ではなく、1200ccクラスのハーレーが66馬力程度だったので１馬力上回れば良いということで、67馬力としてトルク特性重視のエンジンとしました。

オイルパンを小さくすることでオイル量が少なかったたため、オイル潤滑は当初からドライサンプと考えていました。ドライサンプならば、オイルを別のタンクで冷やしてエンジンに戻すので、ウエットサンプに比べてコストはかかりますが、安定した高い冷却効果が望めるわけです。

●車体・フレーム　車体では、フレームをダブルクレードルとして、アルミ製ですが約80kgの重量があるエンジンの出力に見合うものとして設計しました。通常、ドライ状態で総重量の1/3程度が、エンジンの分担する重量の限度であるのが一般的でして、CB750の場合は若干エンジンのウエイトが大きいほうでした。しかし、4気筒エンジンのため振動が極めて少ないので、構成部材はできるだけ薄肉軽量材を用いて部材数を多くした空間構成(スペーシイ・コンストラクション)として、同級既存車と比べ高い剛性を保持した上で、かなりの軽量化を計ることができました。

この他、高速走行時の安定には特に車枠と前車輪との配置(ステアリングキャスターアングル及びトレール)、前後輪の荷重分布などが大きく影響するのですが、レース経験に基づく豊富な資料とテレメーター装置を使用して、実車による各部の諸元の計測

RC162用エンジン
ホンダGPレーサー、RCエンジンと同様にCB750FOURにも4気筒が採用された。設計当初からDOHCヘッドを載せるように工夫してあったが、あまりの人気にその機会を失ってしまい、約10年後にDOHC化された。

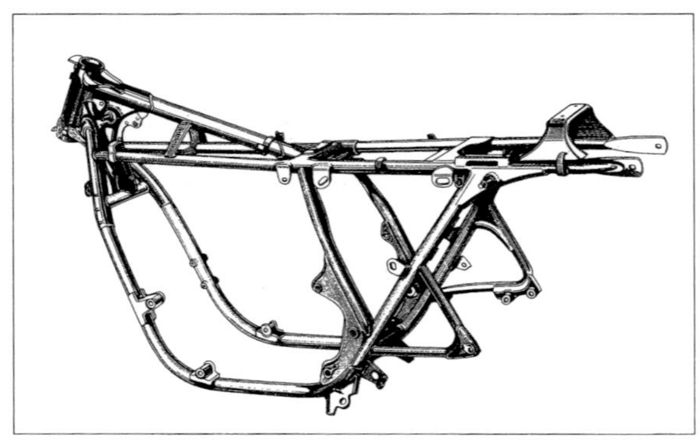

CB750FOUR用フレーム
RC系ワークスレーサーのオープンダブルクレードルフレームのノウハウが生かされたCB750FOURの車体は、キャスターやトレール、ホイールベースなどが160km/h以上の走行を想定して、テレメーター装置により解析、決定された。

値の解析により、容易に最適値を探し出せました。ダブルクレードルタイプのフレームもRCレーサー開発から継承された技術です。

●ディスクブレーキの採用　フロントフォークまわりで最も特徴的なのは、やはりディスクブレーキです。これは私が以前、アメリカ市場を視察した際、アイデア商品が置かれている二輪用品店をよくのぞいて歩いたのですが、たまたま“エアハート"というメーカーが開発した二輪車用のディスクブレーキのキットを見つけたのです。フ

CB750FOURプロトタイプ（ドラムブレーキ）
モックアップのように感じられるが、エンジンなどが動く“実走プロトタイプ”の1台であり、より各部が煮詰められている。量産に近いエンジン部、ヘッドランプやマフラープロテクターなどの変更点が多くみられる。

CB750FOURプロトタイプ（ディスク）
メイン市場であるアメリカ向けの報道関係向けに製作されたCB750FOURプロトタイプ。もちろん実走可能車でテストレポートも外誌に載せられた。量産車とはキャブからサイドカバー部にかけて異なり、細部が見直されていく。

ロントフォークのアウターチューブにバンドで固定するものでしたが、「これは使えるのでは」と感じて、実際にその会社に行きまして、細かなディスクブレーキの技術の説明を聞きました。

しかしその時は、あくまで一般の用品として開発しているので、という理由でホンダ車への開発は気乗りしない様子でした。けれどもCB750開発の際にこのことを思い出して、5台程度造った試作モデルのうち、ドラムブレーキ仕様と並行して自社設計のディスクブレーキを造ってみたのです。テストしてみると、最初の試作から、なかなかのブレーキ性能が得られました。

1968(昭和43)年秋のモーターショーにCB750のプロトタイプ車を展示出品することになっていたので、仕様の違う2台の車を並べておいて、本田社長が来られた際に見ていただいたところ「ディスクブレーキでいけよ!」という返事に、私も決心がつき、CB750はディスクブレーキ装着車として開発することになりました。

全く新規の、ピボット式可動キャリパー型構造のものに意志決定するまでに、数種の構造のタイプを併行試作テストしまして、ディスクブレーキ装置に生じやすいパッド摩耗、異音発生などの問題点を徹底的に解析究明する事にかなりの期間が必要でした。

●サイズ・デザイン　車体寸法については、乗員における当時の標準値が日本では55kg、ヨーロッパにおいては75kgとされていまして、やはり二輪車においては、乗りやすさという点は重要ですから、着座位置には配慮しました。そのために、シリンダー部を前傾させて、フレームのタンクレール部分も低位置にレイアウトして、タンクやシートの位置を下げています。幅もドライサンプ採用によってクランクケースを小型化できましたから、左右のステップ位置も違和感のないよう設計しました。

市販後、燃料タンクを21ℓ容量から19ℓに小型化したのもそうした改善の一つです。こうした全体のデザインは池田均氏が担当しました。

●サスペンション・タイヤ　サスペンションとタイヤの性能の良否は、乗りごこちと、操縦安定性に著しい影響を与えます。

CB750用の高速用タイヤの開発にはGPレースでの経験が大きな役割を果たしました。日本における代表的なタイヤメーカーであるブリヂストン、ダンロップ両社の極めて積極的な協同研究によって、きびしい諸条件を満足しえる新型タイヤを完成することができたのです。

高速時のタイヤトラブルは、周知の通り構成材料の吟味(ぎんみ)をはじめとする諸対策で容易に解決をつけることができましたが、タイヤ断面形状とトレッドパターンの組み合わせが、高速時の操安性に著しい影響をもたらすものである事項を解明し得たことは、技術的に大きな収穫でした。

CB750の実地テスト

CB750は設計者自身による開発テストがなされた車といえます。

私自身、ほぼヨーロッパ基準の体型ですので、実走行テストは自ら行なえたのです。ただあまり全高を下げると、コーナーテストでダイナモケース等を削ってしまうこともあり、充分なバンク角のためにも最低地上高は確保しなければなりませんでした。

社内実験用に、約10台ほどのテスト車を使用し、さまざまな実地テストをしました。名神高速なども開通して、日本もいよいよ高速時代に入りまして、設計部内に研究用に購入していたトライアンフ、ハーレーなど他メーカー車5台と共に、テスト用CB750を含めて設計者達が実地走行をテストコースで行なったとき、初期のCB750は、直線でメーター上200km/hをマークした記憶もあります。

CB750のアメリカでのデビューとその後

1969(昭和44)年の3月頃には、生産型CB750の組み立てがスタートできまして、4月にはアメリカへ先行輸出しました。同じ年の8月には日本国内で発売を開始しています。アメリカ向けを先にしたのは、もともと日本で大型の二輪車が売れるとは思えなかったし、CBの開発にあたっては、最初から最後までアメリカ本土の要望によって、スペックなどを決めていたからです。

CB750の当初の計画台数は、月産500台、年間で6,000台が目標でしたので、生産部門と相談して最適の工法を進めました。コンピュータ制御によるNCマシンの導入や、砂型成型のラクンクケースなどもこうした計画に合わせたものでした。エンジン組み立てを埼玉・和光工場で行ないまして、浜松工場で完成品に仕上げていました。

主な輸出先のアメリカは、独占禁止法の関係で、定価は設定出来ませんでしたが、ディーラーには1,200ドル(当時のレートは＄1＝￥365程度)で卸すことで比較的良い利益を上げることが出来たようです。発売後間もなく、爆発的な人気を呼び、生産が間に合わず、プレミアムが付いて2,200ドル程度で取引されていたらしい、という事を聞いて驚いた記憶があります。

CB750K4の生産ライン
CB750FOURの最盛期には月産5,000台という単一の大排気量モデルでは、かつてない生産量を記録した。生産累計では25万台にも達し、日本車の定型といわれる並列４気筒車のルーツとして知られる。

CB750はCB72と同様、その後のマイナーチェンジでも基本的な設計はほとんど変わらないまま、強力なライバル車となるカワサキのＺシリーズがデビューした後も、1977年までロングセラー車としてホンダ二輪車の最上級機種として君臨し続けました。

私たちもあまりコストに制限を受けず思い切った設計･開発ができた思い出深い機種です。CB72からつながる技術の蓄積を個々の技術者がそれぞれ生かせたことも成功した理由の１つでしょう。

私は1971(昭和46)年にデビューしたドリームCB500F開発の担当を最後にその役割を引退することになったのですが、CB750は当初の予定では、数年後にDOHCエンジンに変更するつもりでした。V型や楕(だ)円ピストンの車種開発等の影響もあったようですが、CB750のDOHCバージョンとも言うべきCB750Fがデビューしたのは1978(昭和53)年で、プロトタイプ発表後からすでに10年を経過しており、オリジナルのCB750の開発は、長命な製品のひとつであったといえるでしょう。

第2部ホンダCB750FOURのエンジン設計

白　倉　克・談
三樹書房編集部・編

エンジンの特徴

CB750の開発にあたっては、世界一のオートバイを造ろうという主旨の指示が強くあった。私がCB750のエンジン(CB750E)の設計レイアウトに着手したのは、1968(昭和43)年のことである。

CB750のような大型の高性能オートバイになると、長時間にわたって乗り続けることが多く、ライダーが疲労しないためには振動が少ないということが大きな要素となる。しかし、エンジン使用回転数域の幅が広いオートバイにあっては、その全域で振動の吸収可能な弾性マウントで対処したのでは、操縦安定性に及ぼす影響が懸念される。また、フレーム剛性を保つのにエンジン自身を強度部材として使用している関係上、不利な点が多い。したがって、エンジン自体で慣性振動の小さいことが要求される。

その低振動という要求に対して、まず並列2気筒の場合、防振用バランサーの装着が通例であるが、それはパワーロスの問題などから排気量500ccクラスが上限である。あるいは縦置きのV型または水平対向型では、出力の増大に比例して加速時のトルク変動のリアクションが操縦安定性に与える影響も大きくなる。こうした問題点を討議した結果、車体への対称配置ができる並列4気筒エンジンの採用を決め、それに伴う外形の大型化、重量の増大、構造の複雑化といったデメリットを最小限に食い止めるべく、未知の技術に挑むことを決意した。

エンジンの主要な構成要素については、まず車体の前面投影面積、車両重量、フレーム及びタイヤの寸法などの要素をあらかじめ推定し、走行抵抗曲線を算出し、160km/h付近の余裕トルクを維持するのに必要な出力曲線を求めた。そして、そこから計算によって、エンジンの性能要素(吸排気効率、圧縮比、回転数、摩擦損失など)と対比させて決定を行なった。

ボアとストロークの寸法によって、エンジンの高さと横幅はおのずと決まってくる。前者についてはシリンダーを15度前傾させることで抑えることができたが、後者の横幅が大きな課題となった。そもそも、人がまたがって乗れる最大限の幅寸法には限度がある。しかし、要求された排気量の空冷４気筒の幅はこの限度をはるかに超えていた。当然、各シリンダーの間隔(ピッチ)はギリギリまで縮小されたが、それ以外にもっと根本的なレイアウトの見直しが必要であった。

従来のやり方で、トランスミッションへの動力の取り出し位置をクランクシャフト端部に配置するレイアウトをとると、エンジン全幅が過大になるほか、エンジン位置を車体の中心に配置できない。

そこで数種類のレイアウト図と２～３種類のエンジン木型モデルが造られ、比較検討が行なわれた結果、動力取り出し位置をクランクシャフト中央部からとることを決めた。同時に、カムチェーンも同じくクランク中央部からの駆動とすることで、各シリンダーの均等冷却、保守･整備、特にプラグの脱着性の向上を図った。

さらに、トランスミッション･カウンターシャフトの後方にもう１軸を追加し、そこにドライブチェーンをかけることで、ドライブスプロケットと後輪のドリブンスプロケットの位置を揃える(ラインを合わせる)ことにした。

完成したものは、シリンダーブロックの幅及びクランクケースの両端は出っ張っているが、ドライサンプ採用の利点を生かして足を置く場所は充分あり、当社の２気筒エンジン車と全く同じ幅寸法に抑えられた。

バルブ駆動方式は、伝達機構の機械損失や力学的考察のほか、エンジンの冷却、コンパクト化、量産性、騒音などの要件を検討して、SOHC式を採用した。

吸入系及び排気系は、必要出力特性を確保するために、①吸排気の脈動効果と慣性効果の利用、②アイドリングから高速回転域までの、各気筒に対する混合気の安定した配分、③加減速時の気化器の過渡特性、④商品価値などの要件から、４キャブレター･４マフラーとし、調整の煩雑さ、重量増大などのデメリットを克服すべく努力した。

エンジンの構造

●クランクシャフトまわり　①エンジン外形寸法の縮小、②クランクシャフトの剛性アップと重量低減、③クランクベアリングの寿命延長、④中央部シリンダーの熱的アンバランスのオイル補助冷却による補正、⑤騒音発生の減少、以上のメリットを考慮して、クランクシャフトには全メタル方式のベアリング(プレーンベアリング)を採用した。

クランクシャフトは複雑な組立クランクではなく一体鍛造品で、５点支持される。

CB750E　CB750FOURのダイキャスト鋳造エンジンは、美しい仕上がりをみせ、K1以降に採用。データ面の変更は点火時期、発電器充電電圧程度で、基本的レイアウトはK0を踏襲。

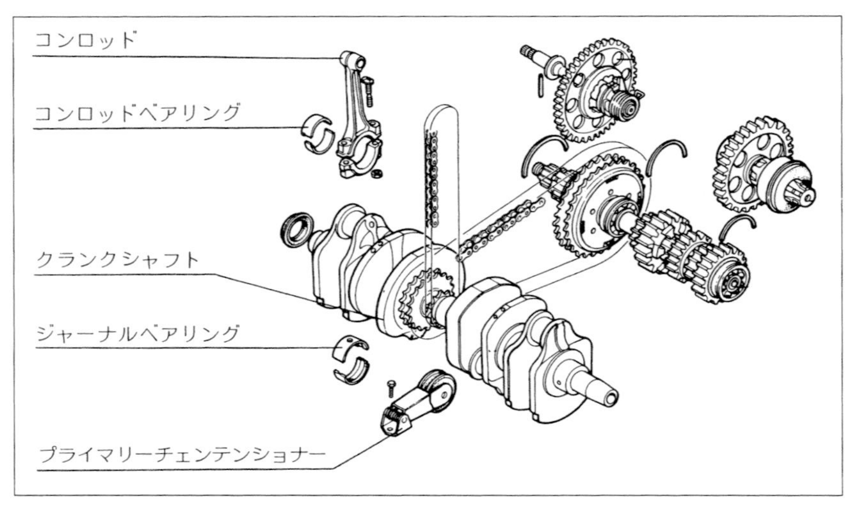

クランクシャフト周辺分解図 CB750FOURのクランクシャフトは一体鍛造品で、中央部にプライマリードライブ用スプロケット及びタイミングスプロケット(カムチェーン駆動用)が設けられている。

中央部にタイミングスプロケットと、さらにその部分だけ高周波熱処理されたプライマリードライブスプロケットが、一体構造となっている。

安全運転を確保するため、四輪車なみの50Wのヘッドライトと、オーナーが趣味で装着するであろうフォグランプなどの負荷に対しても充分な発電容量を持つ励磁(れいじ)式ブラシレス3相交流発電機(二輪車としては初採用)と、始動用セルモーターのためのワンウェイクラッチが、クランクシャフト左端に配置されている。

ベアリングジャーナル部はバフがけ仕上げし、オイル穴口元の面取り形状にも細心の配慮を払った。また、必要最小限の大きさに縮小されたアルミ系メタルは、10,000rpm以上のレーシング使用に対しても安定した性能を示すほど信頼がおけるものである。

●シリンダーヘッドまわり モーターサイクルであるがゆえに、特にシリンダーヘッドまわりは外観の良否を決める重大な要素となる。したがって、その形状や仕上げは入念に検討される必要がある。しかも、各シリンダーの間隔が冷却風のやっと通るだけの寸法にまで縮小された空冷並列4気筒エンジンは、中央寄りの2番、3番シリンダーが冷えにくいという宿命を背負っている。そのなかで必要な燃焼効率を確保し、メンテナンスが容易にできるようなプラグ配置と、構造簡略化による量産性の向上などを同時に配慮しながら、ホンダ独自のアイディアを盛り込んだヘッドまわりを完成させた。

シリンダーヘッド本体は金型鋳造のアルミ合金鋳物で、4気筒分を一体とし、カムシャフトホルダーは別体に構成してある。バルブシートは熱間圧入タイプとし、特殊超硬耐熱材を使用している。

シリンダーの中心に対し、インテークバルブは2mm、エキゾーストバルブは5mmオフセット配置されている。また、プラグ電極をできるだけ燃焼室中央に近づけることで、燃焼火炎伝播速度の限界回転数付近における燃え残りが少なくなるように配慮して、燃焼効率の向上を狙っている。インテークバルブは特殊耐熱鋼、エキゾーストバルブは特殊耐熱鋼の鍛接材を使用している。

このバルブのオフセット配置によって、燃焼室は完全な球形とはならず、機械加工による切削加工仕上げは行なえない。そのかわり金型の精度保持と、加工基準の取り方を工夫することで、圧縮比を設計値内に管理している。

カムシャフトホルダーは左右別体で、シリンダーヘッドの上に締め付けられている。これはロッカーアームシャフトホルダー、及びロッカーアームのスリッパー部分に給油するためのオイル系統を構成している。

カムとスリッパー部への給油は、オイルバス式とオイル噴射式とを併用しており、低回転時の油圧低下による潤滑不足や、高回転時のオイル過攪拌による潤滑不足を互いに補っている。

カムシャフトは特殊鋳鉄の一体構成で、カムプロフィール(カム山)部のみにチル化(表面冷硬処理)を施した。さらにカムシャフトホルダーに軟窒化処理をして、アルミダイキャストそのものをベアリングとして4点支持を行なっている。ロッカーアームは浸炭鋼で、スリッパー部分にはハードクロームメッキを施してある。カムシャフトホルダーを取り付けたシリンダーヘッドの上面のさらに外側には、ヘッドカバー用のパッキン面があり、バフ仕上げされた一体のヘッドカバーが取り付けられ、これによってCB750エンジンの特徴が一段とイメージづけられている。ヘッドカバー中央部にはブリーザー室が設けられ、右側にはタコメーターケーブル駆動用のピニオンが装着されている。

カムシャフトの駆動はピッチ7.774のブッシュチェーン1本で行ない、ゴム製のガイド１本とローラー２個を使用したカムチェーンテンショナーを採用している。調整はワンタッチで可能な手動調整方式である。

●シリンダーとクランクケース　トランスミッション及び補機を一体構成するオートバイエンジンの通例として、シリンダーとクランクケースは別体とすることにより、ピストンまわりのメンテナンス性の向上、及び全体のコンパクト化を図ってある。

シリンダーは、特殊鋳鉄製ライナーを圧入したアルミダイキャストである。シリンダーヘッドと同様に、中央寄りの２番、３番シリンダー部分のフィンの長さは、外側の１番、４番より前後方向に長くとってあり、冷却のアンバランスを極力抑えるように努力してある。シリンダースタッドボルトは、冷却風通路を妨げないように配置され、さらに締め付け歪(ひず)み、冷熱間の差による締め付け力の変化に対応するため、16本のテンションボルトを採用している。

クランクケースは上下分割型を採用し、アルミダイキャスト一体型で、軽量かつ剛性のある形状としてある。

●吸排気系統　エアクリーナーエレメントは大型の濾紙(ろし)タイプで、キャブレターの直後に配置され、そのエアクリーナーケースのプリチャンバーに４個のキャブレターがつながれている。スロットルレスポンスの良いピストンバルブタイプのメインボア28φ相当のキャブレターは、強制開閉式を採用し、傾斜に強いダブルフロート式である。

インテークとエキゾーストポートの形状、及び吸排気系の長さは、脈動効果及び慣性効果を利用し、最も吸気量の多い形を求めて、車体搭載寸法制限の中で慎重に検討し、決定された。独立した４個のエキゾーストパイプにつながるマフラーは、その最後部で１番と２番、３番と４番の内部がそれぞれ小径のゴムパイプで連結されている。これは排気脈動効果を最大限に利用するもので、中低速トルクの向上に効果を上げている。

●潤滑系統　オイルポンプは、能力充分な余裕を持った２連式トロコイドポンプを用い、フルフロータイプのオイルフィルターを介して、潤滑の完全を期している。油質保全と冷却効果、オイルパン部の地上高確保のため、ドライサンプ方式を採用し、オイルタンクを車体右側面に配置してある。

高回転時の油圧調整のためのレギュレーターバルブは、４kg/㎠に設定されている。さらにオイルポンプ･アッセンブリーには、長時間駐車した際にタンクからオイルがオイルパンに下がらないよう逆流防止バルブを設けた。オイルポンプは、エンジン車載

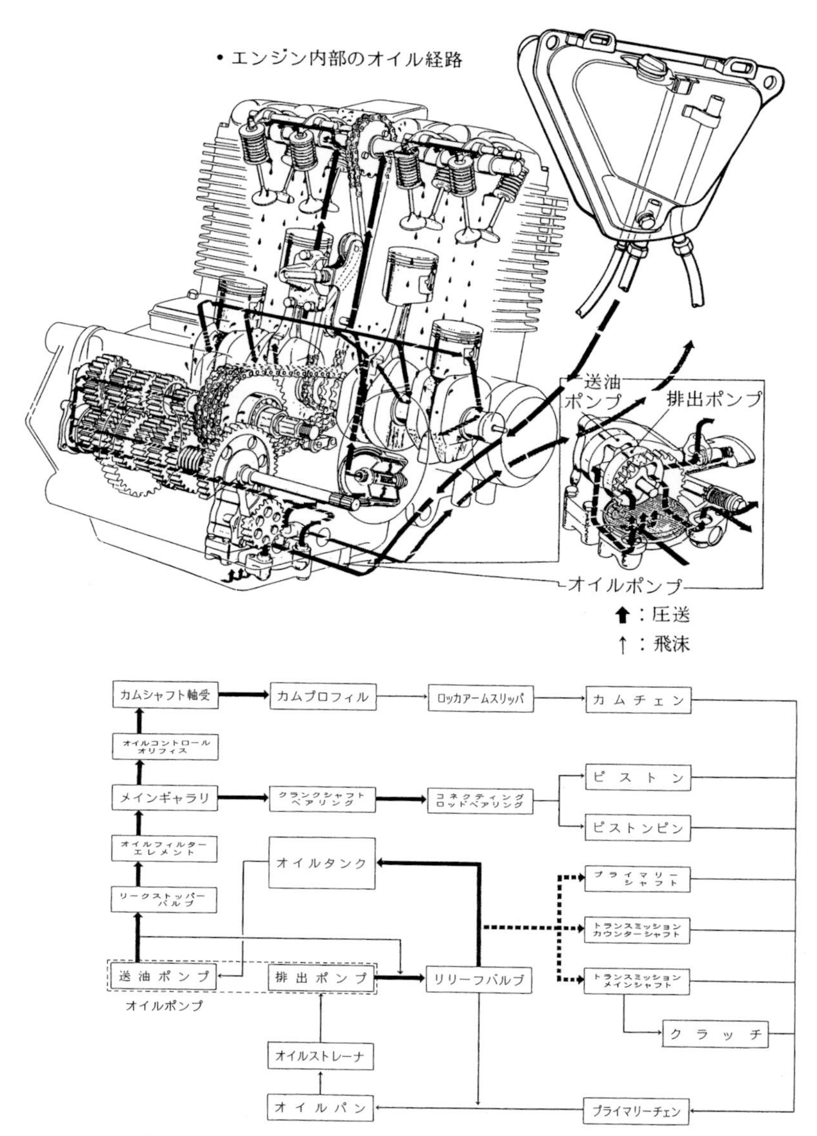

CB750F-Ⅱのエンジン内部のオイル経路　オイルパンにオイルを溜めるウェットサンプ方式ではなく、上部のオイルタンク内のオイルをオイルポンプで圧送するドライサンプ方式を採用。このオイルポンプには、エンジン各部を潤滑したオイルを、再びタンク内に送り戻す排出する機能もある。

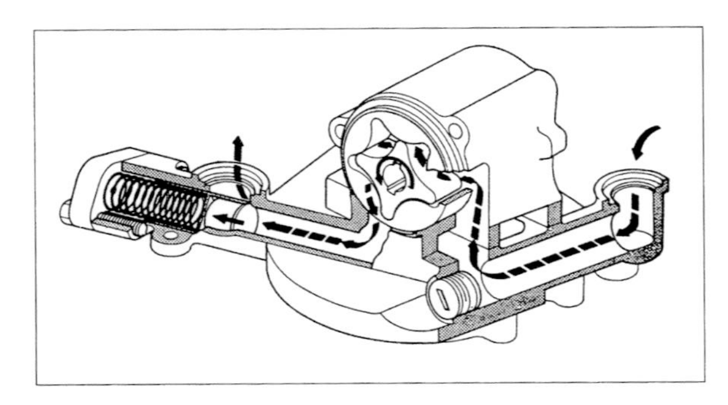

オイルリークストッパーバルブ
オイルタンクがエンジンより上に位置するこのエンジンでは、エンジン停止時にオイルが下がってこないように、オイルポンプの排出側に逆流防止バルブ(左の部分)が設けられた。

のまま脱着可能なオイルパンを外すと、ロアクランクケースにコンパクトに装着されている。

クランクシャフト系の潤滑通路は、レギュレーターバルブとオイルフィルターを通ったオイルが、アッパークランクケースのシリンダー取り付け部直後に配置されたメインギャラリーへと送られ、クランクの各メインベアリングを潤滑する。コンロッドのビッグエンドには、メインベアリングからクランクシャフト内を通ってオイルが送られ、高速回転時のオイル量を保証している。オイルはオリフィスにより油圧調節されてシリンダーヘッドにも送られ、カムシャフト部分を潤滑する。

シリンダーヘッドを潤滑したオイルが戻る通路は、高速回転しているクランクシャフトによって(オイルが)かき下げられるように構成してある。トランスミッション部は、リターン側のオイル通路から強制潤滑されるほか、アッパークランクケースに設けられたリブにより集められたオイルが、ギアシフトフォークのほか、各部を適切に潤滑している。

オイルフィルターは、メンテナンスの最も楽なロアクランクケース最前部に、斜め下に向けて取り付けられた濾紙交換式で、そのフィルターケースには後のタイプからフィンを設けて、冷却効果を上げている。

●駆動系統　プライマリードライブ(一次減速)は、クランク中央部より9.525ピッチのブッシュチェーン2本で行なっている。トランスミッションのメインシャフトには、駆動系のショックを吸収するためのダンパーを設け、右側に湿式多板クラッチ、左側には強力なトルク変換を行なう5速トランスミッションギア群を配置してある。

さらに、クラッチ駆動側に歯車を配置し、オイルポンプを駆動するとともに、クラッチレバーを握れば、いずれの変速位置でもキック始動ができるキック機構(プライマリーキック)を設けてある。また冒頭で述べたように、トランスミッション・カウンターシャフトの後方に1軸を追加して駆動軸を後輪タイヤに近づけており、またミッション及びクラッチを比較的高速で回すことで、駆動系をコンパクトにまとめることが可能になっている。

モーターサイクルのギアチェンジ操作は、足で行なう関係上、微妙なコントロールが不可能なため、チェンジメカニズムには確実に1段ごとに送り込めるよう保証構造を採用している。また、スポーツ車にあっては、素早いギアチェンジの必要性が高いことと、エンジンブレーキを多用するものであるので、不意にニュートラルに入る危険を回避するために、ハーフニュートラルと呼ばれる、ローギアとセカンドギアの中間シフト位置にニュートラルを設けている。このニュートラルも足で微妙に選択するために、専用のストッパーを設けて簡単に探すことができる構造としている。

●電装品　電装品は前述のジェネレーター(発電機)のほか特筆すべきことは、セルモーターである。

燃料が漏れた際などに危険と思われるキャブレター下部ではなく、上クランクケー

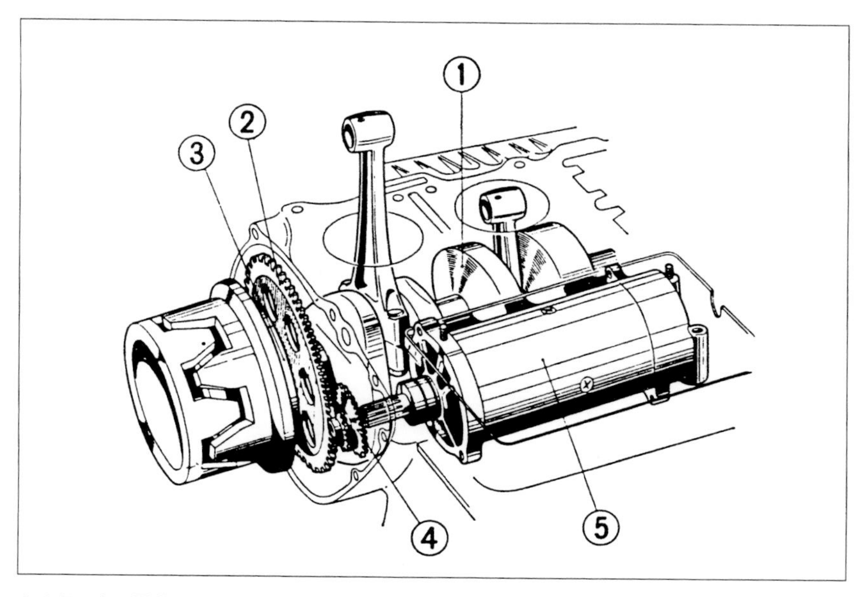

セルモーター周辺のレイアウト　①クランクシャフト　②スターティングクラッチギア　③スターティングクラッチ　④スターティングリダクション(減速)ギア　⑤セルモーター

スに内蔵されたセルモーターは、アイドルシャフトを含み、21:1に減速されてクランクシャフトを回す。クランクシャフトへの伝達機構は、四輪のようにギア飛び込み式ではなく、ローラーを使用したワンウェイクラッチである。

このCB750で採用したクランクケース内にセルモーターを設置する手法は、以後現在に至るまでほとんどの並列4気筒車に採用されている。

以上がCB750のエンジンの概要と特徴である。初めから基本コンセプトが明確だったゆえに、設計も非常に思い切ったことができたエンジンといえるであろう。

※この章は、白倉克氏による著作物とインタビューをもとにまとめたものです。

エンジン性能曲線

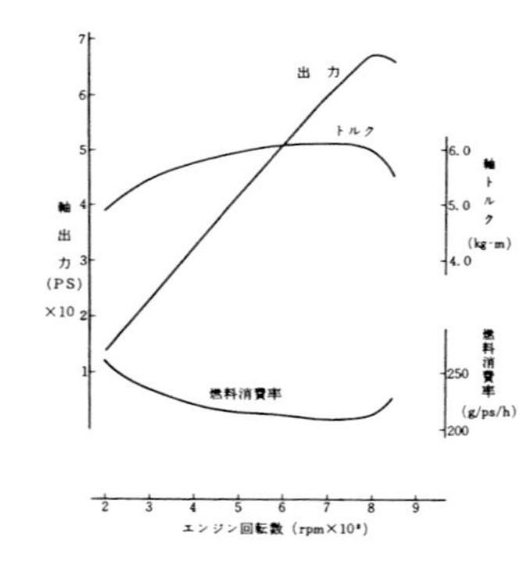

走行性能曲線

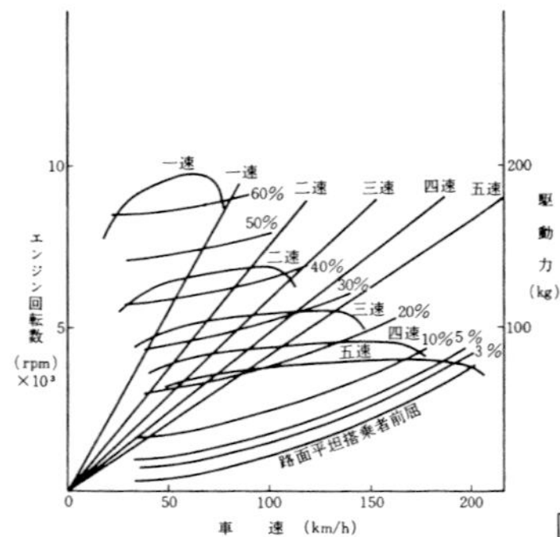

[出典ホンダニュース（1970年1月21日付)]

第3部　CB750FOURのデザインについて

池　田　　均・談
三樹書房編集部・編

はじめに

デザインは影のように、メカニズム、機能の素晴らしさを下で支えるものであるというのが、私のデザインに対する基本的な考え方である。性能、機能の素晴らしさが乗らなくても感じられるようでなければならない。モーターサイクルの魅力の最大のポイントはエンジンである。したがって、エンジンがいばって見えなくてはならなず、例えば燃料タンクが大きくエンジンを圧しつぶすような印象を与えないように、むしろタンクをスリムにデザインすれば相対的にエンジンが際立って見える。

CB750FOURのデザインにあたっては、アメリカ市場の状況も充分考察した。当時アメリカではトライアンフ、BSAといった英国製バイクが最も人気が高いスポーツバイクであり、ライバル車の魅力が何なのかを知って、感じていなければそれらを越えるものを創り出すことはできない。

当時、日本でも大変人気のあったCB77はヨーロッパ系のデザインだったが、同じヨーロッパ車でも、BMWのようなデザイン方向はアメリカでは市場展開が難しく思えた。実際、ドイツ系デザインを指向された本田宗一郎社長(当時)の意志を強く反映したタンクデザインのCB450(本田社長は決して「BMWのような」とか「～のような」という発言をされた訳ではないが…)は、アメリカ市場で今ひとつ歓迎されなかった。したがって、CB750はアメリカ人の思っているオートバイ像というものを、頭に描きながらデザインを進めることにした。

CB750のデザイン・ポリシーは、グランプリマシンの直系であることを一目(ひとめ)で感じさせる4シリンダーで4本マフラーのエンジン構造を基調として、アメリカ人の好きなアップハンドルも似合う野性的でダイナミックなイメージを創出することであった。

デザインのポイント

●メーター類及びヘッドライト　メーター、スイッチ類の設計には、風圧に耐えて高速走行する運転者の生理的、心理的条件を考慮して誤りのない認識と操作ができるように工夫した。スピード及びタコメーターは間隔を狭め、視認性の高い大型のタイプとして、角度も視認性を考慮して運転者に向かって挑戦的に立たせてある。そのため、メーターケーブル等は、コストのかかるベベルギアを採用した。

ヘッドライトケースは、それまではコンチネンタル風の前後方向に長いタイプであったが、前に長いヘッドライトでは、ワイヤーハーネス等を収納するには適しているが、慣性モーメント等の問題もありCBにはふさわしくないので、ヘッドパイプにできるだけ近づけた大型のライトを採用し、スポーツ性を高めた。同時に、ヘッドライトケースをプラスチック化して、メーターケーブル部分に切り欠きを設けることで、さらにヘッドライトを手前に寄せることが可能となった。

メーター文字は、従来は間接照明が一般的であったが、飛行機のコクピットを模(も)してアクリル板に上からプリントをして、透過式とした。メーター板も、当時は白か黒のものしかなかった中で、ブルーグリーンにすることによって視認性の向上と、新鮮な驚きを与えることを狙った。

●灯火類　テールライト、ウインカー等の灯具は、各国の規制する範囲でできる限り大型化し、照度の高いものとし、他車からの被視認性を高めた(これは法規適合のための措置)。

CB750の開発時期は安全問題が取り上げられ始めた時代であり、灯火系の大型化は不可避であったが、デザイン上はCB72のような小型のテールライトを考えていた。近年のオートバイはMVSS(モーター・ビークル・セイフティ・スタンダード)の適合のために、たくさんの補器類や、大型のエアクリーナー及びサイレンサーを採り入れなければならず、デザイン上の制約が時代と共に大きくなってきている。

●フロント周辺　フロントフォークには、ゴム製ブーツをデザインして取り付け、フロントフェンダーもプレスによる工法ではなく、スポーティなイメージのクロームメッキで先端を切り落としたようなサイクルフェンダーとした。フェンダーステーも丸パイプを考えていたが、コストと加工の問題でカマボコ型の断面を持つものとした。

ディスクブレーキキャリパーは、ディスクからの熱等の影響を受ける。試作段階のキャリパー部はフラットな面を持つタイプだったが、何度もデザインを繰り返し、リブと冷却フィンを兼ね備えたものになった。

●燃料タンク　オートバイデザインにおいて最も象徴である燃料タンクの形状は、ニーグリップを考え、上から見ても横から見てもいわゆるティアドロップ型のデザイ

ホンダCB750FOURの原寸大のモックアップ。すでに量産車然とした堂々の風格をみせているが、フロントブレーキはCB450系と感じられるドラムブレーキを装備しているため、クラシカルな印象を与える。ヘッドランプ、メーターからテールランプへのフォルムはまさに750そのもの。エアクリーナーケースやサイドカバーはK0ではなくK1以降のものに近いフォルムである。ハンドル部等のレイアウトにトライ・アンド・エラーの跡が伺える。タンデムステップ上側マフラーのプロテクターはまだ未装備である。

CB750FOUR K0である。CBマニアなら大いに気になる"砂型クランクケース"のパワーユニットは、エンジン重量がダイキャスト製より7kgも軽い80kgに仕上がっており、車体重量も218kgとK1以降の235kgより軽量。黒塗りのブレーキキャリパーはノンオリジナル。

ンを試みたが、エンジンを抱きかかえる２本のフレームパイプの幅の制約から、タンクの幅を極力追い込みはしたものの、量産型の寸法までが限界であった。

タンクの特徴となったデカールによるストライプは、デザイン当初のスケッチから描いていたもので、側面部にハイライトのアクセントを付けるほか、このストライプパターンの彩色とスカート(タンク下部)のモールディングによって、スポーティなイメージと高級感の強調を図った。

塗装は、メタリックシルバーをかけた後、赤、青色等のカラークリアーを塗り、さらに透明クリアーで保護処理するという工程の手間とコストをかけ、他の車には見られない独特な高級感のある深い色調を求めた。この手法はCB500FOURでは更に手の込んだ方法で応用したが、単色カラーでは表わせない色彩であり、好評であった。

●シート　シートは、その頃アメリカで流行していた、ハーレーがベースのカスタムバイクなどでよく見られる、手工芸的なキルト処理をしたデザインを頭に描き、シートを二重構造にして、間に薄いスポンジを挟み上から型で熱をかけて押し、立体感を出すことにした。

●エンジン関係　クランクケースは当初、量産型より30～40ミリも幅が広くて、ニーグリップにも不都合があり、シリンダー角も直角でスタートしていた。

しかし、全高を低くする目的で若干前傾に角度を付けた。TTレース等で良い成績を残していたRC系のグランプリレーサーのマルチシリンダーのダイナミックなイメージを持ち、しかしレーサーとは違った大衆性をCBのエンジンデザインに反映させることに留意した。シリンダーピッチを10ミリ、12ミリと様々なモデルを造り、本来の重要な主目的である冷却効果も併せてテストして決定し、ヘッドカバーも冷却風の流れを配慮しながら、かなりの試作を重ねた。シリンダーフィンの共振対策のリブは目立たないように付けてある。また、アルミ製のヘッドカバーやクランクケースの左右のカバー類にバフ加工の工程を施して、高級で質感の高い仕上げとした(当時の日本製バイクは銀粉塗装が一般的だった)。

●サイドケース及びマフラー部　CB750の空冷エンジンは、主にエンジン下部のスリム化を目的にドライサンプを採用していた関係で、サイドケースには大型のエアクリーナーに加えてオイルタンクを収めなければならず、初期量産モデルはかなり大きなサイドカバーであったが、市販後にさらに乗りやすさを追求するために、マイナーチェンジの際、角を丸め若干小型化して、同時にエンブレムもCB750FOURの文字を

1970年モデルのCB750K1。エアクリーナーとサイドカバー部が“モックアップに近く”乗りやすくなったのが、デザイン上の大きな変化といえる。もちろんエンジン、キャブレター等々のメカニズム部分も変更されている。

ホンダフォアの第２弾ドリームCB500FOURは、日本人に乗りやすいサイズばかりでなくクラシックとモダーンが絶妙にバランスされたデザインで1971年４月に登場。ツートンのカラーリングは当時ハッとさせる程に美しかった。

入れ、K0のいささかデザイン過剰なイメージも取り去ることができた。

4本のマフラーは、車体両側下部に路面との接地、同乗者の脚部との接触などのトラブルを避けるため、できるだけ全幅を狭くする必要からメガホン型の形状を重ね合わせたものとなった。

振り分けたマフラーは、みにくいゴジラの背中のような溶接フランジが立つ欠点をもったモナカ構造ではなく、パイプ状のタイプも検討したが、各々独立したマフラーをスリムかつコンパクトにまとめるには、シリンダーから排気口までの取りまわしがそれぞれ異なり、複雑なカーブにする必要があり、加工しやすい2ピースのモナカ構造にすることがベストの妥協案であった。

結果的にはマフラー部と車体のマッチングは成功だったし、後年、CB750K7、CB400FOUR等では、ロールタイプのマフラーを採用するに至っているが、車体外側へ出っ張るというネガを解消できず、マフラー・ヴォリュームの大型化にともない苦労を強いられることを思うと、良き時代の最良の妥協策として忘れ得ぬことである。

CB500FOURについて

CB500FOURは、CB750FOURの荒々しさを取り、バイクの本質は失わず、より上質な品位を表現した大人のスポーツバイクとしてデザインした。タンクのカラーリングもシックなイメージなものとし、CB750では若干不満足だったクランクケースのデザインもスッキリとまとめることができた。マフラーもグランプリマシンとは違ったイメージのスポーティさを持つものを採用するなど、担当者としてはすべてのパーツを端正な方向でまとめるべく留意した。

このCB500では、アメリカで高い評価を得て、バイク・オブ・ザ・イヤーを受賞することができた。

終わりに

何年か前、ドイツのホッケンハイムでCB750のファンに会い、初期型のモデルが新車同様に保たれていて驚くと共に、今だにヨーロッパ各国にCBのファンが多数存在することを知った。

並列4気筒のレイアウトが大型バイクの主流となった現在、マルチ化の原点ともいうべきCB750はデザインを担当した私にとって、心に残る機種となった。

第8章

ドリームCB400FOUR・F-Ⅰ・F-Ⅱ

ホンダCB400FOUR-Ⅰ

1976年3月発売
空冷4サイクル並列4気筒
SOHC 398cc
最高出力36ps／8,500rpm
変速6速リターン
始動方式キック・セル併用
全長2,050mm
軸距1,355mm
最高速度170km/h
燃料タンク容量14ℓ
車両重量183kg
価格327,000円

アップハンドル車が主流であった日本製二輪車の世界に出現したCB400FOURは、まさにCB92以来のセンセーショナルなスタイリングで注目を集めた。全世界的に流行のきざしをみせていたカフェレーサースタイルに4イン1集合エキゾースト、コンチネンタルハンドルにバックステップ…と、すべてが新鮮そのものの装備でスーパースポーツにふさわしいものであった。

二輪車に興味を持ちはじめるのは、一般的に免許を取得できる16歳前後といわれている。今日では雑誌やCMなどでスクーターの存在をごく自然に受け入れ、バイク好きなら少なくとも400ccまではエスカレーター式に行き着くことが多い。自動二輪車の免許制度に大型免許制が導入されて以来、250や400ccが若者、750cc以上はベテランやマニアが乗るものと格づけられる傾向が少なからずあり、興味の対象もそれぞれに異なっている。しかし排気量に関係なく、すべてのマニアの注目を集めたモーターサイクルがかつて存在したのであった。

そのモデルがCB400FOURであり、スタイリングの新鮮さは今日でも高く評価されている。

1970年代のホンダは、GL1000の開発などもあり、ユニークで独創的なモデル造りに専念する姿勢がみられ、ホンダイズムが最も強調された時期ともいえる。

二輪車部門はステータスCB750FOURやCB500FOURが売れていたものの、1973年からは他社による追撃も激化した。また1972年にデビューした四輪車シビックの開発スタッフとして、多くの二輪車技術陣が異動したことも手伝って、ホンダの大排気量車の人気はやや低迷しつつあった。

そうした頃、1972年にデビューしたのが、CB400FOURのベース、当時としては世界最小の量産型４気筒CB350FOURであった。CB350FOURは、1971年、アメリカ・ラスベガスのホンダディーラーミーティング会場で目玉商品としてSL250Sとともに展示された。日本での発売は翌年の６月に発売され、次にはCB250FOURがデビューするかと噂されたが、ついに姿を見せることなく、250ccクラスの４気筒車は、1986年にCBR250Fのデビューまで待つことになる。

CB350FOURはベストセラーとなった直立２気筒SOHCのCB／CL350シリーズの上位にランクされた。このクラスは特にアメリカで人気が高く、ほかにも同系エンジンのオフローダーSL350や、シングルのXL350などが揃っていた。

ところが期待のCB350FOURは、２気筒より遅いマルチというレッテルを貼られてしまったのである。アメリカ人はロードテストが大好きで、二輪専門各誌が加速や最高速度などをレーストラックでテストし、そのデータを公表するのはあたりまえのことだった。実測データ比較でCB350は0—400m加速15.55秒、最高速度164.8km/hをマークしたのに対し、CB350FOURは15.90秒、151.4km/h

CB400FOUR(1974年) CB400FOURは408ccにて37ps、175km/hの高性能で1974年12月に発売された。サイドカバーとタンクが同色なのが特徴で、1976年に追加された中型免許者用のFOUR-Ⅰコンチネンタルハンドルと Ⅱ アップハンドル車は黒色サイドカバー付。

CB400FOURのベースとなったCB350FOURエンジン。47×50mm、347ccが51×50mmのボア拡大で408ccとなり、ミッションは5→6速へと増えた。F-Ⅰ/Ⅱではクランクシャフトを変更しストロークダウンの51×48.8mm、398cc。

にすぎなかった。数値上では出力やトルクがCB350より高い数値が公表されたものの、小排気量マルチ(多気筒)エンジンのため車重が2気筒車より12kgも重い184kgということもあって、性能の評価は芳しいものではなかった。また瞬発力の点でも回転の上昇がスムーズすぎて、体感上不利であり、オートレースやダートトラックでは、単気筒や2気筒車が多用されることが多かった。

ちなみにCB350FOURにおける、世界のテストデータの中で0—400m最速のものは、イタリアのモトシクリスモ誌がピレリタイヤを装着してマークした15.38秒、最低はフランスのモトレビュー誌の16.0秒であった。

実際に乗ってみてもやはりCB350が速く、しかもCB350FOURの価格は1割ほど高く設定(日本では、27万3,000円対29万5,000円)されたため売れ行きはおもわしくなく、ホンダ技術陣の思惑通りの「夢のような350ccモーターサイクル」とはならなかった。

4気筒で2気筒よりも速い最小排気量車——これに対するホンダの回答が、2年半後の1974年秋、CB400FOURとして発表された。当時のアメリカは"カフェレーサーブーム絶頂期"で、CB750FOURやCB500FOURをイギリス製のダンストールやリックマン製パーツでカスタムしたマシン群が人気を集めていた。また量産車でもJPSノートンやBMWのR90Sカウリング付きがマニア達の注目を集め、チューニングおよびカスタムショップも盛況であった。

そうした状況をキャッチし、いちはやく外観を大きく変更したカフェレーサーモデルをデビューさせたのがホンダであった。CB750FⅡでは排気量が据え置かれたものの、CB350FOURはCB400FOURへと排気量をアップ、出力とトルク特性などにも変化が見られた。

最小モデルであったがCB400FOURは、CB350FOURの基本構成はそのままにして、ボアを4mm拡大して51×50mm、408ccとし、圧縮比を9.3→9.4に、バルブも大径化し、それまでの34psから3psアップ、37psをCB350FOURよりも1,000rpmも低い8,500rpmで発揮させ、トルクも2.7→3.2kg-mとして、特に中速域を太らせて加速性と乗りやすさをプラスしていた。

出力特性は、350が4,000〜8,000rpmまでなだらかにスムーズに上昇したのに対し、400では4,000〜5,000rpmで一度回転上昇を抑え、再び5,000〜7,000rpmで一気に上昇するようなメリハリをつけて、スポーツ性を高めることにも成功した。カムシャフトは変更されなかったから、やはり約50ccの排気量アップが的確な判断となった。

エンジンはシリンダーフィンが350の９mmピッチから８mmピッチとなり、フィン数は１枚多く形状も変更、冷却面積を40％も増加していた。バルブは排気側を１mmアップさせた23φmmを組み込んだ。クランクケースも強度を向上させた専用のもので、350との互換性はないものだった。

クランクからミッションへの出力伝達は、750同様のハイボチェーンであり、１次、２次減速比ともに350と変化はないものの、ミッションは５速から６速へ変更され、スーパースポーツを強調した。変速比としては、旧５速ミッションにオーバートップを追加したものといえ、CB250／350Tと共通のミッションを使いながらも、１、２速を2.500、1.750から2.733、1.800へとややワイド化してエンジン特性にマッチさせた。吸入系は、外観は同じようでも改良を加えられたボディをもつ、20mm径のキャブレターが用いられている。

そして排気系は４―１の集合タイプを装着。デザイン的に最も成功を収めた、後継車といわれ1981年にデビューした、空冷４気筒DOHC４バルブエンジンのCBX400Fにもそのイメージは受け継がれていった。スポーティなメガホンタイプのサイレンサーは同時期にデビューしたカフェレーサーシリーズのCB750FⅡ、CB550FⅡの大型マフラーより好印象を与えた。

車体回りは350を継承、パイプ構成のセミダブルクレードルによる、ホンダ独自のフレーム構造となった。ステップが10cmほど後退し、スイングアームピボット下部へ移されたため、シフトリンケージに量産車初のピロボール方式が採用された。ブレーキペダル軸は350と同位置ではあるがペダルが短く変更された。なお、ロッド式ドラムブレーキには変化がなかった。

CB400FOURの発表は、アメリカでは1974年10月にサイクルガイド誌が独占テストとして実施、1975年１月号に掲載された。日本での発売も同時期の1974年12月であった。当時の国産車ではあたりまえだったアメリカ向けモデルのアップハンドルに慣らされていたライダー達は、低めのコンチネンタル(欧州型)の幅の狭いバー装備のこのモデルに注目せざるを得なかった。

世界初のサイクルガイド誌テストでは、0—400m14.81秒をマークしたが、その後の他誌では14秒前半を出して、350時代とは比較にならない速さを示した。

ほとんどの部分で日本向けと差がなかった輸出仕様400FOURであったが、仕向け地によってはリアフェンダーに長いサブフェンダーが追加されたり、西ドイツ向けではCB72型小径フラッシャーを装着し、リアは丸型テールランプを装着するなど、より精悍なイメージを持つものもあった。

国内発売に好調な出足をみせたCB400FOURであったが、発売後10カ月に施行された法規改正により、運転には予備審査を伴う「大型自動二輪免許」が必要になった。そこでホンダは、ストロークを1.2mm縮め、51×48.8mm、398ccとして、1ps出力ダウンした36psモデルを投入して中型免許ライダー用に対応し、コンチネンタルバー付きをCB400FOUR-Ⅰ、内容は同じもののアップハンドル付きをFOUR-Ⅱとして追加発売した。

海外におけるCB400FOURは、それまでの日本車にはもちあわせていなかった「レーサーマインド」を感じさせるモデルとして世界中のライダーに愛された。外国人ジャーナリストは、「かつてのスーパースポーツモデルCB92のようだ」とも表現し、リックマンやダンストールのようなカスタムスペシャルを、ホンダが提供したとも評価したのである。

レース好きのアメリカ人ライダー達は、こぞってチューニングキットやグレードアップパーツを求めた。日本のヨシムラやモリワキをはじめ、本田技研工業を退職してアメリカでショップを持ったヨシマオンタリオも、トップレベルのCB400FOURチューナーとしても知られるようになった。またイタリアのビモータも、用品メーカーだった1978年までハンドル、スイングアーム、タンク、シートなどのカスタムパーツを売り出し、スタイル面でのグレードアップに貢献するアピールを行なった。特にイタリアではCB400FOURファンが多く、エキゾースト系パーツを様々のメーカーが手がけ、マービングやジェブズなどが日本にも輸入された。またアレッサンドロ・デ・トマソがコピーしてモトグッチやベネリの4気筒車を造り出したりした。

1977年になると、日本では3バルブ2気筒SOHCのCB400TホークⅡがより高性能な40ps／9,500rpmでデビューした。しかし、アメリカホンダ向けには

4気筒CBに代わり1977年5月に発売されたCB400Tことホーク II のアメリカでの広告。かつてCB77はスーパーホーク、CB72がホークと呼ばれており、2気筒SOHC車ということでホークの名称が復活したのである。

CB400Tホーク II（1977年）
ホーク II CB400Tのエンジンは、CB500Rワークスレーサーと同じ吸入2，排気1の3バルブヘッドを持ち、395cc 2気筒SOHCながらCDI点火によりCB400FOURを上回る40ps／9,500rpmを発揮して、若者に好評であった。

CB400FOURの1977年モデルが最終仕様として出荷されたのである。

この最終型は、ツーリングポジションとするためにステップはCB350FOUR同様にチェンジペダル近くまで前方に移動、チェンジはダイレクトコントロールになった。フラッシャーとテールランプはGL1000系の大型のものに変更され、外観的には、全体的にCB400FOURよりもCB350FOURのイメージに戻されたともいえた。タンクにもCB350FOUR的な子持ちラインが入り、キャップはキー付きのリッド式となり、またフロントフェンダーは前側のステーが省略された。しかもこれらの変更後も、依然としてスーパースポーツの文字が残されていたのは、ホンダファンにとって幸いだった。その後、この最終型は逆輸入車として日本のファン達に大切に乗られることになる。

当時アメリカでのライバルは、400ccクラスベストセラーになったカワサキKZ400をはじめヤマハXS400の2気筒SOHC系に加え、DOHC採用のスズキGS400など2気筒車が多く、ホンダとしてもCB350、360Tに続いて再度2気筒を手がけざるを得なかったのである。大きな理由としてはオイルショックがあげられる。アメリカでは燃料節約のために多くの人が自動車からバイクに乗り換えたのである。きのうまでモーターサイクルに触れたことのない人でも、自転車と同じように扱えるコミューターバイクがアメリカでの商戦に不可欠のものとなり、そのため、CB750AをはじめホークⅡにもオートマチック車が加えられることになった。

価格的にも4気筒と2気筒では差があった。CB400FOUR＝1,349ドル、KZ400＝1,245ドル、XS400＝1,300ドル、ホンダCJ360Tが1,049ドルと設定されていたが、GS400は基本モデルでは995ドルとさらに格安であった。こうした2気筒車にカウル、サイド／テールバッグなどのアクセサリーを付けても1,500ドルほどなので、乗用車から移行した一般ユーザーはこの程度の価格帯のものを購入するのが普通だった。

したがって需要の多い400ccクラスのアメリカ向けコミューターとして、CB400FOURでなくホークⅡCB400Tを投入したアメリカホンダの考え方は決して間違いではなかった。ただ日本のファンにとっては、当時唯一の400ccクラスの4気筒スーパースポーツが消えたのが大いに残念であった。後年Z400FXが出現し、CB400FOURを買えなかったライダーはこぞってこれを購入し、大ヒットへと導いた。それにならい他社も4気筒車開発に参入していくのである。

CB400FOURは、いわゆる後に派生するスーパースポーツからレーサーレプリカをあたかも先取りしたコンセプトを持ち、メーカーやデザイナーなりのオリジナリティにあふれた製品として出き上がっていたのである。

第9章

CB400FOURとCBX400Fのデザイン

CB400FOURの最初のスケッチで、ホンダのGPレーサーをイメージして描いたもの。長いガソリンタンクはラバーベルトで固定し、シートカウルはテールライトと一体としたものである。フェンダーもプラスチック製のステーのないもので、“カフェレーサー”そのもののパーツである。エキゾーストは4 into 2だが、ブラック仕上げがレーサーイメージであった。このスケッチからCB400FOURのデザインは始まった。

佐藤　允弥（さとう　まさひろ）

1962年（昭和37年）本田技術研究所造形室入社

SS50、CB90、CB400FOUR、CBX400F、タクト、フュージョンなどのデザインを担当。1992年よりミュージアム・プロジェクトのリーダーとして活躍。もてぎのホンダコレクションホール設立を企画。元本田技術研究所ECE。

取材・編集：小林謙一

CB400FOUR開発に至るまで

CB400FOUR（以下CB400Fと表記、他機種も同様）についてはまずCB350FOUR（347cc）のことを述べる必要がある。CB350Fは先に発売されたCB750FOUR、CB500FOURに続き４気筒シリーズの第３弾として開発されたモデルであった。当初250ccクラスという案もあったが、フリクションロスで充分な動力性能が得られないと判断したため、原田義郎氏からは350ccクラスで開発指示が出された。

指示されたCB350Fのイメージは好評のCB750F、CB500Fを踏襲したもので、独自の個性というより750、500の小型版的なものであった。したがって、CB350Fは、北米市場を意識した直立した乗車姿勢、はね上がった４本のマフラー、クロームメッキを多用してゴージャス感を出したモデルとなった。そのため北米では、小型であることと豪華さで、“フィメールバイク”と呼ばれて女性層に受け入れられた。

しかし350ccクラスという排気量は、かつてのCB350Twinモデル並のヒットを目論んだが大きくはずれ、また国内市場でも初の小型４気筒モデルにもかかわらず、大した人気を得ることができず、明らかに失敗作であった。これは企画自体が安易だったともいえなくもないが、デザインを担当した私にも明解なイメージがなく、単に仕事をしただけで、デザイナーの責任大であった。

1973年の開発途中でのスナップ。比較のためにCB350FOURが並べられている。この時点ではタンクにニーグリップの凹みがあり、フェンダーは350のものをベースに塗装をしたものが検討された。

CB400Fの企画

CB400Fは、発売後１年足らずのCB350Fのモデルチェンジとして1973年初頭に企画された。CB350Fはエンジンが小さいというだけで、CB750F、CB500Fと部品点数や製造工程がほとんど変わらず、製造コストも安くはなく、収益性のきわめて悪いモデルであった。ベストセラーメーカーといわれるほど数々の名作を手がけてきた、開発責任者の寺田五郎主任研究員のNEW CB350Fの企画案は、３点が重点項目の非常に明解なものであった。

全体イメージ

CB750Fを“豪”、CB500Fを“静”とすれば、NEW CB350Fは“動”のイメージ。４気筒シリーズの末っ子として活発な感じを出す。

１）動力性能を向上させる。

２）４気筒シリーズの末っ子としての独自なスタイルを創る。

３）重量軽減とコスト削減によって収益性を向上させる。

エンジンは422ccまで拡大可能ながら、CB350Fをベースとした時のシリンダースリーブの厚みを考え408ccとすることで、性能の向上と耐久性を両立した。CB350Fをステップアップさせたこの CB400Fの企画案は役員の了解も得られ、開発はスタートした。

開発責任者の寺田五郎氏は、毎週行なわれた定例会では細かい点はほとんど指示されず、私は設計やデザインについても特別な指示を受けた記憶はない。いつも、今度のモデルはこんなバイクにしたいとか、こんな感じとか、あるいは今までの経験談や浜松でのオートレース用のバイクをチューンした昔のこと等を交えながら話をして、チーム全員の意志統一を計っていた。定例会というのは退屈なことも多いのが普通であるが、私にとって大変楽しいものであった。そしていつの間にか、自分の仕事を寺田さんの思っている方向に修正せざるを得なくなってしまうのであった。これを私達は“寺田マジック”と呼んだ。

もう一つ、寺田さんには次のようなエピソードもある。開発完了までに２～３回行なわれる役員の評価会でのこと、ある役員から試作車の操安（操縦安定性）が良くないと指摘された。このような上司からの指摘に対しては、即座に改善の旨を返答するのが普通であるが、彼は「一流のプロが開発テストしているのだから、任せて下さい」と言ってその場を切り抜けた。この時は、本当にすごい人だと思った。寺田さんは、私の今までお世話になった方々の中でも最高の開発責任者だと思っている。

CB400Fのデザイン

“動”のイメージを与えられて、私が最初に発想したのは、ホンダのGPレーサーであった。スポーツ感、躍動感としてGPレーサー以外のイメージソースは思いつかなかった。赤く長いフューエルタンクと前傾したライディングポジションを、ロードユースのバイクに何としても反映したいと思った。また、当時私が所有していたCB92のようなオリジナリティのあるスポーツバイクにしたいと思いながらデザインを進めた。

部品点数の少ないシンプルな構成による重量軽減、およびそれによるコスト削減には、レーサーのイメージを採り入れたデザインが、最も適切ではないかとも思った。ちょうどその頃、アメリカでは市販のバイクをヨーロッパ調のスポーツに改造したカスタムバイクが流行の兆(きざ)しを見せていた。それは市販車にフラットハンドル、集合マフラー、ロングタンクとシングルシートを取り付けたもので、レースをするわけでもないのに格好だけのレーサースタイルでカフェに集まるところから、カフェ・レーサーと呼ばれていた。

●エンジン　CB350Fの開発が終わった時のことであるが、試作車を見た本田社長は、エンジンのフィンのピッチが粗すぎて精密感に欠けると言われた。しかしその時点で既に金型は完成しており、変更は不可能であったため、次のモデルチェンジの時に直すことで了解をいただいていた。その経緯から、CB400Fではシリンダーとヘッドのフィンピッチを詰めて各1枚増やし、デザインも一新した。

●マフラー　4本マフラーを1本にすることで重量を10kg以上軽減することができた。取り付けの角度を10度ほどつけてテール部を上げたかったが、工場の組立ラインにおけるリアアクスルシャフト組付けの関係で採用されず、水平になってしまったのは残念であった。

CB750FもCB500Fも従来の合わせマフラーであったため、上下に溶接フランジが見えて美しいものではなかったが、CB400Fでは、初めてローラーによる巻き加工によって溶接フランジのない高品質のものになった。エンドピースの溶接も、MIG溶接の採用で仕上げ行程なしでも美しいものとなった。いずれも三恵技研のご努力に負うところ大であった。

独特な形状のエキパイは、クランクケース先端のオイルフィルターのケースを逃げ

1973年6月頃、マフラーはいろいろなものをトライした。テールライトを包み込んだリアカウルはなかなかスマートにならなかった。

シルバーフレームで検討中のスナップ。生産の都合上、ブラックフレームとなる。タンクにはまだ凹みがある。

るようにレイアウトしたために、自然にあのようなものとなった。エキパイとマフラーは黒塗装仕上げにすることで二重管の必要がなく、重量軽減にもなり、迫力も出せると提案したが、商品価値の観点から受け入れられなかった。

ただ、一番ご苦労されたのは、複雑な形状を、量産のために図面を何回も描き直しをされた、設計者の方々ではなかったかと思う。

●フューエルタンク　直線的なラインを強調して、できるだけ長く見えるよう努力した。先端をヘッドパイプが隠れるまで伸ばし、ほとんど通常のシート位置ながら、かなり長く見せることができた。当初のデザインではタンク両サイドにニーグリップのためのえぐりを設けてあったが、CB750FOURをデザインされた池田均氏の助言で廃止し、よりスッキリしたものとなった。その時は私の気持ちとしては、かなり抵抗感があったが、今では先輩の意見を聞いて良かったと思っている。

タンク外板の成型には従来のプレス製法ではなく、名古屋の矢嶋工業の油圧バルジ工法が採用された。これによってタンク上面中央の溶接が不要となり、底板との2ピースで構成され大幅な工程削減をすることができ、外観的にも、品質的にも優れたものとなった。

タンクエンブレムは立体的なものはやめ、貼りタイプにすることでレーシーに見せ、更にモックアップモデルには、HONDAマークの下にこのバイクの性格を表わすためSUPER SPRINTと入れた。このイメージが良かったため、量産ではCB92、CB72で使われたSUPER SPORTの文字が復活することとなった。

●フェンダー　カフェ・レーサーの流行も一部採り入れたいと思ったので、前後フェンダーはプラスチック製のタンクと同色のものを提案したが、過激的だということと、まだ一般には受け入れられないだろうということで不採用となってしまった。結局、CB350F用を活用したメッキ仕上げのものになったのだが、当時としては妥当な決定であったかもしれない。

●その他　ヘッドライトはCB750クラスの大型のものにしたかった。

フレームの色はダークシルバーを提案したが、溶接の仕上がりが現在ほど良くなかったため、黒の方が目立たないという理由から不採用となった。等々、個人的に色々な提案をしたが、製造コストや品質管理上等から採用されなかったものが多かった。

しかし、私が担当したバイクの中では、ずいぶん我(わ)が儘(まま)をいってデザインしたモデルだと思う。そうした意味では、CB400Fが生産中止となったモデルの中でも現在に至るまで高い人気を得ているのは大変嬉しいことであり、寺田さんをはじめチームの皆さんには感謝しています。

CB400Fのエピローグ

商品は売れると自信を持って開発したものでも、販売結果は上市してみないと分からないものである。販売動向を祈るような気持ちで見守るのが常であった。CB400Fの市場での反響は予想以上のもので、研究所と営業の喜びは大変大きかった。しかし、1976年の中型免許の施行によって408ccから398ccへとエンジンの排気量縮小を余儀なくされたことも、予想外のことだった。

国内では好評の割には販売台数は伸びず、輸出でも高い評価ながらベストセラーに

最終時点でのスケッチ。4into1マフラー、タンクの凹みもなくなり、スッキリとしたものとなっている。フェンダーは、プラスチック製のレーサー的なものに最後までこだわったものであった。シーリーやダンストールにかなり影響を受けた。

CB400FOURのデザインをさらに引き立てるためのバリエーションとしての提案スケッチ。ホンダにおけるカウリング装着は1974年のGL1000プロトや、CB400FOURのモックアップなどで度々提案されていたが、量産化されたものは1980年代に入ってからであった。

フェアリングはカフェレーサーとして不可欠のものとして各種トライされた。1973年10月頃のクレイモデルでは、CR的なフォルムで提案したが、時期的に早すぎて採用されなかった。試作走行まではやったのだが…。ヘッドライト、ウィンカー等は本体のものをそのまま使えるように考えたものであった。

最終モデルでカラーリングを検討したときのバリエーションの1つ。全体デザインは1973年8月頃の最終モックアップモデルと同じだが、マフラーをブラックタイプにして、もっとスポーツムードを出そうとしたものである。この角度から見ると、タンク前端がフレームのラインとピッタリ合っていて量産のタンクと違うことが分かると思う。バイクはサイドスタンドで休んでいるのが一番美しく見える。

はならなかったため、大幅なコスト削減をしたにもかかわらず収益性は必ずしも良くはなかった。生産中止を決定した時、ヨーロッパのディーラーが生産継続のための署名運動までしたが、ホンダ本社は受け入れなかったという話を後日聞いた。

1977年5月、CB400Fは惜しまれながら2年半の生産を終わり、OHC2気筒3バルブ(395cc)のホンダ・ホークII(CB400T)が次世代の400ccクラスを担(にな)うこととなった。

CBX400Fの開発

4シリンダー・400ccクラスの新マーケットはCB400Fが生産を中止しても消滅していなかったことが、1980年に新発売された4気筒DOHC(399cc)のカワサキZ400FXが爆発的な人気を得たことでも分かる。中型バイクは４気筒の時代に突入したのだった。

ホンダとしても市場からのラブコールと、このクラスの人気の高まりを黙認するわけにもいかなかった。そして、NEWCB400Fの開発指示が出されたのが、1980年の春のことだった。ホンダとして、他社に先行を許した分野に打って出るためには絶対に優れたものでなくてはならず、二輪開発の全力が投入された。開発責任者にはCB750Fを担当したベテランの野末主任研究員が指名され、万全を期すことになった。

同年夏、デザイン担当の奥野君と私は、新しいCB400Fのコンセプトを求めてヨーロッパに出張した。当時このクラスのバイクにとって、ヨーロッパはアメリカより重要な市場となっていたためと、CB400Fの人気が高かったヨーロッパから新しいデザインコンセプトを見つけ出そうとしたためであった。その時の海外出張は約１ヵ月にわたる長期のもので、ヨーロッパ全土の現地法人、主要ディーラー、博物館等を訪問し見聞してまわった。

新企画にはCB400Fの時のような強い制約はなく自由な発想ができる代わりに、デザイナーの本当の実力が試される仕事であった。このモデルに対する期待は大変大きいため、役員や営業等から様々な要望が出され、デザインの決定はかなり難航した。完成したデザインは、ヨーロッパの新しい傾向を採り入れ、ガソリンタンクからシート後端まで一体感を持たせたインテグレートなものであった。

●NEW CB400Fの新技術　ハード面では、中型車のフラッグシップとして新技術を惜しげもなく採用したことからも、ホンダの力の入れようが大変なものであったこと

ヨーロッパにおける構想が生み出した新フォルムのCBX400Fは、1981年11月発売。４バルブDOHC 399ccエンジンは48ps／11,000rpmを発揮、1982年７月にはフェアリング付のインテグラを追加。インボードディスクに注目。

がわかる。

1）エンジンは当然DOHCで４バルブの新設計。

2）ブレーキは制動力の優れた、鋳鉄製(FC)ディスクを採用。しかし鋳鉄は錆が出やすいため、カバーで覆(おお)ったインボードタイプという凝ったものであった。

3）リアサスペンションは、当時オフロードで新たに開発された、非常に追従(ついじゅう)性の良い、スプリングの見えないプロリンク機構を採用。

400ccクラスとしては大変贅沢(ぜいたく)なものばかりであったが、それはNEW CB400Fを特徴づける重要な要素となった。

●デザイン　ガソリンタンクは４気筒エンジンの幅を感じさせず、膝(ひざ)のグリップの良い形状として、成型上許される限り前方は幅広く、後方は狭くした特徴のあるものとした。

シートはリアにカウルを持ったもので、それにテールライトを埋め込み、リアウインカーは被視認性の点で反対する声もあったが、開発責任者の野末氏の強力なバックアップで日本の保安基準ギリギリまで幅を詰めて、カウルにインテグレートさせてしまった。

排気系はコストや重量と関係なく、左右どちらからも見栄えの良い、4 into 2 を採用。そしてエキパイは、排気効率からシリンダーの１－４と２－３とを分ける難しい配管であったが、CBにXを加えて新しい車名となったCBXのネームに相応しく、前方からX型に見せることで独特なデザインにまとめることができた。これはCB400Fの後継モデルとして、エキパイに特徴を強く求めていた営業の要望を満たすこともできた。

このようにCBX400F(399cc)のデザインは、CB400Fのような最初のインスピレーションを最後まで貫いたものではなく、細かな要素や要望を効果的にまとめることによって独自性を創り出したものであった。そして、CBX400Fは、CB400Fにはない新しい躍動感にあふれるモダーンなデザインにまとめることができたと考えている。

1982年、海外向けにはCBX550F(572cc)として輸出を開始、同年国内向けに日本初の本格的なカウリング付きのインテグラ仕様も発売され、CB400Fで成し得なかったことを実現することができた。カワサキによって再燃した４気筒400ccの市場は、スズキGSX400F、ヤマハXJ400、ホンダCBX400Fと相次いで発売となり、400ccクラスも750ccクラスと同様に４気筒がオンロードスポーツの主流となってしまった。

第10章

RCB1000

ホンダCB72広告（1962年）
ホンダの耐久レース挑戦は、世界市場へ向けて開発したドリームSS、CB72によってヨーロッパで勝利を飾っていた。1961～62年スラクストン500マイル、1961年シルバーストーン1000kmで堂々のクラス優勝に輝き、市販車における絶対的信頼性を得た。そして1969年にデビューしたばかりのCB750FOURが、ボルドール24時間レースに市販車に近いスタイルで挑戦、総合優勝してホンダ車の耐久レース活動が活発化、1976年にいよいよHERTチーム体制による本格的なワークス活動がスタートしたのであった。

HERTチーム・耐久レースへのチャレンジ

1950～60年代、アメリカにおける日本車のレース出場は、当時AMA役員のロクシー・ロックウッドが担当していた。彼は1958年にはヤマハでレースに出場したが、1960年にはホンダの面倒も見ていた。ホンダ初の“CB”ベンリイCB92をアメリカへ輸出開始した年でもあった。

その後1963年にAMAは、ハーレー・イタリア工場製のアエルマッキが勝てるようにと、それまで750cc主体だったデイトナ100マイルレースを250ccにレギュレーション変更したが、このレースではCB72が走り始めたのである。

当時のAMAレースではハーレーKR750ccを勝たせるため、エンジン排気量制限をサイドバルブは750ccに対してその他のものは500ccまでとし、さらにDOHCは出場不可能としていた。AMAルールではアメリカにおける市販台数が100台になるとレースの出場資格が得られたが、CB450はDOHCということでレースに出走できずにいた。しかし、さすがに街中で多くのCB450を見かけるようになると、このレギュレーションは反感を買った。そして1963年、CB450が3,000台を販売した後にやっと市販車改造クラスの“クラスC”への出走が認められ、初めてAMAレースに参加できることになったのである。

1967年デイトナにチーム・ハンセンよりRC181をコピーしたカウルとロングタンク、そしてRC用ブレーキ等のパーツを装着したCB450レーサー２台が出場し、レースの観客に“ホンダDOHC”をアピールした。

1969年にはCB750FOURの輸出が開始され、マロリパークで開催されたレースには、ヨーロッパ遠征経験者の隅谷守男がデイトナ出場用に開発中であったCB750ベースマシンで出場した。また1969年ボルドール24時間ではルーゲリエ／ウーディッヒ組のCB750レーサーが優勝を飾っている。1970年、デイトナに出場するCB750レーサーのエントリー台数は４台と決定されたが、アメリカホンダのレースマネージャー、ボブ・ハンセンのライダー人脈のなかにデイトナのハイスピードに慣れている者がいないという問題が生じた。そこでマチレスG50に乗っていたディック・マンを起用することになったのである。当時、彼は1965年のデイトナ200マイルレースではマチレスで５位、1966～67年にかけてはBSAに乗ったがいいところがなく、そのうえ1969年はヤマハTRで25周目

ホンダの耐久レース挑戦は、世界GPロードレースにおいて50、125、250、350、500ccの輝かしき“全クラス制覇”を得た時のチーム監督であった秋鹿方彦を中心にスタートして、RCBの連戦連勝を見事に達成する。

リタイヤなど、さすがの1963年AMAチャンピオンもかたなしの成績でツキに見放されていた。また、1967年までホンダGPライダーだったラルフ・ブライアンズも起用。彼のCB750レーサーは最高のパワーを発揮、最高速度262km/hをマークしたが、練習走行中に転倒炎上してしまった。CB750レーサーはダメージを受けたものの、フレームとエンジンパーツをノーマル車から流用していたため、レース出場にはことなきを得た。

デイトナのレースにはディック・マン、ラルフ・ブライアンズに加え、やはりホンダGPライダーだったトミー・ロブなどが出走した。レースはブライアンズが3周目でリタイヤ、ロブも12周目でリタイヤ、そしてレースはBSAやトライアンフさらにスズキTRなどが続々とリタイヤするなか、あくまでも冷静にレースを運んだ36歳のベテラン、ディック・マンが2位に8秒差をつけてゴール、優勝を飾った。平均速度164km/hで日本車としては初のデイトナ200マイルのウィナーとなった。

ほかには1967年までやはりホンダGPレーサーに乗っていたマイク・ヘイルウッドが自国製ということでBSAからエントリーしたものの、マシントラブルでリタイヤするなど、1970年のデイトナは荒れていた。

CB750レーサーはホンダのワークスマシンとはいえ、フレームとエンジンはストリートモデルのノーマルを流用するなど、ホンダの信頼性を内外にアピールしていた。ちなみに他のデイトナレーサーはF750（フォーミュラ750）のレギュレーションにより、フレームはレース専用のものに変更されていたのである。

しかし、この勝利には日本でCB750レーサーを製作したブルーヘルメットのスタッフ達の協力があったことも忘れてはならない。彼らのマシンのセットアップ能力がなければこの優勝はなかったであろう。

ホンダはFIMルールのF750、“フォーミュラ”規格に適合したCB750用キットパーツを販売してはいたが、完成車＝製品としての状態でのレーサー販売は行なっていなかった。したがってこの時期ワークスCBは、レースキットを組み込んだ際の「サンプル」としての意味も持っていたのである。

CR110、CR93、CR72、CR77や浅間時代のCR71、CR76といったマシンはホンダも認めるところのプロダクションモデルつまり市販レーサーであったが、CB750やCB450をベースとするCR750、またはCR450と呼べるようなプロダクションマシンは存在していなかった。したがってデイトナに出場したCB750レーサーは、CB750をベースに、RSC（当時本社サービス部門、レーシング・サービス・クラブ、1973年６月より㈱R.S.C.＝レーシング・サービス・コーポレーション。HRCの前身）が供給したレーシングキットパーツを組み込んだマシンだった。ちなみにキットパーツは主に海外のF＝フォーミュラ750用として造られていた。F750とは、市販型750ccのエンジン（クランクケース、シリンダー、シリンダーヘッドは量産品を流用、加工等は認められていた）を用い、その他の改造は自由というレースで、出走車両の条件は最低200台が生産および市販されていることと決められていた。CB750用の1970年10月時におけるキットパーツの価格はエンジンが①インテークバルブ　32または33.5mmφ　8,000円、②エキゾーストバルブ　27または28mmφチタン製　44,000円、③シリンダーヘッド・レース用30,000円、④カムシャフト・レース用（デイトナ用）30,000円、⑤インナーバルブスプリングセット（８個）8,000円、⑥アウターバルブスプリングセット（８個）10,400円、⑦ピストンA・２個（コスワース型２本リング）50,000円、⑧

CB750レーサー　RCBにおなじみの青、白、赤のトリコロールカラーの第１号レーサーは、1973年デイトナ200マイルへ挑戦したCB750レーサーが最初で、日本人ライダー隅谷守男が６位入賞を果たす。写真はデイトナ出場車と同型マシン。

ピストンB・２個（コスワース型２本リング）50,000円、⑨コンプレッションリングセット（４本）4,000円、⑩オイルリングセット（４本）4,800円、⑪クランクシャフト本体45,000円（セット）80,000円、⑫CR31mmφキャブレター75,000円、⑬オイルポンプ＆クーラー＆メーター85,000円、⑭クロスミッション（５速）100,000円、⑮レーシングマグネトー電装パーツ63,100円、⑯ステアリング・ハンドルパーツ43,850円、⑰フロントブレーキ＆アルミリムキット110,350円、⑱ステップ＆ペダルキット45,000円、⑲フロントフォーク・アッセンブリー10,600円、⑳リアショックセット（２本）50,000円、㉑ガソリンタンク＆フューエルコック104,350円、㉒レーシングシートのみ21,000円、㉓フェンダー＆シートセット35,100円、㉔タコメーター・アッセンブリー17,500円、㉕フルカウル＆ステーキット（フルキット込みパーツ）、㉖レーシングエキゾースト（４本）76,000円、㉗以上のキットフル装備（工賃別）120万円。

というのが当時の価格であった。CB750FOURの定価が38万5,000円だったことを考えると、車両価格の約3.11倍にもなってしまった。

続く1971～72年デイトナ200にはホンダワークスは出場しなかったが、代わってヨシムラチューンのホンダCB750改が快走した。トップスピード255km/h、平均速度171.8km/hをマークしたこのマシンは、マイナートラブルに見舞われてゴールすることはできなかった。70年代のデイトナはタイヤがスピードに負けてトレッドが脱落するといったトラブルも多くなり、最後まで走り切ることは困難になっていたのである。

1972年にはバンクコースの上側を274km/hで走るスズキTR750が出現したが全車タイヤバーストに見舞われ、結局トップでゴールしたのは平均速度165.36km/hのヤマハTR350であった。時代は軽くて俊足を誇る2サイクルに流れつつあったが、350ccマシンの勝利によって「遅くとも勝利の可能性がある」ことが証明された。

そして1973年、デイトナは日本ワークスがすべて揃った。スズキはTR750、カワサキはH2R、ヤマハは水冷TZ350、そしてホンダはRSCチューンのCB750レーサーを持ち込んだ。ライダーには日本のエース隅谷守男、サポートライダーとしてスティーブ・マクラフィンやハーレーに乗っていたロジャー・レイマンがスポット起用された。

デイトナのコースはシケインが設けられたためラップタイム、平均速度ともに低くなったが、CBはバンクでは256.64km/hをマークしたものの予選13、26、35番手がやっとの状況であった。しかし300km/hで走る2ストローク750ccマシン達が早々にリタイヤし、結果はヤマハが1～4位、ディック・マンの乗るBSA 3気筒が5位、そして隅谷は初めてのデイトナで堂々の6位入賞を果たし、ホンダの速さを世界にアピールしたのである。ホンダワークスの新しい赤・白・青のトリコロール・カラーが採用されたのもこの1973年からのことであった。

ライダーの隅谷守男は、1972年6月の全日本選手権ロードレース第2戦鈴鹿サーキットにおいて、CB500Rで世界GP時代のマイク・ヘイルウッドと同タイムの2分29秒9をマーク、6周目には28秒7の新記録をマークして“鈴鹿の最速男”となった。隅谷はデイトナ出走後「デイトナにCB500Rで出場していたらより速く走れた」と関係者に語っていたといわれる。事実ホンダ4気筒の第2弾として登場したCB500FOURは“日本人にも乗れるようにコンパクトに設計されたマシン”であり、ノーマル重量比で750の約82%、エンジン単体でも16kgも軽

CB500R 鈴鹿サーキットにおける最速ラップは、GPライダーのM・ヘイルウッドがMVでマークしていたが、それを破ったのが隅谷守男開発のCB500R。1気筒あたり3バルブSOHCエンジンを搭載、軽量で戦闘力も高く、1975年ボルドール向けにプロトタイプが造られた。

いこの車両は、レーサーとして断然有利な条件下にあった。

ホンダ技術陣はこのCB500Rをさらにスープアップ、CB650Rとも呼ばれた初期型は62.7×50.6mm、624.58cc、85ps／10,500rpmをマーク、市販車のSOHCとは“別物のシリンダーヘッド”を搭載し、吸入2，排気1の3バルブもトライされていた。マシン製作はRSCが担当、名称も1960年代の“ホンダ・レーシング・クラブ”から70年代になり“ホンダ・レーシング・サービス”へと名称変更し、CBベースのレーサーの製作を行なっていた。

レーサー用のベースマシンは「年産200台以上」とされていたが、シリンダーヘッドが3バルブとなったCB500Rはレギュレーション外のFL(フォーミュラ・リブレ)として扱われた。いずれにしてもカワサキH2Rに乗る和田正宏との鈴鹿でのバトルは壮絶だった。120psにも達する750ccの2サイクルレーサーに対し、4サイクルのCBベースのレーサーでは劣勢は必至であったが、ホンダ＝4サイクルというプライドと“鈴鹿最速男”のメンツにかけて隅谷はCBに乗り続けた。1974年にヤマハは水冷2サイクル並列4気筒のワークスマシンYZR750を送り込み、10月の日本GPでは本橋明泰、金谷秀夫が1～2位を獲得したが、隅谷守男も善戦して3位でゴールしている。

こうした日本のスプリント的なロードレースとは趣を異にしたのが、1974年当時のヨーロッパであった。おりしもエンデュランス(耐久)レースが盛り上がりを見せていた頃で、フランスのボルドールを中心として耐久レースが行なわれた。耐久レースは当初125、175、250、500ccの各クラスに分かれていたが、やがて1975年から主要なレースがFIMヨーロッパ選手権に格上げされた。マシンカテゴリーも、1,100ccまでのプロトタイプ車で開催、ドゥカティ860、カワサキ900Z1、ラベルダ1000などが出走するようになった。このレースは出場車のベースが量産車ということもあって高い人気を保ち、特にカワサキZ1の売上げはこのレースに負うところが大きかった。

こうした状況を受け、ホンダRSCはホンダ・フランスに向けてCB500Rを大改造したワークスマシンを送り込んだ。CB650Rのボアを66mmに拡大、692.45cc、93ps／10,500rpmを目指したが結局届かず、最終的にはクランク系を一新して66×54.76mm、749.37ccの3バルブ・パワーユニットから86.7ps／11,000rpmを絞り出した。この最高出力の数値はCB750レーサーとほぼ同じものであったが、車重は155kgと約20kgも軽く仕上げられていたのである。

1974年ヨーロッパ耐久チャンピオンのゴディエ・ジュヌー組のエグリ・カワサキZ1はヨシムラカムを使用した908ccユニット車重182kgで、105ps／8,500rpmをマークした。1975年にはシデム・カワサキというセミワークスとなった。いずれにしてもホンダCBフォアが抱えていた排気量のハンデの差はどうしようもなかった。1973年のデイトナマシンと同じトリコロールのカラーリングをタンクに施したCBに乗るJ.C.シュマラン／H.リューガル組のワークスをもってしても、シデム・カワサキには歯が立たなかったのである。実は、RSCステッカーが貼られたこのマシンは、1975年ボルドール24時間にて隅谷守男が乗るために製作されたものであったが、練習走行中の事故で隅谷が他界したため実現されなかった因縁のマシンだった。

これらをきっかけとして、ホンダはついに完全ワークス体制のHERT(ホンダ・エンデュランス・レーシング・チーム)を結成した。かつてのGPチームのチーフメカであった秋鹿方彦を監督としたHERTは、ベテランメカニックなど合計15名を擁してRCBの開発に入ったのである。ベースは1973年のデイトナCB750レーサーと異なり、全く新しい発想の新規開発であった。このRCBの開発は1975年の10月からスタート、第1戦のオランダ・ザンヴォルトまでは6カ月あまりしかないという最悪の状況のなかで行なわれた。1976年3月16日のHERT発表会場には元F1チーム監督の中村良夫(当時常務取締役)も同席、以降国内でのホンダのモータースポーツ参加をアピールした。

HERTはこの間にSOHCのCBをDOHC化、68×63mm、915ccというパワーユニットを造り上げた。このエンジンを搭載したマシンは、先行テスト用として開発、続けてストロークアップが行なわれていく。RCBのエンジンはクランク系が一新されて68×64.8mm、941ccへと排気量アップ、いずれのRCBもDOHCヘッドへの伝達もクランクからチェーンを介したギアトレインというユニークなメカを採用し、第1戦でレオン/ボーラー組のライディングによって見事に初勝利をあげたのである。

RCBの正式名称はRCB750で、開発コードナンバーは480であった。この480は、デビューシーズンを8戦7勝という好成績で終え、その強さを見せつけたのであった。RCBのライダー、シュマラン/ジョージの英仏コンビの1976年9月18日～19日フランス・ルマンサーキット第40回ボルドールでの優勝は、1969年にCBが同じボルドールで優勝して以来、実に7年振りの金杯獲得となった。ホイールは当初はフランスのスマック製キャストであったが、9月5日のベルギー・メッチ1000kmからホンダオリジナルのスターホイールを装着、後にコムスターと呼ばれる新型ホイールの誕生であった。またヘッドライトも当初はカウル+ライト後付けだったが、ボルドールからカウル内に収納されるスタイルとなった。

ホンダRCBのスタートは大成功に終わったが、依然問題が残されていた。1976年シーズンのRCB750(480)の重量は204.5kgもあり、ライバルのカワサキより重かったのである。その最大の要因は「丈夫すぎた」マシン造りにこだわったためで、ホンダは早速全体の見直しを行なうことにしたのである。

特に車体は、ボルドールで18時間目までカワサキZ1にトップを許したことから、主にメンテナンス性のアップが図られた。特に前後タイヤの交換にはスピード性が求められ、サスペンションを手がけていたショウワではフロントフォークをワンタッチのクイックチェンジ式を採用した。これは車軸ごとのホイールを前方へ引き出せるように、固定方式をヒンジタイプとしたものであった。

加えてブレーキ性能を高めるためにベンチレーテッドディスクを採用、キャリパーもAPロッキード製のものをフォーク前側にマウントした。一方リアホイールについても、キャリパーをスイングアームにマウントし、車軸はチェーン引きを持たないエキセントリックアジャスター式に変更するなど、クイック性をより高めたのである。またRCB750(480)ではバンク角不足により、クランクケースに穴があくといったトラブルも発生したが、最低地上高をアップして対応した。これにともないエンジン位置も変更され、フレーム系も一新されたのである。フレームの部材は肉薄の太いパイプワークとなり、形状的にもリファインされた。構造的にはステアリングヘッドへつながるパイプがスイングアームピボットにほぼ直線上となるロブノース・スタイルに近いもので、上下のフレームの間隔が従来のマシンよりも詰められていたのが特徴であった。

こうした改良が加えられたマシンはRCB750(481)と命名され、1977年の3月に公開されて話題となった。特に外観は2眼ライト下部にオイルクーラーが装着されたため、カウルの下部分が口を開いたような形状となり、いかにもレーサーらしい精悍なものに変わった。しかも空力を考慮してスクリーンはより低く、コンパクトにまとめられていたのである。

パーツ関係ではボルト類にチタンを使用するようになり、車重は完全乾燥のノーオイルで169kg、ガソリンなしの状態で175kgまで軽量化された。重量配分も52:48とフロント寄りとなり、一段と走りやすく仕上げられた。エンジンは1976年のボルドールの時点ですでにトライされていたもので、70×64.8mm、997.51cc、出力も3psアップの118〜120ps/8,800rpmとなった。

また、マン島TT-F1用にはCB750F-IIをベースとするSOHCエンジンも造ら

第40回ボルドール24時間で快走するRCBを駆るイギリス人アレックス・ジョージ。負傷したC・レオンの代役を見事に果たし、２位に３周の差をつけてゴール。RCBは134.797km/hで3,235km、762周を走り切った。

1976年メーカーチャンピオンに輝いたRCBを駆る耐久ライダーチャンピオンのジャン・クロード・シュマラン。ボルドールの開催された９月18日〜19日のブガッティサーキットをひた走る。欧州選手権のかかる５戦中３勝。

1977年のRCBはヘッドランプ下にオイルクーラーを配した独特のスタイルを持つ。高速コースのスパ・フランコルシャンで8月14日〜15日に開催された第6戦リエージュ24時間では1976年RCB 1位、1977年RCBは2位でゴール。

れた。F-1レーサーは、いわゆるCB750FOURのボアアップキットを組んで63×63mm、810ccで90psを発生するという仕様からスタートし、その後CB350用の67φmmにボアを拡大して888ccとなり95ps／10,000rpmへとパワーアップした。そして最終的には、あのマイク・ヘイルウッドが乗るドゥカティと激しいバトルを行なうまでの戦闘力を手に入れたのである。

また、RCBレーサー・エンジンはマウントが同一に設計されていたので、エンジンの換装がフレキシブルに行なうことができた。このためRCB481のパワーユニットが、HERT以外のホンダ系の耐久ディーラーチームである、ジャポートやメイヤーホンダ等にも貸し出され、これらのマシン達もRCBとともに戦ったのである。

ちなみにRCB750(481)の各ギアでの速度は9,000rpmにおいて①121、②174、③217、④256、⑤280km/hというとてつもないハイパフォーマンスぶりを示し、RCB941よりも各ギアにおいて10km/h以上も速くなった。エンジンのオーバーホール時期はRCB開発では、一貫して5,000kmメンテナンス・フリーを目標として行なわれ、これは2レースに1度オーバーホールが必要となる計算であったが、確実性を求めて実際には毎レースのオーバーホールを実施した。また点検はプラクティスの後に必ず実施されたのである。

1976年の快進撃に続き、1977年もRCBはレースで他を寄せつけない圧倒的な強さを誇った。

1978年シーズンでは旧型マシンが主に使用されたが、第１戦ザンドボルトではRCBパワーが１～４、６、８位を占め、５位にトライアンフ３気筒750、７、９位にBMW R100RSが入った。フランス・カワサキは地元でのボルドールに照準を絞り、RCB軍団に割って入り２、10位となったものの、それ以外はまったく歯が立たなかった。

この1978年シーズン、ホンダはさらにRCBをリファインし、５kg軽量化したRCB1000(482)を発表した。鈴鹿８時間耐久には新型カウルのRCB482にウッズ／ウイリアム組が、フロントカウルにオイルクーラー穴のあるRCB481Aスタイルの RCB482にはレオン／シュマラン組が乗った。

この時RCBは開発されたばかりということもあり、転倒リタイヤ車が続出して早々に姿を消したため、ヨシムラスズキGS1000の勝利となったが、１カ月後のボルドールではRCBが勝利した。ボルドールのコースが一周4.422kmのルマン・ブガッティサーキットからポール・リカール(１周5.81km)開催となり、RCBは１～３位を独占した。

レースは鈴鹿のウィナーであるヨシムラGS、V6 DOHCで最注目されたラベルダ1000をはじめヤマハTZ750もポンズ／浅見組でエントリーした。TZはなんと17時間にわたり１位をキープ。しかしコースには1.5kmの直線があり、各車ともエンジンの耐久性が必要とされたため、最終的にはRCB系エンジンを搭載した車両が１～３位、５～６位を占め、カワサキは４位にプライベートチーム

第41回ボルドールの優勝マシン、J・C・シュマラン／クリスチャン・レオン組のRCB。24時間のほぼ全周をトップで走り切って、２位のカワサキに13周！。RCBのメーカーおよび２人ともライダーチャンピオンに輝いた。

RCBは1976年J・C・シュマラン／A・ジョージ組、1977～79年にかけてシュマラン、C・レオン組が勝利、輝くべきボルドール4連覇を達成。

のZ1が入ったのみであった。

1979年シーズンはNR500、V型4気筒GPレーサー製作のために、RCBの開発はシリンダーヘッド回りのファインチューンにとどめられていた。加えて同年はDOHCエンジンを搭載したCB900/750Fがリリースされた年でもあり、RCBにも後のRS1000的な設計が施された。RCBはクランクケースが改良され、クランクケース右側にポイント、左にACGを組むCB900Fスタイルとなり、出力も135ps／10,000rpmとなった。鈴鹿8時間耐久レースではRCBの車体にCB900/750Fベースのパワーユニットを搭載したマシンが1～5位、7位を占めた。この時期、すでにRCBからRS1000への移行はスタートしていており、1979年のボルドールには最後のRCBが出場した。ヨーロッパ選手権タイトルレースは一国一戦のため、この年はルマン24時間にタイトルがかかり、ボルドール24時間がノンタイトルとなった。このためレギュレーションで排気量が1,200ccまでとなったこのレースで、レオン／シュマラン組には73×64.8mm、1,048ccにて140psをマークする最終型RCBが与えられたのであった。このようにして1976～79年まででRCBの時代は終了した。そして時代は80年代に突入し世界選手権に格上げされマシン規定がTT-F1となり、市販車CB750F/900Fベースの新しいRS1000、その後には水冷V型4気筒車のRVF時代を迎えるのである。

第11章

CB750F/900F

ホンダドリームCB750KA

1980年6月発売
空冷4サイクル並列4気筒
DOHC 748cc
最高出力65ps／9,000rpm
変速5速リターン
始動方式セル
全長2,225mm
軸距1,515mm
最高速度200km/h
燃料タンク容量20ℓ
車両重量234kg
価格538,000円

耐久レーサーRCBのノウハウを生かし、4気筒DOHC 16バルブエンジンを搭載して1978年末に登場のCB750KZの進化モデルがCB750KA。フロントにダブルディスクを採用し、タンクストライプデザインを変更した。ブレーキの強化によって、より高速での安定度が高まりマニアに好評であった。国内向けKの最終モデルで今日では希少車である。

水冷4気筒DOHC時代到来、ボルドール登場

「THE NEW FOURS. やっと4気筒がDOHCに」と海外ジャーナリズムがコメントしたホンダ量産車初のツインカムCB750FOUR Kモデルが、1978年夏以降のヨーロッパ各国、そしてアメリカ・ホンダの発表会場でデビューした。外観スタイルは、その後のホンダスタイルを形成する、タンク→サイドカバー→テールカウルへ流れる造形を持つもので、今日でも若者の心をとらえて離さない美しさをもっての登場だった。

それまでの4気筒SOHCフォアの61×63mm、736cc旧タイプから、62×62mm、748ccとなり、日本仕様では65ps／9,000rpm、5.9kg-m／7,000rpmのデータで、旧SOHCの65ps／8,500rpm、5.9kg-m／7,500rpmとほぼ同じデータに収まっていた。ちなみにSOHCの輸出仕様のK7では、67ps／8,500rpm、6.1kg-m／7,500rpmであった。6気筒DOHCのCBXとパーツを転用する格好でニューCBが生み出されたが、ツインカムCBのもうひとつのルーツは、意外にも4気筒SOHCフォア中の意欲作といわれたCB750A、ホンダエアラ(オートマチックミッション車)が関係している。

1969年以来のCBFOURは第1次伝導に2列のローラーチェーンという古典派メカを用いていたが、時代は進み、ギアトレインをベルト状に置き換えたともいえるハイボチェーンが生み出され、CB500FOURに1971年以来これを採用、騒音や振動を減少させていた。CB750Aエアラのオートマチックでは大型の流体変速装置を必要としていたが、幸いにもクランクケースのクラッチ部の大径化を実施し、加えて第1次減速部にハイボチェーンを組み込んで転用できたわけである。

CBX＋エアラ＝ツインカムCBの図式はこうして確立され、いよいよCB750KZ＝RC01とF＝RC04がアメリカ向けに、CB750KZとCB900FZ＝SC01がヨーロッパに向けて送り出されたのである。

1978年8月のイギリスのアールズコートショーで公開されたのがCB900Fだった。そして、サイドカバーにはRCBの偉業を讃えて“BOLD'OR”のロゴが輝いていたため、9月のボルドールの勝利は、ヨーロッパの全ホンダチームにとって、文字通り決死的な使命であった。

CB750KA（1978年）
CB750KAは、伝統のKシリーズにおなじみの“4本マフラー”が最大の特徴で、1978年12月に発売。CB待望のDOHC 16バルブエンジンは全回転域にわたりスムーズ。ホンダはKについて輸出を含め、月産4,500台と発表した。

ドイツでの公開は、9月のIFMAケルンショー、フランスでは、10月のパリ・サロンであった。DOHC、16バルブ、インラインフォアのカットエンジンに加えてRCBレプリカマシンとして、展示されたのである。

1979年モデルCB900FZで、仕向け地によってはサイドカバー部に“BOLD'OR”ロゴなしのものもあった。64.5×69mm、901.8ccにて95ps／9,000rpm、0—400m実測は11.75〜12.6秒台でCBXの12.1秒と同等で型式名はSC01だった。

排気量は、なぜかフルサイズの1リッターではなかった。当時のライバル、カワサキZ1R、スズキGS1000Sといったマシンが主なターゲットをアメリカにおいていたのに対し、ホンダはあくまでもヨーロッパの市場にこだわり、ドゥカティ900SS、モトグッチ・ルマン850、そしてベネリ900セイなどに対抗したと推察できる。またCBXの1000ccがデビューして1年も経ておらず、さらにGL1000も造られていたので、これ以上、1リッターモデルを増やせないといったホンダの事情もあった。

ポテンシャル面でも、データ的にはホンダのフラッグシップマシン・CBXと大差がないうえに、重量が17kgほど軽く、フレームにはCBXのバックボーンではなくダブルクレードルであったことも高い人気を得ることにつながっていったのだろう。

ツインカムCB750と900のエンジンは、全長547×幅573×高さ556mmの同寸だったが、重量は、750K＝87、750F＝88、900F＝92kgとやや異なった。SOHCのCB750が510×555×545mmの87kgであったことを考えると、大きくな

CB750/900Fのクレイ・モックアップ。各部が特徴あるFのスタイルを構成し、タンクの細かいディティールが決められていた頃。

ったにもかかわらず、重量面では大いなる工夫がみられた。

900にはオイルパンにオイルクーラーの取り出しがあり、オイル圧送(ポンプ)量は油温80度で750＝5.0kg-m、900＝5.5kg-m／7,000rpmと10%異なった。オイル潤滑もSOHCのドライサンプに対し、時代に対応したウェットサンプ方式とされた。さらに特筆すべきは、１次減速をSOHC系はミッションのメインシャフトと同軸であったが、エアラのケース流用でハイボチェーン部にプライマリーシャフトが１本増えたため、ここにダンパーを組み込んでミッションへの負担を軽減した点であろう。ハイボギア比は、750＝1.166、900＝1.000と異なり、プライマリーギア比は両車共通の2.041で、したがって１次減速比は750が2.382と、900の2.042に対し低くされ、トルクの小ささをカバーしたのである。

ミッションは当時の状況では５速が一般的であった。①2.533、②1.789、③1.391，④1.160までは共通だが、750の５速を0.964とする一方で、900はよりクロスした1.000に設定された。二次伝導チェーンは、US向けFZ、欧州向けKZは

＃630，欧州は900も含め＃530を使用した。輸出仕様ではこうしたパワートレイン系は、FDに至るまで一貫して変更されなかったが、エンジンに関しては、国内向けと輸出用車との差がみられた。

ツインカムCBがデビューした1978年９月、南フランスのポール・リカール・サーキットで開催された第42回ボルドール24時間耐久レースでのホンダRCBは、なんと１、２、３フィニッシュで飛び込み、1976〜77年から続き３年連続の制覇という、輝かしき偉業を達成している。

アメリカとヨーロッパでの登場に遅れること３カ月、日本でデビューした新750（DOHC４バルブの４気筒）はCB750KZの名で1978年12月13日に発売された。型式名RC01のDOHC系ベーシック車で、65psの出力や価格はそれまでのSOHCのK7と同じだった。ブラックとキャンディレッドの２色を出荷、外観は対米向け750KZをコムスターにした日本仕様と考えてよかった。

日本向けKZのニュースリリースには、「市街地から長距離ツーリングまで、幅広い用途に適する新エンジンは、ヨーロッパ選手権耐久レースで３年連続チ

アメリカ向けCB750FZのモックアップ。当初は４本マフラーのCB750KZが対米向けの主役で開発されたが、このモックアップを提示したところ好評で量産を決定。ハンドルやメーター部はKZと同じものが使われている。

ャンピオンになったRCB(997cc)のエンジンを基に開発」と記されていた。

スタイルはヨーロッパで大人気のGL400、CX500と同じ大型テールランプと、CB900Fのタンク、サイドカバーを組み合わせたユーロスタイル・デザインであった。しかし日本のファンは、ヨーロッパですでに発売されていた、よりスタイリッシュなCB750/900Fを望んだために、このKモデルの人気は高まることはなかった。しかし、日本向けのツインカム(=DOHCインラインフォア)としてホンダが初めて放った二輪車であることは事実であった。

日本で発売が待たれたホンダCB750Fは、当初アメリカ向けに造られたモデルで、1978年9月19日のハワイにおけるディーラーミーティングで初公開され、ヨーロッパ仕様のCB750KZにCB900Fのタンクとシートを換装したようなスタイルであった。

エンジンはCB750KZと同様に62×62mmスクエアの748cc、US仕様のFZは75psで、日本仕様の68ps／9,000rpmよりは高い数値であったが、ヨーロッパ向けのKZの77ps／9,000rpm、6.7kg-m／7,000rpmよりはアンダーパワーだった。

また多くの人種がひしめくアメリカでは様々な体型に対応するために、パイプハンドルのアジャスト性、つまり簡単に別のものと交換できる便利さを要求されたため、FにもKとの共用パーツが装着されたのである。

750cc系は出力値に関係なく発生回転数は同一であった。KとF系はまったく同じカムシャフト、キャブレターもVB52Aのφ30mmと同一だから、主に排気系やキャブレターセッティングが異なることで、出力差が生じた。Kで比較すると、US仕様は0—400m加速で12.65秒を示し、ドイツの77psの12.8秒より速い中速重視設計であった。またUS仕様Fは俊足で、12.32秒と4サイクル750ccのトップをマークして、「真の調教と仕上がりで欧州からやって来たCB750F」といった意味のキャッチフレーズでアメリカの広告に姿を見せた。

日本向けのFZは1979年6月23日に発売されたが、パーツなどはCB900FZと同一のものが用いられており、これは日本向けの特別仕様だった。

国内ホンダファン待望のF仕様は、ヨーロッパ仕様CB900FZと同一の車体と外装を持ち、シルバーメタリックとキャンディブルーで登場した。ジュラルミン鍛ハンドルバーや斬新なメーターなど、ヨーロッパ調のスタイルが特徴で、

ヨーロッパ向けに開発されたCB900FZはボルドールとも呼ばれ、カタログの表紙にはRCBと並んでデビューしたことも加わり大人気を得た。900はフレームダウンチューブ部に"高性能"を示すオイルクーラーを装備。

国内向けCB750FZは、ホンダファンの熱い要望に応えて1979年６月に登場した。68psエンジン、トリプルディスクと日本向けFのみのジュラルミン鍛造ハンドルを装備、900と同じ外観で750人気を独占するに至った。

国内用750Fの発売によって、当時CB900Fの逆輸入を考えていた業者の多くがあきらめたという。

1980年6月2日発売のCB750FAはますますヨーロッパ仕様に近づいた。それまでオプションだったハロゲンヘッドライト60／55Wが標準装着化され、リアディスクパッドを厚くしたイヤーチェンジが施されていたが、180km/hメーターについては900Fの240km/hフルスケールとは依然格差があった。それでも輸出用パーツが少数だが出回るようになり、ヒーリオスレッドのボルドールカラー車に仕上げるユーザーも出てきた。

また、FAと同時デビューのCB750カスタムエクスクルーシブは1,200台の限定予約で販売された。ゴールドキーと本革名前入りキーホルダーがついたKの活性化モデルで、アルミスポークの逆コムスター、GL1000仕様の各部仕上げ、スリムな4本マフラー、ジュラ鍛ステップ、トリプルディスクにFVQダンパー等々、マニア向けのパーツを持ちF以上の豪華装備のハイクオリティバイクとして登場し、あっという間に完売した。

カスタムエクスクルーシブのベースモデルCB750KAも、対米用として造られたスポークホイール+リアドラムというシンプルなスタイルであった。この時点でアメリカでの主力はカスタムとFになっていた。アメリカでのF系は当初750ccのみであったが、GL1000やCBX1000拡販のため、900が1981年のFB系からデビューした。

ヨーロッパ向けのCB750Fは、1980年型のいわゆるFAから出荷された。このCB750Fは、日本と同様にKとは2psの差をつけて出力アップされ、79ps／9,000rpm、トルクは低くなり6.5kg-m／8,000rpmと、より高速型エンジンとして仕上げられていた。0—400m加速はKZタイプが12.9秒なのに対し、FAは12.8秒と大差なかった。ちなみに900FZの実測値は12.7秒で、スタート時のダッシュは750も900も、パフォーマンス的にはあまり差がなかったのである。

性能本位のヨーロッパ仕様CB750FAが最速であり、0—400mも欧州一般向けの79psバージョンで13.1秒、イギリスでは12.8秒と204km/hを実測した。ハイパワーのFユニットは、RC04Eのナンバー付きであった。日本では1981年に装着されることとなるブラック裏コムスターを装着、日本仕様でいえばFBスタイル

CB750カスタムエクスクルーシブ(1980年)

FAの10万円高ながら限定1,200台ということで、アッという間に売れたのが1980年6月発売の750カスタムエクスクルーシブ。リア16インチのアメリカン系で裏コムスターに段付シート、ジュラルミン鍛造のステップなどを装備。

全面改良を加えたCB750FBは1981年4月に発売。70psと2ps出力、5.9→6.0kg-mとトルクを各々アップ、燃費も32→35km/ℓに向上した。車体もホイールやブレーキに加えてジュラルミン鍛造パーツなどグレードアップしている。

CB750F用エンジンの透視図。DOHC 16バルブエンジンの特徴は、カム駆動系で、まずエキゾースト側をクランクからハイボチェーンで駆動し、別のハイボチェーンがインテーク側を駆動する方式を採用したことで、CBX1000とよく似たメカニズムである。

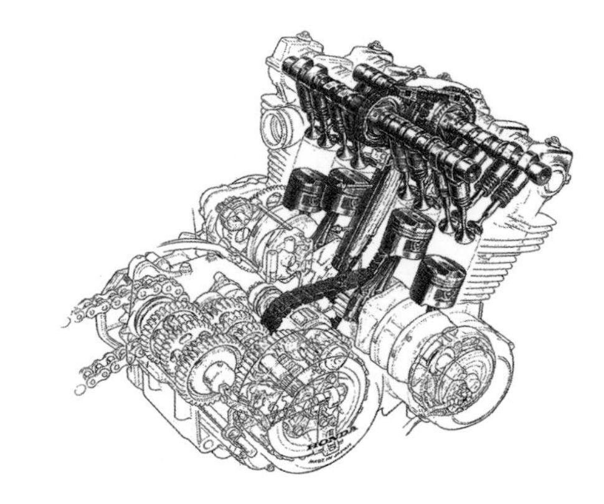

であった。

国内向けCB750FBは1981年４月23日に発売された。1979～88年における国内登録台数上のCB750F中では、グレードの高さから最多の１万1,760台を数えた。この年の鈴鹿８耐勝利記念モデルのボルドールⅡでも台数を稼いだが、フランスの香り高きキャンディブルゴーニュレッドを加えたり、その販売に力を入れていたことが理解できる。FBモデルのメカニズム進化はなんと40カ所に近く、エンジン出力は２ps高められた70ps／9,000rpm、トルクも5.9→6.0kg-mに向上し、発生回転数は8,000→7,500rpmと低中域を太らせたセッティングになり、燃費も32→35km／ℓに向上、サス系も改善された。

輸出向けCB750FBはエンジン性能には変化がないが、車体では北米と欧州向けの一部にフロントフォーク径をφ35→37mmとして２ピストンキャリパーと穴あきディスク装着車が登場、従来からのφ35mmのままの２タイプが並行して市場に出回った。

またCB900FBは国内向け750FBとほぼ同一スタイルモデルであるが、注目は、ステップがジュラ鍛ではなくラバーのままという点であった。フロントフォークはヨーロッパ向けφ37mm、アメリカ仕様はφ39mmとより太くなり、エンジンもラバーマウント化、よりタフネスな車体として開発された。

またCB900F2B、つまりカウル付きのボルドールⅡカラー車は、イギリスでのトップセラーモデルとなった。理由は1100RBにそっくりだったからであろう。

国内向けにはエクスクルーシブに続く限定車として、900FB、900F2-Bの白カラー＋ゴールドコムスターのボルドールⅡ、CB750FBBが1981年８月１日に発売。1100RB同様に赤いフレーム＋黒いエンジンで150台限定発売された。ノンカウルモデルとCB750F2BBともいえるオプションカウル＋オイルクーラー付きのディーラー特別車で、高価ではあったが、1100RBをほうふつとさせるスタイルが人気を呼び、当時は夢のような存在であった。

各パーツの品質を高めたCB750FCが1982年６月10日に登場した。CB1100RCの750cc仕様ともいえるFCは、CB1100の先行発売モデルでもあった。ヨーロッパ仕様CB1100FDスーパーボルドールのリリースは1983年１月であったのに、それよりも半年近く早く国内登場させたのは、1982年に入り急速に売れ行きの

CB750FC（1982年）
ブーメランコムスターを装着するCB750FCは1982年6月に発売。CB1100Rの前後18インチの足回りを移植、39mm径フォーク、セミメタルパッドを採用。エンジンはブラック仕上げとなり最高のクオリティ感をアピールした。

CB750Fインテグラ（1982年）
CB750FCに、CB1100RB系のフェアリングをモディファイして装着したのがインテグラで、レッグシールド一体型を装着。コクピットには電圧計とクォーツ時計を組み込むなど、ロングツーリングに対応し1982年8月に登場。

スーパーボルドールの異名を持つCB1100RDヨーロッパ仕様車で、アメリカ向けはビキニカウルとキャストホイールを装着。CB1100R系1,062ccで仕向け地により94〜104ps／8,500rpmの各仕様があった。リアタイヤは17インチを装着。

減少し始めたFへのテコ入れ策といえた。注目すべき足回りは、φ35→39mmと一気に大径化したTRACアンチダイブ付きフロントフォークに、リザーバータンク付きリアショックとグレードアップし、前後18インチのブーメランコムスターはワイドリム化がなされ、欧州向けCB900FCと同一ホイール＋サス装備になった。

追ってCB750FインテグラF2Cが1982年８月21日に追加された。ヨーロッパはもとよりアメリカでもカウル装着車が設定され、カウル内に時計と電圧計を標準装備、シガーライターもセット可能であった。

そしてCB750FCのヨーロッパ仕様は、ゴールド裏コムスターホイールまたはブラック地＋ゴールドコムスター、ホワイト＋ブラックコムスターとさまざまな仕様が造られた。日本およびアメリカにおけるCB750FCは、翌年からVF750Fの投入が決定されていたため、最終モデルとなった。また、ヨーロッパ向けCB900FCは、型式はSC09と変更された実質上のニューモデルであった。US仕様900FBをベースにCB1100RCのホイール系を移植したもので、ラバーマウント化されたエンジン部分を除くと日本向けCB750FCに近くなった。メーター部は外周がマイル(mph)＋内側キロ(km/h)併用表示式のものと、km/h表示のみの２タイプが欧州各国向けに設定され、前者のサイドカバーはスーパースポーツ、後者はBOLD'ORのロゴ付きであった。またCB900F2Cを含めて一部モデルに負圧式燃料コックメカニズムが組み込まれたのも特筆できる。

ツインカムCBの終焉(しゅうえん)は輸出専用モデルFD系だった。ノンカウルFD、カウル付きF2Dが1984年まで販売され、CB1100FDとのパーツ共用化が図られた。

またCB900FD、F2Dは外観および車体カラーリング、またブラックのエキゾーストシステムでも分かるように、CB1100FDに外装を同仕様にして生産されたが、仕向け地はきわめて限られていた。

かつてのCB72／77や、SOHCのCB750FOURが10年近いロングランを誇ったのに対し、耐久RCBやAMAスーパーバイクなど、欧米のレーシング活動面で最もCBファン達にアピールした４気筒DOHCモデルのCB750Fは、意外なほど短命に終わった。だがCB750Fの偉大さは、その後に派生する多くの“CB復活”を見ても誰の目にも明らかなのである。

第12章

AMAスーパーバイク

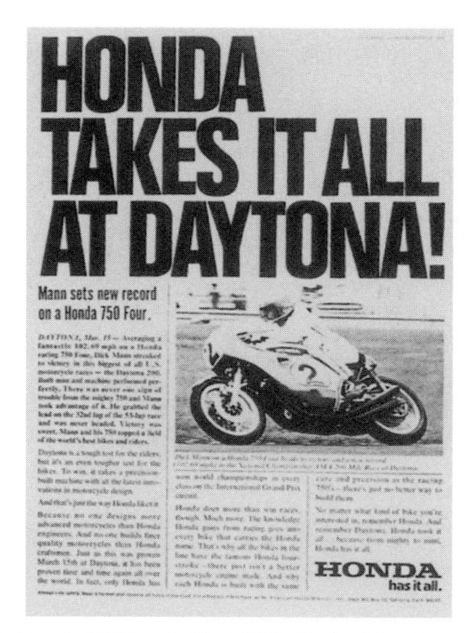

CBのアメリカにおけるレース挑戦は、1960年にCB92でのビッグベアランでスタート、その後ロードレースにもアマチュアレベルで出場してCB72／77が活躍をみせていく。二輪車の祭典ともいわれる毎年３月のデイトナウィークに開催のロードレースにおいては、1968年の100マイルでPMチューンのCB450がビル・リヨンのライディングで150.62km/hで走破、優勝した。そして1970年のメインレースである200マイルにCB750レーサーが出場して、ディック・マンが164.30km/hで勝利を飾り、AMAレースにおけるホンダ・CBフォアの存在性を示したのである。

フレディ・スペンサーが駆ったCBレーサー

世界のホンダが1967年以来、本格的にレース復帰を開始したのは、RCBによる1976年4月25日のオランダ・ザンドボルトにおけるHERTチームのデビューウィンからだった。SOHCのCB750FOURをベースにDOHC化したマシンは本格的なワークス体制により、1960年代の世界GPチーフ秋鹿方彦率いるRCBのレース復帰であり、その後にはNR～NSR等のGPマシン開発に結びつくものとなった。

このRCBからCB900F/750F、さらにRS1000を生み、そのレース余波が、アメリカAMAスーパーバイクへ波及したのは1980年からだった。

"ファースト"フレディ・スペンサーがホンダ入りするまでのホンダのレース活動は、圧倒的にヨーロッパ指向であった。これに対してAMAのスーパーバイクのマシンベースはプロダクション(=生産車)でというレギュレーションのために、ホンダにはDOHCのCB750F/900F系をデビューさせるまで、そのためのマシンがなかったのである。

当時のスーパーバイクレースの状況は、1977年のデイトナで勝利を飾ったイタリア車ドゥカティ900SSが翌1978年も続き、ポール・リッターが1勝するなどの活躍ぶりをみせていた。1979年シーズンに入り、17歳のフレディ・スペンサーが、#8をつけてAMAスーパーバイクにチャレンジした。マシンは、後にBOTT(バトル・オブ・ザ・ツイン)レースのチャンピオンを独占したレノ・リオーニ・チューンのドゥカティ900SSで、AMAの"プロフェッショナル・イベント"の年齢制限である18歳を、この年に迎えるためデビューできたのであった。

テキサス州シュリーブポートですごした少年時代、スペンサーはロードレーサー・ヤマハTA125に乗って4度もの州チャンピオンに輝いていた。しかし、テキサス州オースティンのわずか60名ほどのクラブに名を連ねていた若きスペンサーは、その映えあるTAを売ってTZ250のパーツを購入したのである。

すでにクラブレースのチャンピオンであった彼は、410ccプロダクションと250ccGPで圧勝した後に、WERA(ウェスタン・イースタン・レーシング・アソシエーション)レースに出場し、1978年にはAMAのロードレースにも出走し、速さを見せつけた。そんなスペンサーがアメリカ国中で知名度を高めたのが、1979年デイトナにおけるスーパーバイク100マイルの活躍であった。この年の

RCB1000（1976年）　ヨーロッパ市場におけるRCBの活躍ぶりは、当時のアメリカにはあまり報道されずにいた。なぜならアメリカ向けに開発されたGL1000やCB750Aなど、ツーリング車が主体であったからと考えられる。

RS1000（1981年）　CB750/900FをベースにしたRS1000の開発が、AMAスーパーバイク用CBを生み出すきっかけとなった。RSC製レースキットのドライサンプ、乾式クラッチなどのメカニズムがCBスーパーバイクを構成していく。

デイトナのメインレースが200マイルであるのに対して、スーパーバイク・プロダクションレースは100マイルで行なわれ、メインスポンサーにはベル・ヘルメットがついていた。スペンサーのマシンチューナー、リオーニは、1977年から後にホンダにも乗るマイク・ボールドウィンのモトグッチをチューンしていたが、1979年にボールドウィンがカワサキ入りしたために、スペンサーを代わりに起用し、マシンもポテンシャルの高いドゥカティに変更することになった。

レース展開は、スペンサーがスタート直後4番手につけ、20周あたりで2位に浮上、ヨシムラスズキGS1000勢に割って入り、23周まで善戦したが、わずか3周を残してメカニカルトラブルでリタイヤしてしまった。しかしスペンサーの速さには誰もがあ然となった。すでにスーパーバイクの主流は2気筒から4気筒DOHCの時代になっているというのに、古典的ともいえたL型2気筒SOHCがピタリと追走してきたから、レース関係者は驚いたのである。結果的に常時フルパワーで走る彼独特の走りのため、ミッションのスプラインが削れてしまい、スペンサーはレースを終えた。レースは当初50マイル(80km)ほどであったものが、この年には2倍の160kmになり、1回の給油義務が課されたのである。

第2戦は6月17日のラウドンで開催された。その結果は、1位・ドゥカティ900SS—リチャード・シュラクター、2位・カワサキKZ-MKⅡ—ボールドウィン、3位・スズキGS1000—ウエス・クーリー、4位・ドゥカティ900SS—スペンサー、の順でゴールした。

気の毒なことに2位に入ったカワサキのボールドウィンは、メインレースでKR750に乗ってクラッシュ、ヒザを痛めたため、以降マシンに乗ることができなくなった。7月のシアーズポイントのレースで、スペンサーはボールドウィンの代理ライダーとなり、トップを独走、250ccとともにダブルウィンを飾った。

そして最終戦(この年は4戦)のモントレーのラグナセカでも、スペンサー→クーリー→ロン・ピアスの順でゴール、この結果としてチャンピオンにクーリー、2位ピアス、3位スペンサーのランキング結果を残した。

そしてスペンサーは翌1980年シーズンにアメリカ・ホンダ入りを果たした。スペンサーは、1980年のシーズンをスーパーバイクレースではCB900Fで走ったのだが、USロードレーシング・シリーズではなんとライバル会社のヤマハ

TZ750カネモト・チューンレーサーを駆って参戦したのである。

アメリカ・ホンダは、自国スーパーバイクで活躍していたカワサキとスズキ市販車の人気が上昇している実情を懸念して、スペンサーをカワサキから引き抜いたのだった。しかも、スペンサーという天才ライダーを得たことで、アメリカ・ホンダは彼の要望によりスーパーバイク以外のレース、つまりダートトラックという伝統のアメリカンレースにも出走させた。CX500(日本向けGL500)のV型２気筒OHV車をベースにしたダートトラッカーの開発を、スペンサーとともにスタートさせたのである。

1980年シーズン、スーパーバイクのチームメイトには、前年ヨシムラで活躍したロン・ピアスが加わった。レースレギュレーションは1,000cc以下までで、キャブレター口径が４気筒31mmφ、２気筒43.7mmφまで、ホイール16インチ以上、排気音115デシベル、車重２気筒166.7kg、４気筒188.4kg以上というもので、断然気筒数の多い日本製マシンが有利で、２気筒のドゥカティ、モトグッチ等の活躍の舞台はなくなってしまった。これが後にBOTT(＝バトル・オブ・ザ・ツイン)レースがスタートするきっかけを生むことになるのであった。

３月のデイトナ・スーパーバイクのエントリーはなんと93台と過去最高となり、ホンダ―カワサキ―スズキの三つ巴の戦いとなった。ホンダにはスティーブ・マクラフィンとロベルト・ピエトリも加わり、合計４台のCB750F改を送り込んだ。当時アメリカ・ホンダのCB系モデルは、CB750KとF、そしてCの３台

ファスト・フレディ・スペンサーが駆ったスーパーバイクは、CB900Fがアメリカで販売された1981年のみ、サイドカバーにCB900F入りを使用した。この広告は1982年モデル用のもので、レーサーは1981年のものである。

にCB900Cシャフトドライブ車のみで、CB900Fはヨーロッパ販売が主体で、アメリカではまだ販売されていなかった。また6気筒CBXは1,047ccで、排気量と気筒数でAMAのレギュレーションに合致しなかった。

予選でスペンサーはポールポジション、ピアスが4番手につけてスタート、スズキGSのクーリーとスペンサーがバトルしている間に最後尾からスタートしたスズキGSのグレーム・クロスビーがすさまじいスピードで追いつきトップでゴールした。ホンダはスペンサー2位、ピアス3位であった。

1980年シーズンの10戦中、スペンサーは3勝した。最終戦10月のデイトナを終了した時点でスペンサーのランキングは3位、ピエトリ6位、ただピアスは鈴鹿8耐で骨折して、ライダー生命を絶たれ7位に終わった。

1981年シーズンを前に、ホンダはアメリカ向けにようやくCB900Fを生産開始した。スーパーバイク用CBレーサーもサイドカバーにCB900Fとマーキングが施された。ライダーはスペンサー、ピエトリに加えて、同じスペンサーでもカリフォルニア州出身のマイク・スペンサーが加わった。

スーパーバイク用レーサーは軽量化と内部抵抗の低減化が実施された。特にフリクション系は、エンジン内部のクランク、ミッションからサスペンションまで検討が重ねられ、リアショックも当時としては最もメカニズム的に優れるといわれたスウェーデン製のオーリンズが選択された。タイヤもアメリカのグッドイヤー以外に、ミシュランやUKダンロップが試されるなど、欧州のパーツへの対応も充分だった。だが、1981年デイトナでもCBはヨシムラスズキGSに敗れてしまった。スペンサーは給油中に火災にあい、タイムロスで3位を余儀なくされ、これがなければ優勝も夢ではない程に速かった。

一方CBの新しいライバルに、ロブ・マジーの手になるカワサキKZ1000Jが加わった。耐久、そしてスーパーバイク用として、レースを意識した新型エンジンとシャシーを持つ新たなるカワサキの出現によって、アメリカ・ホンダのCBレーサーは性能の向上が急務とされた。

カワサキKZはZ1をベースに「耐久性を高めてフルチューンに対応させた」新設計パワーユニットを持ち、フレームもそれまでのウィークポイントだったウォブルを消滅させるべく改良が施されていた。ホンダやスズキのスーパーバイ

CBスーパーバイクの速さを証明したのが1982年デイトナでの上位独占で、広告にも反映された。左からR・ピエトリ、M・ボールドウィン、F・スペンサーの走行シーン。レースのゴールシーンはNHKでも放映された。

クがレース中に多くのパーツを破損したのに対し、カワサキはZ1譲りの耐久性を持っていただけでなく、カワサキ本社からもマジーの要求通りのパーツが製作、補給されてレースに臨んでいたのである。

それに対して、ホンダのレース部門ともいうべきRSCは耐久用RCB/RS1000においてのノウハウしか持たず、しかもそれで充分と考えていた。なぜなら、1981年鈴鹿８耐でデビッド・アルダナとAMA用CB開発ライダー格であるマイク・ボールドウィンがRS1000で堂々の１位でゴールしていたからだ。しかし、CBスーパーバイク用レーサーはRS1000の135～138psよりもハイレベルなパワーを必要としていた。

この年の８戦中、フレディ・スペンサーは３勝してランキング２位、またマイク・スペンサーもランキング４位と善戦していた。レース展開はスペンサーがローソンのカワサキにピッタリ追従していても、後から走ってきたヨシムラ・スズキのクーリーに抜かれてしまうパターンが多く見られたのである。ホンダチームは、ラグナセカでNRを駆るスペンサーが2ヒートともにポールポジションを得たことで、このNRの足回りをスーパーバイクへ移植、加えてエンジンもスープアップを行なうことを決意した。

NRからの転用パーツはアンチダイブフォーク、ニッシン4ポットキャリパー、フロント16、リア18のイギリスダイマグ製ホイール等であった。またホンダがNR、NSそしてV4耐久レーサーとして当初FWSと称して、同時開発していたRS1000/850のパーツもCBレーサープランに加えた。

1981年シーズンの最終戦、10月4日のデイトナにはダイマグ製ホイール＋オーリンズ・リアショックに新型フレームのCB900F改が走り、トップでゴール、1982年シーズン用マシンのデータ採取もされた。この間1981年9月からAHM（アメリカン・ホンダ・モーター）プロジェクトがスタートしており、開発クルーのチーフには1976～78年に3年連続でスーパーバイクチャンピオンをBMWにもたらしたウド・ゲイテルが就任して、チャンピオンをめざすことになった。マシンはエキゾースト、キャブレター、シリンダーヘッド系はもとより、サス系も含めてカワサキをしのぐべく開発が進められた。

1982年シーズンを前にして日本のホンダ本社が発表したロードレースの計画は、以下のとおりであった。①世界GPはヨーロピアンライダーであるマルコ・ルッキネリをスズキより引き抜いて起用、②アメリカ・ホンダ用としてFWSことRS1000RW（V4エンジンを独自に新設計した新型シャシーに搭載）を投入。これにマイク・ボールドウィンを乗せて「打倒TZ＆ケニー・ロバーツ」を実現させる、③当時まだ日本側では素性をつかめていなかったフレディ・スペンサーを新開発のNR500に乗せる――。さらにこれに加え、ロン・ハスラム、ジェイ・ダンロップ（以上ホンダ・ブリテン）、そしてワイン・ガードナーを加えたのである。

注目のAMAスーパーバイクの体制はヨーロッパでの耐久レースと同様に現地まかせであった。このため1981年シーズン終了後、アメリカ・ホンダは1982年用CB750Fプロトタイプをラグナセカでテストし、チーム体制を強化した。

この頃、スーパーバイクレースではカワサキが先行、デイトナではヨシムラがV4という信じがたい戦績を残していた。アメリカ・ホンダとしてもこの両ラ

読者カード

ありがとうございます

感謝

■三樹書房／グランプリ出版の書籍をご購入いただきありがとうございます。
今後の両社出版物やイベントのご案内をするメールマガジン・DMを配信しています。
ご希望の方は、右のQRコードで公式サイトのフォームよりご登録をお願いします。
本書の感想などもこのフォームからご記入いただけます。

■このはがきをお送りいただいてのご登録も可能です。
大変恐縮ですが切手をお貼りいただき、お名前、ご住所、メールアドレス、下記へ感想などご記入の上、ご投函ください。

■ご購入書籍名

(　　　　　　　　　　　　　　　　　　　　)

■本書の感想

(　　　　　　　　　　　　　　　　　　　　)

■どのようなテーマの本をご希望ですか？

(　　　　　　　　　　　　　　　　　　　　)

三樹書房
https://www.mikipress.com

グランプリ出版
https://www.grandprix-book.jp

郵 便 は が き

※お手数ですが切手をお貼りください

101-0051

東京都千代田区神田神保町1-30

三樹書房／グランプリ出版

メールマガジン・DM担当 行

お名前	フリガナ	男・女	年齢　　歳
ご住所	〒□□□-□□□□　　電話 都道 府県		
e-mail			

※ご記入いただいた個人情報はメールマガジン・DM（お客様への新刊情報など）の送付以外の目的には使用いたしません。
上記のご案内が不要な場合は、□に✓をご記入ください。 □

自動車　国産

トヨタ ランドクルーザー
絶大な信頼性を誇る4輪駆動車

アレクサンダー・ヴォルファース／難波　毅 共著

世界販売累計1000万台を超えるランドクルーザー。1951年の誕生以来の歴代モデルと進化の歴史を日・欧の専門家がまとめた初の書籍。

B5判上製　本体4500円＋税

想いの復元　パブリカスポーツ
トヨタスポーツ800の源流

諸星和夫 著

名車「トヨタスポーツ800」の原点となった「幻のショーカー」が、資料を発掘しつつ完全復元された。そのプロジェクトを詳細に記録した唯一の書籍。

B5判上製　本体3000円＋税

フェアレディZストーリー
米国市場を切り拓いたスポーツカー

片山 豊・松尾良彦・片岡英明・ブライアンロング 他 共著

フェアレディZ誕生の経緯など、当時の様子を実際の担当者が執筆。国内モデルの変遷、海外の展開も詳しく紹介する。2006年刊行の本書に新資料を追加した三訂版。

A4変型判上製　本体4800円＋税

スカイライン
R32、R33、R34型を中心として

当摩節夫 著

特に人気の高い3世代にスポットをあてつつ、歴代スカイラインの足跡をたどる。貴重な歴代カラーカタログや主要諸元、生産台数なども掲載。

B5判上製　本体3800円＋税

ニッサン セドリック／グロリア
「技術の日産」を牽引した乗用車

当摩節夫 著

歴代セドリックと双子車グロリアの全歴史をカラーカタログを用いて解説する。1000点以上の図版を用い、歴代の主要諸元など巻末資料も豊富。

B5判上製　本体4500円＋税

プリンス自動車
日本の自動車史に偉大な足跡を残したメーカー

当摩節夫 著

500点を超えるカタログページを掲載し、スカイラインを始めプリンス乗用車の歴代モデルを詳細に解説。2008年刊行の『プリンス』を改題した新装版。

B5判上製　本体3200円＋税

ダットサン／ニッサン フェアレディ
日本初のスポーツカーの系譜 1931～1970

当摩節夫 著

名車「フェアレディ」歴代モデルの変遷を、オープンスポーツカー時代に限定してカラーカタログで詳細に辿る。年表や主要諸元、生産台数なども収録。（新装版）

B5判上製　本体4000円＋税

日産ラシーンのデザイン開発
前例のない開発手法に見るこれからのモノ作り

坂口善英 著

本当に生活に必要な車をめざして生み出された「ラシーン」。そのプロジェクトを開発当事者が克明に記した。開発当時の写真などをカラー口絵に掲載。

A5判上製　本体1800円＋税

浅井貞彦写真集　ダットサン
歴代のモデルたちとその記録

浅井貞彦 写真・著／自動車史料保存委員会 編

日産を世界ブランドに成長させたダットサンは、戦前は小型車の代名詞と言えるほど日本人に親しまれた。その足跡を当時の写真や年表などで辿る。

A5判上製　本体1400円＋税

ダットサンの忘れえぬ七人
設立と発展に関わった男たち

下風憲治 著／片山　豊 監修

橋本増治郎や鮎川義介など七人の足跡を丹念に辿り、自動車産業の黎明期を振り返る。2010年3月刊行の同書の新訂版。

四六判上製　本体2000円＋税

定本　本田宗一郎伝【三訂版】 中部　博 著	世界のホンダを築いた男、本田宗一郎の人生を徹底取材で描く本格ドキュメンタリー。ホンダ創業70周年に「三訂版」として刊行。 四六判上製　本体2400円＋税
マツダRX-7 ロータリーエンジンスポーツカーの開発物語 望月澄男他 著／小早川隆治 編	3世代のRX-7開発に携わったメンバーが執筆し、当時の様子を伝える貴重な一冊。マツダ ロータリーエンジン50周年にあわせた増補新訂版。 B5判上製　本体4000円＋税
マツダ スカイアクティブエンジンの開発　高効率と低燃費を目指して 監修:人見光夫／取材・執筆:御堀直嗣	マツダのスカイアクティブエンジン誕生の経緯と技術的特徴を紹介する。2016年に発売された1.5Lディーゼルエンジンなどを追加した増補新訂版。 A5判並製　本体2000円＋税
マツダ／ユーノス ロードスター 日本製ライトウェイトスポーツカーの開発史 平井敏彦 他 著／小早川隆治 編	1980年代に生まれた世界的大ヒット車、初代ロードスター。開発担当者自らが、その様子を詳細に解説。内容を大幅に増補した改訂版。箱入り特別限定版も刊行。 B5判上製　本体3800円（限定版5600円）＋税
スバル デザイン　スバルデザイナーが貫く哲学―継承とさらなる進化 御堀直嗣 著	中島飛行機時代のDNAを受け継ぐデザイン哲学と、「DYNAMIC×SOLID」を掲げた独自の手法を、SUBARUのデザイン責任者が語る。カラー写真450点以上。 B5判並製　本体3800円＋税
STI（スバルテクニカインターナショナル） 苦闘と躍進の30年 廣本　泉 著	過酷なモータースポーツの現場で活躍するSTIの設立30周年までの活動の足跡。2013年刊行の同書にその後の5年間の情報などを追加収録した増補新訂版。 B5判上製　本体4000円＋税
STIコンプリートカー　スバルモータースポーツ活動の技術を結集したモデル 廣本　泉 著	スバルのモータースポーツ活動の統括会社STIが放つコンプリートカーの歴代モデル33車種を、オールカラーで詳細に解説する。ファン必読の1冊。 B5判上製　本体3000円＋税
スバル サンバー 人々の生活を支え続ける軽自動車の半世紀 飯嶋洋治 著	優れた乗り心地で人気のサンバー。その発売から2015年までの変遷を、ドミンゴを含めた当時のカラーカタログで紹介。年表、生産台数、スペック表も掲載。 B5判上製　本体3000円＋税
スバル 独創の技術で世界に展開した100年 当摩節夫 著	水平対向エンジンや先進の全輪駆動などの技術で活躍をつづけるスバル車の歴史を、カラーカタログ約1100点を駆使してたどる。生産台数表などの巻末資料も掲載。 B5判上製　本体4000円＋税
スズキカプチーノ　EA11R+21R メカニズムブック リブビット・クリエイティブ 編	流用パーツを用いながらも、随所にみられる「こだわり」の専用設計やスポーツカーとしての性能を、写真・図版を多用しながら部品単位の視点で解説。 A5判並製　本体2000円＋税
スズキカプチーノ　EA11R 1991-1995　メンテナンスブック リブビット・クリエイティブ 編	F6A型エンジンを搭載したモデルの「足回り」「吸排気系」「エンジン関係」など、項目別に手入れの手順を紹介。写真を多用し、初心者にも理解しやすい。 A5判並製　本体2000円＋税

ダイハツ コペン開発物語
「クルマって楽しい」を届けたい
中部　博 著

「こんな小さなオープンカーが電動ハードトップとは!」と世界を驚かせた初代コペン。その2代目開発に取り組んだ技術陣の2年間の奮闘ドキュメント。

四六判上製　本体1500円+税

日野自動車の100年
世界初の技術に挑戦しつづけるメーカー
鈴木　孝 編著

国産量産トラック第1号の製作など、一貫して技術を追求してきた日野自動車の1世紀にわたる変遷を、貴重な写真・図版400点以上を収録して解説。(増補二訂版)

B5判上製　本体3800円+税

ディーゼルエンジンの挑戦
世界を凌駕した日本の技術者達の軌跡
鈴木　孝 著

日野自動車の挑戦の歴史を中心に、トラックによるパリダカ参戦の様子等を綴る真実のドキュメント。2003年刊行の同書にカラー口絵を追加した増補改訂版。

四六判上製　本体1900円+税

ディーゼルエンジンと自動車
影と光　生い立ちと未来
鈴木　孝 著

エンジンが発明され、さらにディーゼルエンジンが誕生してからの軌跡を、技術解説も含めて紹介。巻頭カラー口絵で戦後ディーゼル自動車の変遷を辿る。

四六判上製　本体1900円+税

いすゞ乗用車の歴史
当摩節夫 著

いすゞ乗用車の歴代モデルを、カラーカタログ約600点を掲載して紹介。2017年刊行の『いすゞ乗用車 1922-2002』に新たな内容を加え、新装した増補二訂版。

B5判上製　本体3800円+税

日本の小型商用車　1904-1966
小関和夫 著

日本の高度成長期を支えた120車種以上を掲載。400点を超える当時のカラーカタログを収録、近年では博物館でも見ることのできない貴重なモデルも紹介。

B5判上製　本体3800円+税

カタログでたどる　日本のトラック・バス
いすゞ 日産・日産ディーゼル 三菱・三菱ふそう マツダ ホンダ編
小関和夫 著

昭和の時代に活躍したトラック・バスの歴史を当時のカタログ約400点で解説。2012年刊行の同書の、いすゞ自動車創業100年を記念した新装版。

B5判上製　本体3400円+税

カタログでたどる　日本のトラック・バス
トヨタ・日野・プリンス・ダイハツ・くろがね 編
小関和夫 著

日本の高度成長を支えた商用車の足跡を、当時のカラーカタログなど図版500点以上を収録して辿る。トヨエース65周年をを記念し、内容の充実を図った新訂版。

B5判上製　本体3800円+税

東京モーターショー
トヨタ編　1954～1979
山田耕二 著

1954年の第1回から1979年までのモーターショーの展示などの変遷を、トヨタを中心に貴重な写真と共に解説する。

B5判上製　本体3000円+税

東京モーターショー
ニッサン/プリンス編　1954～1979
山田耕二 著

自動車工業会やメーカーに保管されていた東京モーターショーの会場や展示車両の写真を発掘し、当時の展示車などを解説。

B5判上製　本体3600円+税

日本のタクシー自動車史
佐々木　烈 著

タクシーの歴史を明治時代にまで遡り、当時の図版や統計資料を駆使して考証。大正14年からの「新聞記事にみるタクシー業界の出来事」も巻末収録。

B5判上製　本体3800円+税

都道府県別
乗合自動車の誕生 写真・史料集
佐々木 烈 著

明治・大正に誕生した、バスのルーツである乗合自動車。その車種や会社の設立経緯などを、当時の写真や広告など史料約300点を収録して丹念に検証する。

B5判上製 本体2800円+税

国産バス図鑑 1945-1970
筒井幸彦 編・著

マイクロバスから大型観光バスまで、定員11名以上のバスを網羅。編著者が50年以上収集してきた600点以上の画像と諸元などの情報を図鑑形式で一挙に掲載。

B5判上製 本体4500円+税

日本自動車史 写真・史料集
明治28年(1895年)—昭和3年(1928年)
佐々木 烈 編纂

日本の自動車産業黎明期に関する貴重な写真などを地道な調査で蒐集し、1300点以上を収録。今後の日本自動車史研究にはなくてはならない決定版。

B5判上製 本体4800円+税

日本の乗用車図鑑 1907-1974
日本の自動車アーカイヴス
自動車史料保存委員会 編

明治時代のタクリー号を先頭に、1974年発売までの国産乗用車212台を選出。スペック表・解説文とともに日本自動車工業会保管写真で紹介する永久保存版。

A5判並製 本体1800円+税

乗用車 1975-1981
日本の自動車アーカイヴス
自動車史料保存委員会 編

排出ガス規制を乗り越え、品質・性能のさらなる向上により、成熟期を迎えた乗用車たちを含め、107台をスペック付きで解説。

A5判並製 本体1200円+税

乗用車 1982-1985
日本の自動車アーカイヴス
自動車史料保存委員会 編

過給器の装着やDOHC化、数々の電子制御技術の登場で世界中から高い評価を受けるまでになった乗用車も含め107台をスペック付きで解説。

A5判並製 本体1200円+税

乗用車 1986-1988
日本の自動車アーカイヴス
自動車史料保存委員会 編

エアバッグなどの安全装備が充実し、パイクカーなどバラエティに富んだ車種が登場。さらなる成熟に向かう乗用車103台を解説。

A5判並製 本体1200円+税

乗用車 1989-1991
日本の自動車アーカイヴス
自動車史料保存委員会 編

ハイテク装備や世界初のGPSカーナビシステム搭載車など、名実ともに日本車が世界をリードした時代の主要モデル107台を詳細に解説する。

A5判並製 本体1400円+税

エンスーCARガイド
ホンダ・ビート
エンスーCAR本「STRUT」著

「ビート」の全グレードを紹介。当時の開発担当者へ部門別にインタビュー。豊富な内外装デザイン画とともに、その深遠な開発思想に触れられる1冊。

A5判並製 本体1900円+税

エンスーCARガイド
マツダ&ユーノスロードスター
エンスーCAR本「STRUT」著

初代から3世代までを網羅した初の書籍。各世代の主査のほか、初代の企画を提案した部署による開発物語等。図説や資料なども充実。

A5判並製 本体1900円+税

エンスーCARガイド
ホンダS2000
エンスーCAR本「STRUT」著

開発責任者、各担当者の誕生秘話で魅力に迫る。国内販売の全モデルのほか、中古車バイヤーズ&メンテナンスガイドも掲載。

A5判並製 本体1900円+税

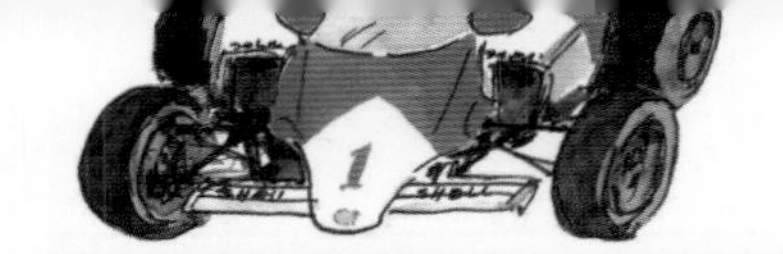

自動車　海外・その他

フィアット500&アバルトストーリー
21世紀に甦ったイタリアの奇跡

相原俊樹 著

2007年の新型フィアット500誕生とその後の展開。限定車を含むフィアット、アバルト車を余さず紹介し、フィアット社創業期からの歩みも描くファン必読の一冊。

B5判上製　本体4800円+税

フォルクスワーゲン ビートル
3世代にわたる歴史と文化の継承

武田　隆 著

日本で長く愛され、3世代で20万台以上も国内販売されたビートル。初代を中心に各世代モデルの変遷を解説し、年表やスペック等の資料も収録。

B5判上製　本体3800円+税

BMWミニの世界
ドイツが受け継ぐ英国の伝統

相原俊樹 著

愛嬌のあるスタイリングなどで人気の高いBMWミニの生い立ちと3世代の変遷。英国での評論などもひもとき、各世代のコンセプトや走行性能などに迫る。

B5判上製　本体4000円+税

ルノーの世界
フランスの歴史ある自動車メーカー

武田　隆 著

欧州屈指の規模の自動車メーカー、ルノー。一世紀を超えるその歴史について貴重な写真を多数収録しつつテーマ毎に紹介。巻末には関連年表も掲載。

B5判上製　本体4000円+税

シトロエン2CV
フランスが生んだ大衆のための実用車

武田　隆 著

ミニ、ビートルと並ぶ20世紀の大衆車「シトロエン2CV」。映画にも数多く登場し、世界で愛される2CVの魅力と歴史を、約400点もの図版でたどる。

B5判上製　本体3800円+税

ホンダ、フォルクスワーゲン プジョーそしてシトロエン
3つの国の企業で働いてわかったこと

上野国久 著

日本、ドイツ、フランスの自動車メーカーで働いたからこそ知り得た各企業文化や特徴を語り、それがどう「クルマ」に反映されるのかなどを詳細に綴る。

四六判上製　本体2400円+税

60年代　街角で見たクルマたち
【アメリカ車編】　浅井貞彦写真集

浅井貞彦 著／高島鎮雄 監修

日本の街を走るアメリカ車の写真約400枚と、撮影時のエピソードを紹介。当時の自動車ファンが夢中になったクルマの姿を活写する写真集。

B5判上製　本体2800円+税

自動車空力デザイン
Car Aerodynamic Design with CradleViewer

東　大輔 著／石井　明 監修

空力特性に優れた車体設計が重要になるなか、学生や従事者、興味を持つ方々に、そのデザイン手法についてオールカラーでわかりやすく解説。

B5判並製　本体4500円+税

自動車デザイン
歴史・理論・実務

釜池光夫 著

自動車デザインの歴史、発想、製作までを、大手自動車会社での実務経験者がわかりやすく解説。教科書としても採用されている。

B5判並製　本体2800円+税

自動車とプロダクトデザインの基本と応用
プロダクトデザイナーになるためにスケッチから始める実践的方法

平野幸夫 著

デザイナーに求められる製品案のスケッチの方法を、多数のカラー図版を用いて、実務経験者が初心者にも分かりやすく解説した教科書。

B5判並製　本体3000円+税

図説 エンジンのメカニズム
基本編

橋口盛典 著

独自のイラストと解説で、エンジンと周辺のメカニズムの基本から最新動向までを紹介。160点に及ぶ、作動方法の詳細な説明入りの図版を収録。

A5判並製　本体1800円+税

モータースポーツ

トヨタ モータースポーツ前史 トヨペット・レーサー、豪州一周ラリーを中心として　1951年—1961年

松本秀夫 著

国内メーカー初となった国際格式の海外ラリー参戦や、オートレース車両の開発など、トヨタのモータースポーツ草創期を詳述した初の書籍。

B5判上製　本体3800円+税

日本アルペンラリーの足跡
全18戦とその後の展開

澁谷道尚 編

1959年から76年まで全18回開催された日本アルペンラリー60周年記念刊行。1996年刊行の同書に、その後の日本のラリーの動きも加筆収録。掲載写真約100点。

A5判上製　本体3000円+税

日本の自動車レース史 多摩川スピードウェイを中心として　1915—1950

杉浦孝彦 著

自動車大国日本の「礎」を築いた戦前のレース活動。その舞台となった多摩川スピードウェイを中心に、未発表写真や報道資料を駆使して活動の軌跡を紹介。

B5判上製　本体3800円+税

マツダチーム
ルマン初優勝の記録

GP企画センター編／桂木洋二・船本準一・三浦正人 著

1991年の日本初のルマン総合優勝の経緯を詳細にまとめた「決定版」。参戦の変遷等も収録した、マツダ ロータリーエンジン誕生50周年記念の新装版。

B5変形判上製　本体2400円+税

富士スピードウェイ
最初の40年

林　信次 著

今も語り継がれる多数の名レースを生んだ名門レーシングコース「富士スピードウェイ」。その1963年の誕生から2005年のリニューアル前までの軌跡を描く。

B5判上製　本体2400円+税

アルファロメオ レーシング ストーリー
アルファロメオとエンツォ・フェラーリが築いた黄金時代　1910-1953

平山暉彦 著

伝説的な戦前・戦後期のアルファロメオのレース活動を、当時の仕様を忠実に再現したレースマシンのカラーイラストと共に、年別に紹介。戦績表も圧巻。

B5判上製　本体5000円+税

メルセデス・ベンツ 歴史に残るレーシング活動の軌跡　1894-1955

宮野　滋 著

戦前・戦後期のベンツのレース活動を、ベンツ本社が保管する当時の写真200点以上とともに解説。名車「300 SLR」の装丁に一新した新装版。

B5判上製　本体2800円+税

インディ500 全101レース大会の記録　1911-2017

林　信次 著

F1、ルマンと並ぶ世界3大レースのひとつインディ500。その第1回大会から佐藤琢磨氏が日本人初の優勝を成し遂げた2017年の第101回大会までを解説する。

B5判上製　本体8000円+税

熱田　護 F1写真集
Turn in(ターン・イン)

熱田　護 写真

「Number」等で活躍中のカメラマン熱田護が、アイルトン・セナをはじめF1シーンのベストショット80点を厳選した決定版オールカラー写真集。

A4判上製　本体3800円+税

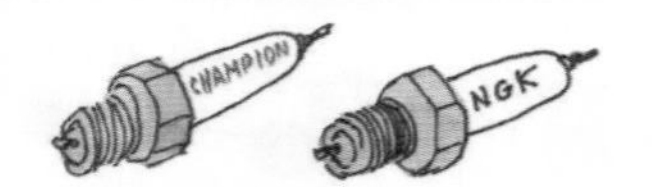

原富治雄 F1写真集
サイレント サーカス
原富治雄 写真

F1フォトグラファーの第一人者である著者が厳選した「集大成」となる写真集。F1ブームとなった1980年代終盤から2000年代始めまでのシーンを収録。

A4判上製　本体5800円+税

TOYOTA F1写真集
『全140戦の記憶』Time to say goodbye
熱田　護 写真

2002年から2009年までのパナソニック・トヨタ・レーシング全140戦の戦いを切りとった総集編。小林可夢偉のインタビューや全戦跡も収録。

A4判上製　本体2800円+税

二輪車・飛行機・その他

ホンダ スーパーカブ
世界戦略車の誕生と展開
三樹書房編集部 編

2018年に誕生60周年となり、世界累計生産1億台を突破したスーパーカブ。開発者の証言などを含め初代誕生から歴代モデルなど、その足跡を詳細に紹介。(五訂版)

A5判上製　本体2400円+税

スーパーカブの軌跡
世界を駆けるロングセラー　1952-2018
責任編集 小林謙一／自動車史料保存委員会

1958年の誕生以来、時代の要請に対応してきた歴代スーパーカブが累計生産台数1億台を達成するまでの変遷をカラーカタログ等も含めて紹介。

B5判上製　本体2800円+税

ホンダオートバイレース史
浅間レースからマン島TTまで
中沖　満 著

町工場からスタートしたホンダが、1961年にマン島の世界グランプリ2クラスで優勝を果たすまでの挑戦の記録。2016年刊行の同書の新装版。

四六判上製　本体2400円+税

カワサキZの源流と軌跡
Z1/Z2の誕生とその展開
浜脇洋二 大槻幸雄・外 共著

不朽の名車カワサキZの原点、Z1/Z2の開発の経緯を、当時の実務者たちが解説する。カワサキオートバイ誕生55周年を記念した、2013年刊行の同書の新装版。

B5判上製　本体3000円+税

カワサキ　モーターサイクルズストーリー
小関和夫 著

航空機メーカーを母体とする技術陣が生み出した歴代モデルは、「男のマシン」と称されている。独創的なカワサキモデルの変遷を豊富な写真とともに紹介。

A5判上製　本体1900円+税

カワサキ マッハ　技術者が語る
―2サイクル3気筒車の開発史
小関和夫 著

「世界最速のオートバイをつくる」を目標に誕生したマッハⅢから、その後のマッハシリーズの軌跡を、当時のカタログや写真、開発者の証言で解説。(新装版)

B5判上製　本体3500円+税

国産オートバイの光芒
時代を創ったモデル達
小関和夫 著

日本の二輪車メーカー120社以上が熾烈な競争を繰り広げたといわれる1950～1960年代。熱心なファンが憧れる当時のモデルをメーカー別に解説。(新装版)

B5判上製　本体2600円+税

二輪車　1908-1960
日本の自動車アーカイヴス
自動車史料保存委員会 編

日本自動車工業会に保管の貴重な写真を発掘し、二輪車116台をスペックと解説つきで紹介。二輪車史研究第一人者の執筆により初めてまとめられたオートバイ図鑑。

A5判並製　本体1400円+税

普及版 **自分でする バイクメンテナンス** 佐々木和夫 著	わかりやすいと好評の本書が、価格を抑えた「普及版」として登場！　日常整備の基礎知識をホンダの元技術者が伝授する、ひと味違う"バイク整備"ブック。 A5判並製　本体1200円+税
純国産ガスタービンの開発 川崎重工が挑んだ産業用ガスタービン事業の軌跡 大槻幸雄 著	近年注目のコージェネシステム。その開発に、早くも1972年に「独自設計」で挑んだ川崎重工技術者たちの「モノ作り」ドキュメント。2015年刊行の同書の新装版。 四六判上製　本体3500円+税
破壊された日本軍機 TAIU(米航空技術情報部隊)の記録·写真集 ロバート·C·ミケシュ 著／石澤和彦 翻訳	マッカーサーと共に来日した従軍カメラマンによる記録写真集。破壊·焼却された日本軍機や基地の最後の姿が収録された第一級資料。2004年刊行の新装版。 B5判上製　本体3800円+税
エンジンのロマン 技術への限りない憧憬と挑戦 鈴木　孝 著	技術者たちの情熱と挑戦によって発展してきた様々なエンジン。その軌跡と未来への展望を記す大著。初版後10年の情報と、新技術を追加した全面改訂版。 四六判上製　本体2400円+税
デザイン工学の世界 芝浦工業大学デザイン工学部 編	芝浦工業大学教授陣が、建築、都市計画、製品、IT関連などあらゆる分野について、わかりやすく解説するデザイン工学の入門書。 A5判並製　本体2400円+税

整備マニュアル【ヘインズ日本語版】

ミニ 1969-2001 メンテナンス&リペア·マニュアル ヘインズ社 編	排気量848cc、998cc、1098cc、1275cc。MT、AT、キャブ、インジェクション·モデルを含む1969〜2001年までのほぼ全車種を収録。 A4変形判上製　本体5700円+税
ポルシェ911 1965-1986 メンテナンス&リペア·マニュアル ヘインズ社 編	収録モデルは、1965〜86年のクーペ／タルガ／カブリオレ(ターボを除く)、排気量2.0、2.2、2.4、2.7、3.0、3.2L。 A4変形判上製　本体5700円+税
VWビートル&カルマン·ギア 1954-1979 メンテナンス&リペア·マニュアル ヘインズ社 編	適合車種は、原則として1954年から1979年に生産されたすべてのVWビートルおよびカルマン·ギア(排気量:1200、1300、1500、1600cc)。 A4変形判上製　本体5700円+税
VWゴルフⅣ 1998-2001 メンテナンス&リペア·マニュアル ヘインズ社 編	収録モデルはハッチバック／ワゴン(E、CLi、GLi、GTI、GTX、特別仕様車)。エンジン排気量·型式:1.6L　AEH、1.8L AGN、1.8L AGU、2.0L APK。 A4変形判上製　本体5700円+税
メルセデス·ベンツ W124シリーズ メンテナンス&リペア·マニュアル　1986-1993 ヘインズ社 編	適合車種は、230、260、280、300(300−24、300TD含む)、320／セダン、ステーションワゴン、クーペ。 A4変形判上製　本体5700円+税

●三樹書房刊行書販売協力店●

三樹書房の書籍は、全国の最寄りの書店でお求めになれます。
目録掲載の販売協力店は、小社書籍が入手しやすい書店です。

北海道

市区町村	書店名	電話番号
札幌市	MARUZEN&ジュンク堂書店札幌店	011-223-1911
札幌市	三省堂書店札幌店	011-209-5600
札幌市	コーチャンフォー新川通り店	011-769-4000
札幌市	コーチャンフォーミュンヘン大橋店	011-817-4000
札幌市	コーチャンフォー美しが丘店	011-889-2000
札幌市	紀伊國屋書店札幌本店	011-231-2131
旭川市	コーチャンフォー旭川店	0166-76-4000
旭川市	ジュンク堂書店旭川店	0166-26-1120
北見市	コーチャンフォー北見店	0157-26-1122
釧路市	コーチャンフォー釧路店	0154-46-7777
函館市	函館蔦屋書店	0138-47-2600

青森

市区町村	書店名	電話番号
弘前市	ジュンク堂書店弘前中三店	0172-80-6010

岩手

市区町村	書店名	電話番号
盛岡市	ジュンク堂書店盛岡店	019-601-6161
盛岡市	エムズエクスポ盛岡店	019-648-7100
盛岡市	盛岡蔦屋書店	019-613-2588
北上市	ブックスアメリカン北上店	0197-63-7600

宮城

市区町村	書店名	電話番号
仙台市	ジュンク堂書店仙台TR店	022-265-5656
仙台市	丸善仙台アエル店	022-264-0151
仙台市	TSUTAYAヤマト屋書店東仙台店	022-297-1291

秋田

市区町村	書店名	電話番号
秋田市	ジュンク堂書店秋田店	018-884-1370
秋田市	スーパーブックス八橋店	018-883-5095
潟上市	ブックスモア潟上店	018-854-8877

山形

市区町村	書店名	電話番号
山形市	こまつ書店寿町本店	023-641-0641
米沢市	こまつ書店堀川町店	0238-26-1077

福島

市区町村	書店名	電話番号
福島市	みどり書房福島南店	024-544-0373
郡山市	ジュンク堂書店郡山店	024-927-0440

茨城

市区町村	書店名	電話番号
ひたちなか市	蔦屋書店ひたちなか店	029-265-2300

栃木

市区町村	書店名	電話番号
宇都宮市	喜久屋書店宇都宮店	028-614-5222
宇都宮市	落合書店イトーヨーカドー店	028-613-1313
宇都宮市	落合書店宝木店	028-650-2211
宇都宮市	TSUTAYA宇都宮店	028-651-3500
さくら市	ビッグワンTSUTAYAさくら店	028-682-7001
高根沢町	サンライズ高根沢店	028-675-4795

群馬

市区町村	書店名	電話番号
前橋市	紀伊國屋書店前橋店	027-220-1830
前橋市	ブックマンズアカデミー前橋店	027-280-3322
太田市	喜久屋書店太田店	0276-47-8723
太田市	蔦屋書店太田店	0276-60-2800
太田市	ブックマンズアカデミー太田店	0276-40-1900
太田市	ナカムラヤ新田ニコモール店	0276-20-9325
高崎市	ブックマンズアカデミー高崎店	027-370-6166

埼玉

市区町村	書店名	電話番号
さいたま市	ジュンク堂書店大宮高島屋店	048-640-3111
さいたま市	紀伊國屋書店さいたま新都心店	048-600-0830
桶川市	丸善桶川店	048-789-0011
川越市	ブックファーストルミネ川越店	049-240-6212
久喜市	蔦屋書店フォレオ菖蒲店	0480-87-0800
越谷市	TSUTAYAレイクタウン	048-990-3380
所沢市	ブックスタマ所沢店	042-998-5830

千葉

市区町村	書店名	電話番号
千葉市	幕張蔦屋書店	043-306-7361
千葉市	三省堂書店CS千葉店	043-224-1881
千葉市	文教堂小倉台店	043-232-7330
印西市	喜久屋書店千葉ニュータウン店	0476-40-7732
柏市	ジュンク堂書店柏モディ店	04-7168-0215
柏市	VVスーパーオートバックスかしわ沼南	04-7190-3171
流山市	紀伊國屋書店流山おおたかの森店	04-7156-6111
習志野市	丸善津田沼店	047-470-8311
船橋市	ジュンク堂南船橋店	047-401-0330

東京

市区町村	書店名	電話番号
新宿区	紀伊國屋書店新宿本店	03-3354-0131
新宿区	ブックファースト新宿店	03-5339-7611
渋谷区	MARUZEN&ジュンク堂書店渋谷店	03-5456-2111
渋谷区	代官山蔦屋書店	03-3770-2525
杉並区	書原高井戸店（広和書店）	03-3334-8431
台東区	明正堂アトレ上野店	03-5826-5866
中央区	八重洲ブックセンター	03-3281-8200
中央区	丸善日本橋店	03-6214-2001
千代田区	書泉ブックタワー	03-5296-0051
千代田区	丸善お茶の水店	03-3295-5581
千代田区	有隣堂ヨドバシAKIBA店	03-5298-7474
千代田区	書泉グランデ	03-3295-0011
千代田区	丸善丸の内本店	03-5288-8881
千代田区	三省堂書店神保町本店	03-3233-3312
千代田区	三省堂書店有楽町店	03-5222-1200
豊島区	三省堂書店池袋本店	03-6864-8900
豊島区	旭屋書店池袋店	03-3986-0311
豊島区	ジュンク堂書店池袋本店	03-5956-6111
中野区	ブックファースト中野店	03-3319-5161
港区	文教堂書店浜松町店	03-3437-5540
稲城市	コーチャンフォー若葉台店	042-350-2800
国立市	増田書店	042-572-0262
国分寺市	紀伊國屋書店国分寺店	042-325-3991
立川市	ジュンク堂書店立川高島屋店	042-512-9910
立川市	オリオン書房ノルテ店	042-522-1231
多摩市	丸善多摩センター店	042-355-3220
調布市	書原つつじヶ丘店	042-481-6421
瑞穂町	よむよむザ・モールみずほ店	042-568-4646
八王子市	くまざわ書店八王子南口店	042-655-7560
羽村市	ブックスタマ小作店	042-555-3904
武蔵野市	ジュンク堂書店吉祥寺店	0422-28-5333
武蔵野市	BOOKSルーエ	0422-22-5677

神奈川

横浜市	三省堂書店新横浜店	045-478-5520
横浜市	八重洲BC 京急百貨店上大岡店	045-848-7383
横浜市	有隣堂伊勢佐木町本店	045-261-1231
横浜市	有隣堂西口ジョイナス店	045-311-6265
横浜市	紀伊國屋書店横浜店	045-450-5901
横浜市	ブックファースト青葉台店	045-989-1781
横浜市	紀伊國屋書店ららぽーと横浜店	045-938-4481
厚木市	有隣堂厚木店	046-223-4111
海老名市	有隣堂ららぽーと海老名店	046-206-6651
川崎市	丸善ラゾーナ川崎店	044-520-1869
藤沢市	ジュンク堂書店藤沢店	0466-52-1211

新潟

新潟市	ジュンク堂書店新潟店	025-374-4411
三条市	知遊堂三条店	0256-36-7171
上越市	知遊堂上越国府店	025-545-5668
長岡市	宮脇書店長岡店	0258-31-3700

富山

富山市	ブックスなかだ掛尾本店	076-492-1192
富山市	紀伊國屋書店富山店	076-491-7031
高岡市	喜久屋書店高岡店	0766-27-2455

石川

金沢市	金沢ビーンズ	076-239-4400
金沢市	Super KaBoS大桑店	076-226-1170
野々市市	明文堂書店金沢野々市店	076-294-0930

福井

福井市	SuperKaBoS新二の宮店	0776-27-4678

山梨

甲府市	ジュンク堂書店岡島甲府店	055-231-0606

長野

長野市	北長野書店	026-241-6401
長野市	平安堂長野店	026-224-4545
飯田市	平安堂飯田店	0265-24-4545
伊那市	平安堂伊那店	0265-96-7755
上田市	平安堂上田しおだ野店	0268-29-5254
諏訪市	せいりん堂	0266-52-6026
松本市	丸善松本店	0263-31-8171

岐阜

岐阜市	カルコス本店	058-294-7500
岐阜市	丸善 岐阜店	058-297-7008
岐阜市	自由書房EX高島屋店	058-262-5661
各務原市	カルコス各務原店	058-389-7500
瑞穂市	カルコス穂積店	058-329-2336

静岡

静岡市	MARUZEN&ジュンク堂新静岡店	054-275-2777
磐田市	明屋書店イケヤ磐田東店	0538-33-7600
湖西市	明屋書店イケヤ湖西店	053-594-4675
浜松市	谷島屋浜松本店	053-457-4165
浜松市	BOOKアマノアクト北店	053-450-5511
浜松市	明屋書店イケヤ高丘店	053-438-1910
浜松市	明屋書店イケヤ高林店	053-475-5211
浜松市	BOOKアマノ入野店	053-445-2323
富士市	あおい書店富士店	0545-60-3260

愛知

名古屋市	三省堂書店名古屋本店	052-566-6801
名古屋市	ジュンク堂書店ロフト名古屋店	052-249-5592
名古屋市	丸善名古屋本店	052-238-0320
名古屋市	ジュンク堂書店名古屋店	052-589-6321
名古屋市	ジュンク堂書店名古屋栄店	052-212-5360
名古屋市	VV本店	052-805-2535
名古屋市	VVスーパーオートバックスナゴヤベイ	052-694-0041
名古屋市	らくだ書店本店	052-731-7161
名古屋市	名古屋みなと蔦屋書店	052-387-6800
岡崎市	TSUTAYAウイングタウン岡崎店	0564-72-5080
春日井市	TSUTAYA春日井店	0568-35-5900
刈谷市	ブックセンター名豊刈谷店	0566-21-7121
刈谷市	本の王国刈谷店	0566-28-0833
小牧市	カルコス小牧店	0568-77-7511
豊田市	メグリア本店	0565-28-4811
豊田市	精文館書店新豊田店	0565-33-3322
豊橋市	精文館書店三ノ輪店	0532-66-2447
豊橋市	精文館書店本店	0532-54-2345
豊明市	精文館書店豊明店	0562-91-3787
長久手市	VVイースト	0561-63-9621
豊山町	紀伊國屋書店名古屋空港店	0568-39-3851
扶桑町	カルコス扶桑店	0587-92-1991

三重

伊賀市	コメリ書房上野店	0595-26-5988
鈴鹿市	コメリ書房鈴鹿店	059-384-3737
松阪市	コメリ書房松阪店	0598-25-2533
四日市市	丸善四日市店	059-359-2340

滋賀

草津市	HYPERBOOKSかがやき通り店	077-566-0077
草津市	喜久屋書店草津店	077-516-1118
彦根市	HYPERBOOKS彦根店	0749-30-5151

京都

京都市	大垣書店イオンモール京都桂川店	075-925-1717
京都市	大垣書店イオンモールKYOTO店	075-692-3331
京都市	ジュンク堂書店京都店	075-252-0101
京都市	丸善京都本店	075-253-1599

大阪

大阪市	旭屋書店なんばCITY店	06-6644-2551
大阪市	ジュンク堂書店天満橋店	06-6920-3730
大阪市	紀伊國屋書店梅田本店	06-6372-5821
大阪市	梅田蔦屋書店	06-4799-1800
大阪市	ジュンク堂書店大阪本店	06-4799-1090
大阪市	MARUZEN&ジュンク堂梅田店	06-6292-7383
大阪市	紀伊國屋書店グランフロント大阪店	06-7730-8451
大阪市	ジュンク堂書店難波店	06-4396-4771
大阪市	喜久屋書店阿倍野店	06-6634-8606
八尾市	丸善八尾アリオ店	072-990-0291

兵庫

神戸市	ジュンク堂書店三宮駅前店	078-252-0777
神戸市	ジュンク堂書店三宮店	078-392-1001
神戸市	喜久屋書店北神戸店	078-983-3755
神戸市	大垣書店神戸ハーバーランドumie店	078-382-7112
明石市	ジュンク堂書店明石店	078-918-6670
芦屋市	ジュンク堂書店芦屋店	0797-31-7440
西宮市	ジュンク堂書店西宮店	0798-68-6300
西宮市	ブックファースト阪急西宮ガーデンズ店	0798-62-6103

姫路市	ジュンク堂書店姫路店	079-221-8280

奈 良

橿原市	喜久屋書店橿原店	0744-20-3151
大和郡山市	喜久屋書店大和郡山店	0743-55-2200

和歌山

和歌山市	TSUTAYA WAY GP和歌山店	073-480-5900

岡 山

岡山市	宮脇書店岡山本店	086-242-2188
岡山市	丸善岡山シンフォニービル店	086-233-4640
岡山市	啓文社岡山本店	086-805-1123
倉敷市	喜久屋書店倉敷店	086-430-5450
津山市	喜久屋書店津山店	0868-35-3700

広 島

広島市	丸善広島店	082-504-6210
広島市	紀伊國屋書店ゆめタウン広島店	082-250-6100
広島市	紀伊國屋書店広島店	082-225-3232
広島市	フタバ図書アルパーク北棟店	082-270-5730
広島市	フタバ図書MEGA中筋店	082-830-0601
広島市	ジュンク堂書店広島駅前店	082-568-3000
廿日市市	紀伊國屋書店ゆめタウン廿日市店	0829-70-4966
府中町	フタバ図書TERA広島府中店	082-561-0779

山 口

周南市	宮脇書店徳山店	0834-39-2009

香 川

丸亀市	紀伊國屋書店丸亀店	0877-58-2511
高松市	宮脇書店本店	087-851-3733
高松市	ジュンク堂書店高松店	087-832-0170
高松市	宮脇書店総本店	087-823-3152

愛 媛

松山市	ジュンク堂書店松山店	089-915-0075

福 岡

福岡市	丸善博多店	092-413-5401
福岡市	紀伊國屋書店福岡本店	092-434-3100
福岡市	ジュンク堂書店福岡店	092-738-3322
北九州市	喜久屋書店小倉店	093-514-1400
久留米市	紀伊國屋書店久留米店	0942-45-7170
久留米市	BOOKSあんとく三潴店	0942-64-5656

長 崎

長崎市	紀伊國屋書店長崎店	095-811-4919
長崎市	メトロ書店本店	095-821-5400

熊 本

荒尾市	BOOKSあんとく荒尾店	0968-66-2668

大 分

大分市	ジュンク堂書店大分店	097-536-8181

鹿児島

鹿児島市	ジュンク堂書店鹿児島店	099-216-8838
鹿児島市	ブックスミスミオプシア	099-813-7012
鹿児島市	丸善天文館店	099-239-1221

沖 縄

那覇市	ジュンク堂書店那覇店	098-860-7175

※順不同。略字はVV:ヴィレッジヴァンガード、BC:ブックセンター、CS:カルチャーステーション、GP:ガーデンパーク

■博物館／専門店など

※展示物等に関連した内容の書籍を中心に販売しています。

栃 木

茂木町	ツインリンクもてぎ	0285-64-0001
那須町	那須クラシックカー博物館	0287-62-6662

東 京

江東区	グリース	03-3599-0601
中野区	ブックガレージ	03-3387-5168
目黒区	フラットフォー	03-3792-7151
八王子市	日野オートプラザ	042-637-6600
三鷹市	東京スバル三鷹店	0422-32-3181

神奈川

横浜市	日産ブティック	045-641-1423

長 野

岡谷市	プリンス&スカイラインミュウジアム	0266-22-6578

石 川

小松市	日本自動車博物館	0761-43-4343

静 岡

浜松市	本田宗一郎ものづくり伝承館	053-477-4664
小山町	ORIZURU／富士スピードウェイ	0550-78-1234

愛 知

長久手市	トヨタ博物館	0561-63-5161

兵 庫

神戸市	カワサキワールド	078-327-5401

広 島

広島市	ヌマジ交通ミュージアム	082-878-6211
福山市	福山自動車時計博物館	084-922-8188
府中町	マツダエース	082-565-6538

大 分

由布市	岩下コレクション	0977-28-8900

※順不同

※このリストは、2019年12月現在のものです。

〒101-0051
東京都千代田区神田神保町1-30
TEL 03(3295)5398
FAX 03(3291)4418
振替 00100-3-60526

MIKI PRESS

http://www.mikipress.com

※イラストの作者、故中村良夫氏は日本のモータースポーツ界に多大な貢献をしたエンジニアです。

2020.01 30000S Ver.Ⅱ

イバルに何としても勝ちたいというのが当時の状況だった。そこでキャブレターチューナーにスパーキー・エドモンドを迎え入れた。彼は1979年までケニー・ロバーツの乗るTZのレクトロン・キャブを担当、その後はスズキのダートトラッカーの製作や、カワサキに装着されたS&Wブルーマグナムを造った人物として知られていた。

CBスーパーバイク用レーサーは、シリンダーヘッドのはさみ角を立てて混合気の流速をアップ、ノーマルヘッド流用のRSCチューンレーサーが実用域10,500rpm程度であったものを11,000rpmまで引き上げ、スペンサー用にキャブレターにはクイックシルバーを採用した。これは内容的にブルーマグナムそのものの構造であったが、カワサキ用に開発したブルーマグナムをホンダ用には使えないため、新ブランドが造られたのである。スペンサー、ピエトリとスティーブ・ワイスはこれを装着したが、ベテランのマイク・ボールドウィンは、カワサキの経験から唯(ただ)一人ケイヒンCRキャブを装着した。

パワーユニットは、シート下にオイルタンクを持つドライサンプ方式で、市販車との共用パーツは少なかった。なお1981年型CBレーサーを当時の日本で計測したところ145ps/12,000rpmをマーク、RSCのスタッフ達をあ然とさせるほど素晴らしい仕上がりだったという。1981年シーズンにはコンプリートCBレーサーが5台、スペアエンジンはF-1用の3台を含めて計12基が製作された。この5台を母体に、1982年のデイトナのために、スペンサー、ボールドウィン、ピエトリ、そしてワイス用の4台と、プーリー式CDI点火プロトタイプの#19がアメリカで造られ、CBアピールのためサイクルガイド誌の表紙を飾った。

当時のAMAスーパーバイクのレギュレーションは、排気量1,025cc、車重188.4kg以上に集約されるほどシンプルだった。耐久用RS1000は67.9×69mmの999.4cc、130ps/9,500rpm以上のロングストローク仕様と、71.6×62mmの998.5cc、135ps/10,000rpmのショートストローク仕様の2タイプが造られていたが、アメリカからマイク・ベラスコが来日、RSCに対してエンジン製作を依頼した。そこで、ロングストローク仕様CBスーパーバイクレーサーは68.7mmボアの1,023.1ccにて圧縮比11.5〜11.75、140ps/10,500rpm以上、ショートストロークは145ps/11,000rpm以上が製作され、デイトナ、エルクハート、タラテガの高速コースではショートストローク仕様、他のコースではロングストローク仕様で走らせた。

バルブは超高回転での追従性をよくするために軽量なチタンを用い、加えてタペットのインナーシム化を行なった。バルブサイズはCB900Fはφ26／22.5mmから拡大、IN／EX：φ28／24mmのRS系、ポートはジェリー・ブランチがポート作業を施した。またチタンパーツがコンロッドに採用され、工具でおなじみのJETエンジニアリングで製作。チタンの効果をホンダの日本側スタッフはこのCBスーパーバイクレーサーから学んだといわれる。また、カムは四輪ストックカー用で知られたクレイン製カムダイナミックスが使われた。

＃19スペンサー車と＃43ボールドウィン車はキャブレター以外まったく同一の仕様となり、インフィールドではCRキャブレターの＃43が、バンクではフラットバルブキャブレターの＃19が有利という展開となった。

1982年デイトナ予選タイムは、１位フレディ・スペンサーが２分04秒563、２位マイク・ボールドウィンが２分05秒307、３位カワサキのエディ・ローソンが２分07秒388で、このことからもいかにCBが速くなったかがわかる。

このようにRSCのベース車両はすべてアメリカにて、手が加えられ、アメリカのコースにあわせたチューンが施されたのである。

こうした結果、CB750Fレーサーはなんと150ps／11,000rpm以上にもなり最強のパワーになったことは、デイトナでスペンサー、ボールドウィン、ピエトリが１～３位フィニッシュ、モトクロスライダーから転身したスティーブ・ワイスが８位を得て圧勝したことでも明白だった。

世界GPを転戦するためスペンサーが渡欧してから、チームはボールドウィンが主軸となるが、CBスーパーバイクレーサーはハイパワーゆえにつねに上位に入る活躍をみせ、この年ボールドウィンは11戦中４勝してランキング２位に、ワイス５位、ロベルト・ピエトリが６位で終了した。この３人によって翌1983年からVF750Fレーサーによる、水冷V4型４気筒750cc時代へと突入し、1984年からは新人フレッド・マーケルへとバトンタッチ、ホンダのAMAスーパーバイクチャンピオン時代が続くのである。

第13章

CBによるワークス・レース活動の回想

HONDA RC181

空冷並列4気筒・4バルブDOHC・489.94cc（54×48mm）・85ps／12,000rpm・ウェットサンプ・6速（1966年型データ）。世界GP 500ccクラスにデビューしたRC181は、メーカーチャンピオンを獲得。ホンダ製レーサーに多大な影響を与えることになる。

秋鹿　方彦（あいか　みちひこ）

1954年本田技研入社。チーフメカニックを経て、1964年から二輪ロードレースの監督となり、世界のグランプリを転戦。1966年には5クラス（50cc～500cc）を制覇。1976年にはホンダがカムバックした耐久ロードレースで総監督を務めた。以後RSC社長などを務め、ホンダの二輪レーシング活動の中心として活躍。MFJ理事、国際委員長、FIM技術員等を歴任。

取材・編集：小林謙一

CB(シービー)という言葉には一種独特の響きがあります。1959年頃に生まれたこのCB92とCB72は、多くのモーターサイクルファンに夢と走る楽しさを教えてくれました。

私自身にもCBには多くの思い出があります。CB92のエンジンを開発から、(1958年浅間クラブマンレース用RC-90)車両の整備を担当しており、設計部門とは常に議論をしていたことを思い出します。

1960年にはCB72が発売されましたが、私達にとっては高嶺(たかね)の花であり、所有することは不可能でした。しかし整備が専門の私達の係には、常にベストコンディションに保たれた車両があったので、社内連絡車として乗っていました。

1969年の4月に上市されたCB750FOURには強烈な印象があります。試作組立の第1号車に最初に乗れる立場にいた私は、整備完了のマシンを恐る恐る所内のテストコースに持ち込みました。ギアを1速に入れ、スロットルを開けた途端に今まで体験したことのない加速度に圧倒されました。あまりの加速度に体がついていけず、両手がハンドルから離れてしまったのです。自分が予測していたより、はるかに高い加速度でした。幸いスロットルは手を離した直後に閉まったため、ことなきを得ましたが、今でもあの時の感覚は残っています。

CB750はフランスの人達にとって待望久しいものであり、早速にレース用として使われ、同年の9月13日のボルドール24時間レースに出場したのです。2台エントリーしたCB750は優勝と5位を得ています。

しかし続く1970年と71年はトライアンフやBSAに敗れたため、1972年にはボアアップしたスペシャルを投入し、1位から3位を独占しました。

その後数年は、耐久レース熱が高まる中で優勝から見放されたホンダの苦戦が続きました。1975年にはRSC製マシンの投入も試みるものの、出力向上のみを追求した結果は耐久性の低下をきたし惨敗しました。このレースの事前テストでは隅谷守男選手を失い、ホンダ陣営としては最悪のシーズンとなりました。

何としてでも“ボルドールの勝利を取り返したい”との強い要望がヨーロッパの二輪営業より出され、1967年以降停止していたホンダの二輪ワークス・レース活動が再開されることになったのです。

プロジェクトのリーダーに指名された私は、この時からCB750と再び付き合いが始まったのです。幸い当時のレース用技術規則では、プロトタイプの参加が認められて

HONDA RCB用エンジン
空冷並列4気筒・4バルブ
DOHC・997.48cc（70.0×64.8mm）・120ps以上／9,000rpm・10.0kg-m／8,000rpm・CDI点火・ドライサンプ・5速（1976年型データより）

いました。したがって設計に際しては、外観は可能な限りCB750を踏襲（とうしゅう）しながらも、充分に戦闘力のあるマシン作りを目指しました。しかし開発期間が6カ月では完成度の高いマシン作りは無理と判断し、レースに参加しながら完成度を高めていき、目標のボルドールまでにマシンの耐久性を含めた信頼性を向上させ、完全な状態で望めれば良いと考えていました。

このプロジェクトは少数精鋭の集団でしたが良い人材に恵まれ、また研究所の多大なバックアップの元に、幸運にも好成績を収めることができました。

プロジェクトメンバーに指名された時、当時の研究所長の千々岩氏は私にこう言ったのでした。『幸運の女神をふり返らすことは役員室の仕事として実行するが、その女神の前髪をつかむのは君の仕事だよ』

その言葉の意味を認識し、常に全力投球で私達メンバーはレースで戦ってきました。

RCBの名前はこの時に付けられたものです。ボルドール24時間レースでの4連勝をはじめ多くの成果を収め、初期の目標を達成しました。RCBのエンジンは、本当にすばらしいポテンシャルを秘めており、自然空冷のエンジンとしてはほぼ限界に近いマシンであったと思います。RCBとの4年間の戦いは、責任者であった私にとっては、いつの日にか機会があれば記録として残しておきたいと願っています。

一方アメリカでは、デイトナ200マイルレースが頂点のレースとして大変に人気が高まっていました。アメリカ・ホンダは早速、1970年のデイトナに4台のCB750Rをエントリーし、ディックマンによる勝利を得ています。1973年には、隅谷選手が同上６位に入賞していますが、優勝からは見放されていました。

1978年にCB900F（DOHC）が上市されると、耐久レースも徐々にCB900ベースのRS1000へと移行していったのです。RS1000は耐久仕様とスプリント仕様があり、このスプリント仕様をアメリカに供給して戦って来ました。けれども４サイクルのRS1000では、２サイクルの750ccを相手としては苦戦を強いられていました。

技術規則はアメリカ独自のもので、２サイクル車は750cc以下のプロトタイプまで可、４サイクル車は1,000cc以下のプロトタイプまで可となっていたのです。この時代は、重量、出力の面などから見て、２サイクルエンジンが圧倒的に有利だったのです。

この大きなハンディキャップを修正すべく、主催者側も重い腰をやっと上げ改正することになったのは1983年からでした。その前年、私達は改めてデイトナに挑戦したのです。“大きなハンデのある４サイクル1,000ccで、２サイクル750ccを何としてでも打ち破りたい、その機会は今年限りなのだ”ということを強く感じていました。そこでRS1000RWの開発が始まったのです。

水冷･V型４気筒のこのRS1000RW用エンジンはすばらしく、水冷化による安定性が高く、高回転、高出力に充分耐えるものでした。

前評判ではフレディ・スペンサーとマイク・ボールドウィンの２台のRS1000RWが、２サイクル陣のケニー・ロバーツを上回っていました。レースの序盤は対等にわたり合っていたのですが、重い車重と高出力にタイヤがまず悲鳴をあげたのです。

わずか12周で２台ともラバーが剥離（はくり）しピットイン、タイヤを交換しても同じ物しか用意されていなかったため、次の12周でもう一度タイヤ交換をするという事態となり、勝てる機会は充分にあったのに目標を達成することができませんでした。

スーパーバイクシリーズは1979年に登場したCB750Fをベースとしてアメリカホンダで改造が施され、レースに参戦していました。主要なパーツはRS1000の部品を流用し、ピストンやコンロッド等はアメリカ製でした。

このマシンとフレディ・スペンサーの組み合わせにより、多くのレースに勝利を収めています。

以上のように、ホンダの二輪ワークス活動には現在に至るまで、CB系のマシンが常にレースと深く関与し続けているといえるでしょう。

第14章

CB1100R

ホンダCB1100RB

1980年10月発売
空冷4サイクル並列4気筒
DOHC　1,062cc
最高出力115ps／9,000rpm
変速5速リターン
始動方式セル
全長2,200mm
軸距1,490mm
最高速度230km／h以上
燃料タンク容量26ℓ
車両重量235kg
価格4,039ポンド（英国）

マン島TTレース参戦以来、欧州におけるホンダのイメージはレースで勝つ…ことにあった。だが市販車のままで戦うようになった耐久やストリートバイクレースに、ホンダはCB900Fで戦った。ライバル達は1100cc主体で排気量的に不利、そこで市販車をレーサーそのものに仕立てたCB1100Rを製作、デビュー・ウインを飾り、CBの速さを世界に示したのである。

限定生産・市販レーサーの活躍

ホンダがCR110／93／72といった市販レーサー群を送り出した1960年代から数えて20年後、再びレースで勝つためのマシンが世界市場へ向けて送り出された。

その名もCB1100R、1980年8月のイギリスのアールズコート・ショーに展示され、9月から出荷が開始された。市場ターゲットはレースに参戦するライダー達に合わせられた。イギリスのシェル・スーパーバイク、オーストラリアのカストロール耐久レースなどで、真のホンダインラインパワーを立証するために造られたマシンであった。

日本の各メーカーは、1970年代からホンダを見習うようにして、次々に並列4気筒車を開発した。ホンダのSOHCのCB系に対して、カワサキとスズキはDOHC、またヤマハはDOHCながらXS1000をプロトタイプ車として公表した後に、なんと1100ccに拡大してリリースしていたのだ。

ホンダはこの間、1974年に水冷でSOHC水平4気筒のGL1000を、1978年には空冷並列6気筒DOHCのCBXを、1,024ccでデビューさせた。GLはツアラーであり、スーパースポーツのCBXにしても実際のレースでは車体とエンジンのバランスが悪く、他社の4気筒車に対して苦戦を強いられたのである。こうした状況を打破しようと開発されたのが、CB900Fボルドールだったが、完全な量産車のままでレースにて他車に対抗するには、100cc差のZやGS、200cc差のXS1100が相手では、やはり排気量の面で不利であった。

しかしこのような生産時のままの完全ノーマルの1,000ccクラスのマシンで競うプロダクションレースは、日本国内では開催されていなかった。したがって日本の各メーカーから見ると、「唯一とはいえ、オーストラリア国内での単なるローカルレース」というイメージでしかなかった。それも無理からぬことで、“アマルー6時間”とも呼ばれたカストロール6時間は、地元の二輪誌や新聞にこそ、こぞって大きく取りあげられていたものの、排気系はもちろん、ハンドルやシートまでSTDのマシンがゼッケンを付けて走るために、レースはレーサーで走るものという考え方の強かった日本では誰も気にとめることがなかったのである。

だがこのレースは、オーストラリアやニュージーランドでは日本の鈴鹿8時間耐久に匹敵する大イベントで、その勝者達は“プロダクション・レーシング・スペシャリスト”として脚光を浴びていた。

チューンアップを施さないで、量産車のままでレースを行なうという、当時の日本やヨーロッパでは考えられないようなイベントは、1972年から始まった。それが、オーストラリアのカストロール6時間耐久レースであった。

市販車における“ナンバー1マシン”を見極めることができることが、ライダー達の間にひろまり、加えてその様子がテレビ放映されるようになった。そのレースの戦歴により、一般の人達は各車のポテンシャルを明確に理解でき、回を重ねるごとに人気が高まっていったのである。

日本と四季が逆のオーストラリアは、レースシーズンが11月から12月にピークを迎え、翌年のヨーロッパのレースに出走する際の調整に都合が良く、今日でもGPレーサーのタイヤテスト等が行なわれている。10月に、シドニーのアマルーパークで開催されるカストロール6時間は公開練習が6日間と長く、その間にほぼ雨天から晴れの条件下の走行を経験できるため、ライダーがコースに慣れてマシンのセットアップも余裕を持って行なえるという、安全面でもよく考えられたレース・スケジュールが好評だった。

ライダーは1台につき2人で、排気量区分は無制限、501〜750、500、250ccの5クラス混走で開催された。

1972年には、カワサキH2が無制限と501〜750ccの2クラスを制覇、500ccをカワサキH1、250ccではヤマハDXが勝った。翌1973年は、発売されたばかりのカワサキZ1が堂々の1位。2位は後に鈴鹿8時間耐久レースをRCBで走ることになるトニー・ハットンのBMW R75/5が入賞した。また後年カワサキのワークスライダーとなるグレッグ・ハンスフォードもヤマハTX500を駆って出走していた。1973〜77年の間の戦歴は、Z1系が強く、1978年以降はGS1000やXS1100が上位を占めた。デビューしたばかりのホンダ車、CB900Fはその排気量以上の走りを見せたが、100〜200cc排気量の大きいGSやXS相手のノーマル車対決では絶対的に不利であった。

そのうちCB900Fが上位に食い込むことはまったく不可能になり、それどころか、“周遅れ”の台数が2ケタに及ぶようになった。スズキがヤマハに対抗し

CB1100Rの開発スケッチ、1人乗りで作業が進められたことがわかる。CB1000Rとサイド部にあり、フェアリングと大型タンクはこのまま量産化された。ホイールはより星型に近い剛性の高いRS1000のリア的フォルム。

て新設計エンジンのGSX1100Eをリリースしたこともあり、ホンダ・オーストラリアは急遽日本に向けて“最速の1100cc”のオーダーを入れたのである。

出場できるマシンは、オーストラリア国内で100台以上の販売実績があり、“市販車”として公認されたものに限られた。加えてFIMのレギュレーションでは、年間生産台数が10万台以上のメーカーの場合1,000台以上生産していないと市販車と認められないため、そうでないものはプロダクションレースに出場することができなかった。このような経緯から生み出されたCB1100Rには、最初から市販車のままで勝てるポテンシャルが宿命づけられた運命にあった。開発に際しては、CB750Rデイトナレーサー以来ホンダ4気筒にこだわってきた社内チームである“ブルーヘルメット”のCB900F改耐久レーサーがベースとなった。加えて量産車としての条件をクリヤーするために、1,000台プラス50台が造られることになった。

こうした事情で造られたCB1100Rは、一見してCB900Fのボア拡大車に見えたが、レース用のフレームそしてエンジンなど内容はRS1000耐久レーサーとほぼ同様に手組みによって仕上げられていた。

1981年型CB1100RBは市販レーサーとして設計され、エンジンにはアルミ鍛造ピストン使用により、10.0という空冷では限界に近い高圧縮比を実現、1,062ccから115ps／9,000rpmを絞り出した。また海外の試乗ではゼロヨン11.5秒、最高速度218km/h以上を記録。レース設定のためシートは1人乗り、耐久レースにも使用可能な26ℓ大容量タンクをもち、クロモリフレームもFとは別物で、右下部が外せない完全なループ構造、またフロントフォークは、すでに北米向けにφ39mmの開発が終わっていたものの、φ37mmのエアアシスト付きを採用。リアショックはリザーバータンク付きで、プリロード5段、減衰調整は圧側2段・伸び側3段のフルアジャスタブルタイプが装着された。ストロークはフロント140mm、リア110mmで、CB900Fよりもホイール移動量が抑えられていた。重量は233kg、初期出荷分はカウルの生産が間に合わずノンカウ

レンダリングを具体化したCB1100Rのクレイモデルで、ベースはリアフェンダーの長いCB900FAと考えられる。独特のR系タンクフォルムが確立され、サイド&テールカウルも量産型に近い。なお初期の生産車はフェアリングがなかった。

ル仕様であったが、前面投影面積が少ないぶん最高速度は10km/hほど高かった。

RBはまず100台のオーストラリア仕様がノンカウルタイプで出荷され、1980年10月19日その中の３台が、突然アマルーパークに姿を見せた。赤と白のインターナショナルカラーに塗装されたマシンは、もちろん矢のように走り、マイク・ニール、アラン・デッカーなどによって、カストロール６時間耐久レースの上位を簡単に独占した。

当時のホンダは、レース活動の主力をホンダUK（ホンダ・ブリテン）においてNR500を開発、当初イギリス人ライダーのミック・グラントに乗せるなど、プロダクションからGPレースまでをフォローしていた。

CB1100Rの発表があった1980年のイギリスMCN（モーターサイクルニュース）ストリートバイク・レースでは、カワサキGPZ1100とスズキGSX1100が上位を占めていた。無改造でも速い1,100ccマシンがこうしたレースで勝つ条件であったのだ。それを踏まえて1981年イギリスでのシーズンへ向けてホンダが放ったマシンがCB1100RCで、イギリスには100台が割り当てられた。ホモロゲーションを得て、当時のTTF-1ライダーのロン・ハスラムとホンダ・ブリテンチームは、冬季にオーストラリアへ遠征してテストランを行なうほどの熱の入れようだった。

オーストラリアでのカストロール６時間を参考にして、MCNとシェル石油がスポンサーとなった1981年度のイギリスにおけるストリートバイクレースではホンダのハスラムとダンロップのCB1100Rに対し、ヘロンスズキはGSX1100Eにミック・グラント、また発売されたばかりのZ1100GPにはモリワキZ1Rでイギリスを転戦していたワイン・ガードナーが乗ることになった。

記念すべきその第１戦は４月に、カドウェルパークで開催された。ルマン式スタートながら、最初から飛び出したハスラムが１位、以下２位にZ1100GPのクリス・ガイ、３位はプライベート出場のCB1100Rのグレッグ・ペイジ、４位にGSX1100Eのピーター・スコルド、５位にガードナーが入った。ハスラムの平均速度は122.976km/hであり、同じコースでのガードナーによるモリワキZ1RにおけるMCNスーパーバイク１位の時の134.032km/h、スズキGS1000でF-1に勝ったグレーム・クロスビーの135.200km/hと比較しても、CB1100Rが市販車のままであることを考えれば、かなりのポテンシャルを示したといえる。

CB1100Rのモックアップでは、レンダリング同様に穴あきディスクブレーキを装着していたが、量産では見送られた。1970年代の象徴だったトリコロールカラーを脱した赤／白のカラーリングは、今日に至るまでCBの定番となった。

1980年10月のオーストラリアにおけるカストロール６時間耐久に間に合うよう開発されたのが1981年型CB1100RB。逆輸入車ブームの代表として、世界中から日本に持ち込まれるほどに、CBファンあこがれのマシンだった。

レースでは変更自由なタイヤ選択がレースの鍵を握っていた。ホンダ・ブリテンは、その時点では未発表だったピレリ・ファントムをイタリアから空輸してCB1100Rのリアに装着したのである。彼らは“粘り”でピレリを選んだが、以後のレースではメッツラーを装着した。

ハスラムとCB1100Rは、6月のスネッタートンとドニントンパーク、8月のオールトンパーク、9月のスカボローとマロリーパーク、10月のブランズハッチで圧勝して、見事ストリートバイクの初代チャンピオンに輝いたのである。

しかし、1981年のカストロール6時間でのホンダ車のエントリーは1台のみ、それもCB900Fであったのは皮肉といえた。CB1100Rは高価なマシンなため、ホンダのディーラーはショールームに展示するのみで、レースに参加しなかったのである。ちなみに予選通過の32台の内訳は、スズキGSX1100Eが6台、GSX750Eが7台、ヤマハXS1100が3台、XS750が8台、カワサキZ1100GPが1台、Z750GPが2台、他にドゥカティ・パンタ600が2台、パンタ750が1台、BMWが1台、これにCB900Fの1台を加えたものだった。結果は、1位と2位がGSX1100E、3位にXS1100が入った。そして、参加車中27台がピレリタイヤを装着しており、雨天でも優れたグリップ力を示した。

1981年、ル・マン24時間レースの前座レースのル・マン6時間に、ハーフカウルのCB1100Rが93台中7台が走り、1、2、4、8、13位(3位はドゥカティ900SS、5位はスズキGSX1100S)でゴールした。このレースではCB900Fも多く参加し、11、12、15、16、17位と善戦した。

1位の平均時速は133.86km/hで、メインレースにおける24時間の1位の137.5km/hには及ばないが、2位のRS1000の133.10km/hよりは速かった。これはそのままCB1100Rのポテンシャルを証明するものであった。

1981年11月には、フルフェアリングが装着されたCB1100RCの量産車が、ヨーロッパのレース拠点であるホンダ・ブリテンへ届けられた。“ロケット”ことロン・ハスラムの手でグッドウッドのハンプシャー・サーキットでテストランが行なわれ、その結果、1981年のストリートバイクレースに、ハスラムはジョイ・ダンロップとともに出場することが決定した。もっともマシンの改造は、ディスクパッドをフェロード2477に、チェーンをレジナに換装した程度であった。

タイヤへのこだわりもストリートバイクレースでは大切な要素である。２代目のCB1100RCの発表に際しては、ホンダGPチームをサポートしていたミシュランを純正装着した。ミシュランタイヤの広告には「今度、私達はジャパニーズをサポートすることになった」と表現され、“HONDA has switched to Michelin.”とも加えられた。RCモデルからはホンダ・ブリテン中心の車造りが行なわれた結果、初代CB1100RBのイギリス向けは100台であったが、RCでは150台に増やされた。

ロン・ハスラムによりイギリスでのストリートバイク・チャンピオンを得たことから評価が高まり、CB1100Rの生産続行が決定し、次いで生み出されたのがCB1100RCであった。車体系部品の見直しが図られ、アンチダイブ付きの39ϕmmのフォークはCB750FCと同径ながらストロークが114mmで、内部もエアアシストフォークをはじめアウターチューブも別物で、リバウンド側が３段階調節できた。

リアサスもレース用に吟味された内容のものとなり、ダンパーは、リバウンド４×コンプレッション３×スプリング５とスプリングのプリロードと併せると各段階60の組み合わせが可能だった。またスプリングはレース用の柔らかいものを使用しており、ホイールストロークは105mmに設定され、18インチのゴールドコムスターを装備、車重は233kgでRBと同じであった。またヨーロッパではスーパースポーツとしてのツーリングユースの希望もあり、シートは２人乗り仕様になった。イギリス二輪車専門誌のテストで228km/hをマーク。エンジン出力は120ps／9,000rpmと５ps向上、タイヤはミシュランA48、M48を装着した。

“ロー・ドラッグ”と呼ばれたアンダーカウル部にカーボンファイバーを用いたフルフェアリングをはじめ、足回りの全面見直しが実施されたのである。エンジンの変更はなかったが、２次減速値は17／39＝2.294とリアスプロケットが１歯減らされたものの、0—400m加速実測値は11.5秒と変化なく、逆に400m通過時の速度はカウル抵抗の大きいRBの188.224km/hから、RCでは189.92km/hと向上するなど、高速時の空気抵抗が減少したことを立証するデータが測定された。外国誌の最高速度のテストでも、RBは218.544km/hであったのに対し、RCでは228.32km/hに伸びた。

最後モデルのCB1100RD。1982年のRCをリファインして新型カウルをはじめ、角型スイングアームなどを装備した1983年型。シートはカバーを外すと２人乗りもできるなど、ツーリングも可能なモデルで今日でも人気が高い。

CB1100Rのエンジンは、4,500〜8,500rpmまで直線的に立ち上がるパワーカーブを持ち、トルクカーブは6,000〜8,000rpmがフラットになっており、特性的にもサーキット用セッティングであった。

1983年にはCB1100RDが登場した。RCのリファインモデルで、カウル部がコンパクト化され、RCと同じ1,500台が販売されたが、発売前からRB、RCとともに日本では逆輸入車のステイタスモデルとしてホンダマニア達の購入最大目標でもあった。角パイプスイングアームを採用したのが特徴だった。

打倒CB1100Rをめざして、スズキはGSX1100Eをスープアップ、0—400mで11.001秒、通過速度において194.32km/hをマークし、カワサキのGPZ1100に至っては0—400mが11.017秒、通過速度195.36km/hと世間のライダー達を驚かすに充分なデータを記録した。

このためホンダも、この２車に対抗する目的でCB1100Fを1983年にリリースすることを決定したのであろう。

当時、ホンダは水冷のV型4気筒車に力を入れてシリーズ化していた。他社が力を入れていた1,000、1,100cc並列4気筒車モデルに対抗するマシンがなく、ホンダファン達は、旧式化したCB900Fに乗り続けなければならなかった。

こうした状況に対して、DOHCインライン・フォアの投入で後手に回った1970年代後半と同様な事態を招かないために、ホンダは、スーパーボルドールCB1100Fを特別にCB1100Rの普及型として登場させたのである。

全体的にはCB750／900FC系と同じようなメカニズムに感じさせられたが、排気量アップ分に見合う改善がなされてのデビューであった。CB1100R同様の70×69mm、1,062ccのパワーユニットは、圧縮比を10→9.7へ落としながらも、出力は歴代CB-F系では最強の110ps／8,500rpm、9.9kg-m／7,500rpmをマーク。また対米仕様は105ps、ドイツ向けは100psであった。また、ヨーロッパ向けはヘッドライト部が円形のCB750FCスタイルを継承したが、アメリカ向けでは他社の1,100cc達と対抗するため、角形のヘッドライトにビキニカウルを装着した。

パワーアップにともない、ホイール／タイヤはCB900FCより太くなり、F110/90-18、R130/90/17のVレートタイヤ＋ブーメラン・コムスターのゴールド仕上げを装着した。だがアメリカ仕様はVF750系と同じ6本スポークのキャストホイールを採用した。これは質感的にコムスターのデザインが、アメリカ人に好まれなかったことに起因するものであった。

CB1100Fのデビューは、1982年のドイツケルンでのIFMAであった。多くの人達はその仕様と仕上がりを“スーパースポーツのあるべき姿と考え、またホンダが待望のインライン・フォアの1,100ccを出してくれた”と感激した。市販に移されたCB1100Fは、ホンダの主力がCB1100Rに代わって登場したV4のVF1000R、そしてツーリングモデルVF1100などに代替されていく中で、多くの固定した“F”ファンを増やしていった。

CB1100Rは、ホンダが放ったCR以来の“市販レーサー”という存在ゆえに当初から超プレミアムがつき、足跡を追ってみると多くはレースに参加することなくしまい込まれ、コレクターズアイテム的なモデルと扱われてしまった。しかし、そのフォルムは、再現を熱望するライダー達に応えて、その後のCB400／1000SF系に見事なまでにフィードバックされた。またCB1100Rの反響により、スズキはGS1000S、カワサキはKZ1000Rをリリースしたことも、忘れてならない事実といえよう。

ただ、当時のアメリカ市場においては、公害対策の問題や、レース人気の動向がストリートバイクよりもノーマル車をフルチューンしたマシンによるAMAスーパーバイクにあったため、アメリカ・ホンダではこのCB1100Rを欲しがらなかったといわれる。しかしアメリカのマニア達がRB、RCともにヨーロッパから輸入したことでホンダマニアの憧れとなり、それが後のCB1100F北米仕様誕生のきっかけとなったことからも、CB1100Rの偉大さがわかるというものだ。

CB1100RBが大活躍したイギリスのストリートバイクシリーズでチャンピオンになったロン・ハスラムの走行シーンをアピールしたCB1100RCの広告。ロン・ハスラムは1980年代におけるホンダ・ブリテンでのエースライダーであり、世界GPではNR500やエルフホンダを駆り、CB1100RBでは全戦全勝を飾った。

第15章

CB400SF・CB1000SF・CB1300SF

ホンダCB1300 SUPER FOUR

2006年１月発売
水冷4サイクル直列4気筒
DOHC 1,284cc
最高出力100ps／7,000rpm
変速5速リターン
始動方式セル
全長2,220mm
軸距1,515mm
燃料タンク容量21ℓ
車両重量232kg
価格1,050,000円
価格1,123,500円（ABS付）

プロジェクトBIG-1の進化はとどまらず、ベストセラーを続けるCB400SF、CB1000SFを経てCB史上での最大排気量1300SFが誕生。常にエンジンや車体を見極め、時代性に適合させてゆくホンダ技術者達は「自分の乗りたいバイク」を送り出してきた。その結果、ABS装着車やハーフカウルのSUPER BOL D'ORも加わり、充実のCBストーリーが展開されているのである。

CB、水冷フォアの時代へ

CBフォア・モデルの進化は1983年、空冷CBX400が進化して低中速回転域で２バルブ、高回転域で４バルブ作動という可変バルブREV搭載のCBR400FにはじまるレーサーレプリカREV系になってゆくことで始まった。またコンパクトな背面ACGパワーユニットを持つCBX系が1982年より650、400両カスタム系に登場したのに続いてCB750Fは第3世代のCBX750Fへと進化し、空冷インライン・フォア人気を継続していった。

だがライバル達はホンダが1982年から市場投入を開始した、新構想の水冷V４パワーユニット系VF、VFR系に対抗しようと、主力モデルを続々と水冷インライン・フォアにした。このためホンダは対抗策として空冷インライン・フォア系のトラッド＝正統派スタイルと趣を異にした、新設計水冷DOHCパワーユニットを流麗なフルカバードフェアリングで包んだCBR250R、CBR400Rをまず1986年7月に登場させる。

続いて翌年にCBR600F、CBR750、CBR1000Fを加えCBRシリーズを形成、ニックネームも仕向け地によって異なり、日本向けはスーパーエアロやエアロ＝Aero（空力)、北米向けはハリケーン＝Hurricane（台風の意味）などと命名された。CBRは当初はスーパーツーリングスポーツ車的な存在であったが250、400は日本、600は欧米向けの、それぞれレーサーレプリカへの道程を歩んでゆく。

1980年代後半になり、日本車のほとんどがカウル付のバイクになった感を与えるなか、日本の各メーカーは従来から存在するトラッドなバイクのフォルムを再現したモデル達をリリースすることになる。カウルがないことからネイキッド＝NAKID（裸の意味）バイクと呼ばれて登場、最も需要の見込まれた中型免許400ccクラスには1989年の段階でカワサキが空冷＝ゼファーZR400C、スズキが水冷＝バンディット400を送り出したのに対し、ホンダは水冷のCB-1を投入した。

当時のホンダはレースからロードスポーツ系に水冷Ｖ４はVFR、インライン・フォアはCBRをリリースしていた。しかしCB本来のモーターサイクルら

CB1000 SUPER FOURの開発時のスケッチ、CBRのエンジンの前後にホイールを置いて自ずと出来上がった姿は、まさに水冷エンジンのセクシーさ、豪快なタンクとテールカウルの存在性が融合。これをモデラー達が具現化してゆき製品に仕上げられた。

CB400 SUPER FOURの最終段階のスケッチ。日本市場におけるネイキッドバイクのトップになるべき使命を与えられていた。ヘッド部分にフィンが刻まれ、カラーリングも単色で1000と差別化。しかしBIG-1思想の水冷＝太い走りをめざして開発が進んだ。

しさを探求した結果、CBの原点へ戻る意味から「デザイン的に美しく独自性を出して」誕生させたのが1989年3月登場の「CB-1」だった。輸出名称もCB-1と同名とし型式は「CB400FL／NC27」として全世界で発売、新CBフォアイメージを与えた。CBRのNC23Eエンジンを露出＝ネイキッド化してシンプルな極太の炭素鋼管＝パイプフレームに搭載、CB-1のデザインは海外でも評価され、販売面で期待された。だが海外では排気量が少なすぎ、国内市場では同クラスのライバル達に対して不利な面もあり、価格＝ゼファーより１割以上高く、装備＝バンディットのフロント・ダブルディスクに対しシングルディスクブレーキ、など購入動機面で思ったほどの人気が得られなかった。

そうしたなかで1991年３月にはCBR250Rの水冷DOHCフォア系ユニットを低中速域重視にして、オーソドックスなダブルクレードルフレームに搭載。「誰もが思い浮かべるオートバイの形態を追求」したジェイド＝JADE（ひすい色の意味）「MC23 CB250F」が登場、かつてのCB900FZをほうふつとさせるスタイルが特徴だった。

さらに４カ月後には「オートバイの標準型」としてCBX750FのRC17E＝空冷DOHCフォア＋オイルクーラー付ユニットをダブルクレードルフレームに搭載したアメリカンスタイルのナイトホークCB750C／RC39が登場、ホンダの「バイクらしさ」の探求がいよいよ開始されたのである。

PROJECT BIG-1

そしてCB1000 SUPER FOUR がプロトタイプとして、1991年10月の東京モーターショーで発表され、かつてないほどのバイクらしいフォルムが絶賛された。本田技術研究所朝霞研究所のデザイナー、技術者、モデラーのバイク好き達が「本当に自分達の乗りたいモーターサイクル造り」をめざし、心血を注いで生み出したのがSUPER FOUR “PROJECT BIG-1” である。BIG-1とは「迫力ナンバー１」「存在感ナンバー１」「ライダーにとってのナンバー１」という意味合いがあり、「評価の厳しい国内ビッグバイク市場に対するホンダのネイキッド・スーパースポーツはどのようにあるべきか」を真剣に考え、条件的に「①水冷４サイクルDOHC直列４気筒エンジンを搭載＝パワー確保。②ボディはあくまでもセクシー＆ワイルド＝スタイルの美しさ。③走る者の心を魅了する感動性能を有する＝高性能。」というコンセプトで開発、加えてライダーを満足させる存在感、高次元での限界性能と感動性能を両立させる…ことが決定した。

SUPER FOURの発売に先立ち、伝統のCB750の復活が決定、1991年７月から投入されていた北米向けを主体にしたアメリカンタイプ「ホンダナイトホーク」ことCB750C／RC39をベースに、欧州向けの750ccクラス・スタンダード・ロードスポーツとして1992年２月に「RC42 CB750FⅡN」が市場投入された。

1983年に登場した背面ACGの空冷CBX750F系のRC17Eは空冷４サイクル直

CB史上において最も長期にわたり生産され続けていた空冷DOHCフォア。第三世代のCBXである背面ACGエンジンを搭載。10年の間をおいて登場。欧州ではセブン・フィフティと呼ばれ、ネイキッドファン達に今日まで熱狂的に支持されている。

列4気筒4バルブDOHC、67×53mm、747cc、75ps／8,500rpmを基本に大型オイルクーラーを加え、車体は前後17インチタイヤ、トリプル・ディスクブレーキ、高性能サスペンション＝リザーバー付リアショック装着などで走行性をグレードアップしたもので、20リッター大容量タンクのボリュームあるスタイルの「新標準型ロードスポーツ」として確立した。海外向けは750を意味する「CB SEVEN FIFTY」と命名、1969年夏に登場したCB750FOURの再来と…大歓迎されたのである。

CB400 SUPER FOUR、1000に先立ちデビュー

そして“PROJECT BIG-1”の第1弾として1992年3月、まず日本市場のために専用開発されたCB400 SUPER FOUR／NC31がデビューと「報道発表」。4月24日にソリッドカラー車、6月10日にはツートンカラー車が発売された。独立した三角形のサイドカバー部にはCB400に加えて誇らしげな「PROJECT BIG 1」のロゴがあった。

搭載エンジンはBIG-1の条件を満たした水冷4サイクルDOHC直列4気筒399cc。NC23E型＝55×42mmは基本的にCBR400RR、CB-1と同値だが内容は異なり、エンジン構成パーツのほとんどが一新された。これは開発担当者がBIG-1のデザインイメージにあわせたエンジン特性にしたもので、「特に日常使用する機会の多い低・中回転域で扱い易く力強い出力特性とするとともに、高速道

CB400 SUPER FOUR（1992年）
1991年東京モーターショーのCB1000 SUPER FOUR公開からわずか半年、いちはやくBIG-1として登場したのがCB400 SUPER FOUR。中型免許ライダーにとって1000と同様の豪快な仕上がりは魅力そのもの。クラストップの人気車となる。

路などの走行に、いつでも必要な高回転域でも力強く爽快な走り味を実現できるように。」ということが数値でも把握でき、特に加速重視の設計に変更された。

差別化をはかるためクランクが新設計＝CB-1のおむすび型から7割も慣性を増したほぼフルサークル型に。シリンダーヘッドはポート角度を上向き33度から水平５度に変更、ポート長を短く径も29から26mmにして細めて流速をアップ。カムシャフトは、CB-1よりやや高速型（IN5－35、EX35－5度）。キャブレターはCB-1のVGに対しCBR系のVPを装着。圧縮比はCBRの11.7に対してCB-1と同じ11.3に設定。出力は53ps／11,000rpmでCB-1と同値。最大トルク3.7kg-mはCB-1と同値ながら発生回転数は500rpm低い9,500rpmに設定、グンと扱いやすくされた。

空冷的な冷却フィンを設け、エンジン側面部分はバフ仕上げ＋精悍な艶消しグレーメタリック塗装を施し、新パワーユニットであることを強調。オールステンレス製のエキゾースト系と、サイレンサーもメガフォンタイプと高性能イメージを与えた。

ミッション変速比はCBRとCB-1が共通なのに対しCB400 SUPER FOURは２－６速をワイド化した2.294－1.750－1.428－1.240－1.130となりパワーとトルクに合わせたものに。２次減速比値はCBRの2.600、CB-1の2.466に対し2.800と３車中で最も大きく設定され加速重視のセッティングにされた。

車体設計も大型化して「快適な乗り心地と優れた走行性能を両立」という設計方針を貫くようになる。フレームはホンダCB750FOUR系以来、伝統の丸パイプ・ダブルクレードルフレームを採用、CB-1のツインチューブ式ダイヤモンド型とは別格のものとなった。加えて1,455mmと長いホイーベースを採用したことも特徴であり、400ccクラスのロードスポーツで最長、なんと1969年の初代CB750FOURとほぼ同じ数値の車格が与えられたことでも注目に値する。CB-1はコンパクトに徹し1,385mm＝俗にいう1970年代500ccGPレーサーの寸法に設定、CBRの1,370mmに比較すると85mmも大きいもので、CB400 SUPER FOURの車格は他社の750ccを凌いだ。

特筆すべき点は、キャスター／トレール値がCB-1の25度30分／99mmに対しフォークを寝かせ、初代CB750FOURの27度／95mmに近い27度15分／109mmに設定されたことで、直進性重視のステアリングヘッド部のセッティングがなされた。 空車時の軸重はフロント／リア比較でCBRの51／49、CB-1の49.2／50.8に対して48.7／51.3パーセントで、後輪荷重を大きくしたセッティングに設定された。

全体のフォルムはCB1000 SUPER FOUR・BIG 1に習ったもので、ベース的にはいわゆる1981年デビューの限定市販スーパーバイクレーサーであるCB1100Rをほうふつとさせ、滑らかな曲線曲面のボリューム感ある大容量18リッターで、400クラスの最大容量のタンクシェルを持つ点で「BIG-1」思想を感じさせ、高速ツーリング時に断然有利だった。

足回りはフロントにショーワ製フォークを装備、750～1100ccクラスに匹敵するCBRと同径の41mm極太フォークを装備。リアはCB750と同様ショーワ製ゴールド・リザーバータンク付を採用してライバル達に対抗、常に安定した減衰力特性を発揮。スイングアームも80×33.5mm極太アルミを採用した。フロントブレーキは296mm径フローティングのダブル・ディスクに2ポット・ニッシン製キャリパー、リアは240mmディスクを装備。タイヤはCB-1と同サイズのフロント110／70、リア140／70の17インチを、軽量3本スポークキャストホイールに履きバネ下重量を軽減する対策がされた。また日常の使い勝手も工夫され、ダブルシート下部にツーリング時の小物類を収納できるように5.5リッター容量のユーティリティボックスを装備、さらにテールアップしたリアカウルの下側には荷掛け用フックを左右2箇所ずつ設け、重量増になるにもかかわらずセンタースタンドを標準化、タイヤ交換など日常でのメンテナンス性にも配慮した設計になっていた。

価格もソリッドで589,000円、２トーンカラー車は１万円高に設定。当初はシンプルなソリッドカラーをラインアップ。パールシャイニングイエロー、ピュアブラック、イタリアンレッドのモデルと、追って２ヵ月後にはシックなツートンカラーのブラック＋ヘビーグレーメタリック、ロイヤルシルバーメタリック＋センシティブブルーメタリックの２色を加え、合計５色を設定し選択幅を広げた。

ネイキッド車のライバル、空冷ゼファー＝46psよりは高価であったが、同じ水冷のバンディット＝59psよりもソリッドカラーでは6,000円も安く設定した。こうした結果、ボリューム感あふれる１クラス上の車格、スタイルと乗りやすさに加えて充実した装備で割安感を与えCB400 SUPER FOURはネイキッドの王者カワサキ・ゼファーを、販売量で発売４ヵ月後に抜き、クラストップに立ったのである。

いよいよCB1000 SUPER FOURが国内デビュー

1992年11月には、PROJECT BIG-1の本命ともいえるCB1000 SUPER FOUR「SC30 CB1000SF」が国内発売され、新たなるCBストーリーがスタートした。排気量はジャスト１リッターが与えられたが、理由は担当デザイナーが1987年型から輸出されていたCBR1000Fユニットの無骨な造形美と力強さのある存在感に惚れ、開発が進んだからである。BIG-1の“直４新超流”とし①水冷エンジン→パワー。②走り→太い。③スタイル→セクシー。④コンポーネンツ→美しい。⑤存在感→堂々としている。などのテイストで構成、マニアが納得する本物の仕様となるように各部が煮詰められた。

BIG-1の条件①を満たした水冷４サイクルDOHC4バルブ直列4気筒エンジンは、国内仕様CBR1000F同様998ccのSC32E型＝77×53.6mmながらも内容は異なり、構成パーツを一新していた。カムシャフトはCBR（IN15－38、EX40－10度）から中速型にしたCB（IN5－30、EX30－５度）、カムリフトもCBR（IN8.8－EX8.5mm）に対してCB（IN7.5－EX7.3mm）に低く設定。フルトラ

CB1000 SUPER FOUR（1992年）
1991年東京モーターショー公開から1年後にデビュー。CB1100R的カラーに魅了されたCBファンが多かった。大柄なライダー向けのライディングポジションを持って登場したが、跨ってしまえば乗りやすく素直さでは他車を圧倒していた。

ンジスタPGMイグニションのタイミングも進角開始を400rpm低めるなど変更。キャブレターはCBRのケーヒン製（VP87A）に対してCBは（VP45A）＝VP系34mmを装備、圧縮比はCBRの10.5に対してCBは10.0に設定。出力はCBR国内仕様の93ps／9,000rpmに対して、93ps／8,500rpmと数値的に同じながら500rpm低い回転数で発揮、力強さを感じさせた。

ミッションの変速比はCBRの2.750－2.066－1.647－1.368－1.173－1.045の6速から、CB1000 SUPER FOURは新開発の5速2.833－1.941－1.500－1.217－1.040ワイドレシオとして、トルクの強力さをアピール。この頃に国内向けCBR1000Fも93psでリリースされたが、輸出仕様と異なり5速になり2次減速2.411に設定、対するCB1000 SUPER FOURは2.470とローギアード化され、強烈な加速力が得られる設計になっていた。

BIG-1の条件②を満たすべく車格も練られ、正統派にふさわしい前後18インチホイール＋フロント120／70、リア170／60の極太ラジアルタイヤを装着、加えて1,540mmとCBR1000Fよりも35mmも長いホイーベースを採用、43mm径極太のフロントフォークにはRCB耐久レーサーでおなじみのクイックリリース機構を盛り込んだ。BIG-1の条件③を満たすセクシーなタンクは23リッター大容量、35mmと28.6mm径パイプによる剛性の高いダブルクレードルフレームも、かつてないものであった。BIG-1の条件④を満たすコンポーネンツでは96mm径の大型メーターにステンレスリングで質感を高め、中央には水温計を配した。

ブレーキもフロント310mmフローティング・ディスク+ニッシン製異径４ポット対向ピストンのキャリパー、リアに276mm径ディスクを組み合わせていた。こうした要素によりBIG-1の条件⑤を満たす堂々とした存在感を示すことになったCB1000 SUPER FOURの広告には「ビッグワン、深まる。」とアピール、「プロジェクトが生んだ新しいふたつのビッグワン。その走り、大きく、逞しい。その存在感、気高く、強く、雄々しい。志をさらに深く磨き上げ、ビッグワンの次代へのアプローチがはじまった。」とコピーで表現された。

CB1000 SUPER FOURの価格は920,000円に設定、CB1100Rをほうふつさせるパールホワイト+キャンディレッド系とブラック+グレーメタリックのシックなカラーリング車が揃ってのデビューであった。また追って輸出仕様も生産され、名称も「CB1000」として欧州主体で出荷。性能値的には98ps／8,500rpm、8.9kg-m／6,000rpmとやや出力&トルクアップされたものの、ほぼ日本向けと近似した性能を発揮した。また仕向け地によってはブラックサイレンサー、リア・ロングフェンダーなどが装着された。

CB400 SUPER FOURの改善

400ccクラス最強のマシンに躍進したCB400 SUPER FOURであったが、ほぼ同じデーターをもちつつも空冷エンジンのヤマハXJR400が登場、スズキのバンディットも値下げに踏み切った。しかし、こうした状況下でもCB400 SUPER FOURの人気は不変であり、1992年４月の発売から12月末における登録台数は13,000台を記録、1993年１年間で17,000台もの登録がされ、400ccのネイキッド車ではベストセラー車となったのである。

そうした立場にあったCB400 SUPER FOURに対して、ホンダ技術陣は94年３月14日に種々の改良を加えたモデルにバトンタッチさせた。改良点の主部分は性能のポイントであるエンジン内部であり、ピストンヘッド部の形状を変更とともに点火時期もBTDC14度／1,200rpmに見直された。排気系もサイレンサーの内部構造が高速回転時のパワーが得られるように一新され、かつ低中速域にもパワーが出せるようになるなどさらなる煮詰めがされたのである。

さらに質感と使い勝手を向上させるため、BIG-1シリーズの統一感をもたせた新設計３眼メーターを新たに採用、デザイン的にはCB1000 SUPER FOURの水温計を燃料計に変えたものとなった。メーター部文字盤の目盛り配置もきめ細かくし、各種表示灯のレイアウトを変更、メーター照明もグリーンに変更され、またスピードとタコメーター・リング部をクロームメッキ処理して機能性とグレード感をさらに向上させた。

トップブリッジもハンドルホルダー部を別体構造とし、表面に切削加工を施しホルダー部も含めバフがけ後にクリアー塗装とするなど、ライダーが眼に触れる部分を細部に至るまで煮詰めたのである。

加えて前後ウインカー兼用のハザードランプを新採用して停車時の安全性を高めたものになった。さらに仕上げ面でも左右サイドカバーには、ステッカー＝デカール方式から立体エンブレム＝サテライトメッキ処理したものを採用。新装備されたにもかかわらず、価格は据え置きということでCB400 SUPER FOUR「NC31 CB400FⅡR」の価値は高まった。

だがライバル達も確実にグレードアップしてきていた。ライバルのヤマハXJR400に加えてスズキもカタナをネイキッド化したGSX400インパルスをCBより３万安で1994年２月に投入。カワサキも水冷エンジンのZRXをビキニカウル＋トラス・スイングアーム付でCB400 SUPER FOURと同価格で登場させた。

このためホンダも対抗策として1994年７月、新カラー車としてモーリタニアバイオレットメタリックを追加して、イメージ向上とホンダのやる気をアピールしたのである。その結果、1994年度登録台数は14,000台ラインに落ち込んだものの、CB400 SUPER FOURは日本における自動二輪車のベストセラーに輝いたのである。

CB1000 SUPER FOUR T2登場

BIG-1のフラッグシップにあり、多くのホンダファンに支持されていたCB1000 SUPER FOURは1993年シーズン3,946台の登録がされ、オーバーナナハンの当然ベストセラーの立場にあったが、これをライバル他社が手をこまねいているはずもなく1994年シーズンにはカワサキのゼファー1100が1,062cc、93ps／8,000rpmで価格849,000円、ヤマハも国産最大排気量のネイキッドモデル

CB1000 SUPER FOUR T2（1994年）
ブラックで統一されたフォルムが魅力のビキニカウル装着車T２。BIG-1コンセプトのフラッグシップモデルとしてPGMイグニッション、ブラックエキゾースト、RVF／RC45から移植したブレーキ、新型リアショックなどで走りを充実させて登場。

としてXJ1200を市場投入、1,188cc、97ps／8,000rpmで価格899,000円に設定、いずれも空冷DOHCフォア車で、水冷DOHCのCB1000 SUPER FOURに価格面での対決姿勢をみせた。

この時代の大型自動二輪車市場はリッタークラスの４気筒バイクが各種、市販されておりホンダのCBR1000Fが水冷DOHCの998cc、93psで価格960,000円、ヤマハのFJ1200が空冷DOHCの1,188cc、97psで890,000万円、ABS車が1,040,000円。カワサキのGPZ900Rは水冷DOHCの908cc、86psで799,000円、対するスズキはGSX1100Sカタナの再生産を示唆していた。

こうした時代性をとらえ、ホンダの出した回答が1994年7月に発売されたCB1000 SUPER FOUR T2「SC30 CB1000FRⅢ」だった。精悍さをもたせるため車体はブラックアウトされ、フォーク部分にビキニカウルを装着させていた。ホンダではかつてCB1100Fの北米仕様車にビキニカウルを装着して販売したことはあったが、日本市場におけるビキニカウル装着のCBはめずらしい部類といえた。ビキニカウルはヘッドライトの両端部にエア・ストリーミングダクトを設け整流効果を持たせたもので、高速時のハンドリング特性に影響を与えない工夫がされていたのが特徴だった。

操縦性をより安定させるためリアショックを一新、圧および伸び側ダンパーを４段階にアジャスト可能のショーワ製を装備、スイングアーム表面に硬質アルマイト処理を実施で質感をアップ、加えてリアタイヤもハイグリップ・コンパウンドを装着して旋回性能をよりアップ。フロントブレーキもRVF／RC45

タイプのフローティング・ディスク＋異径４ポット・キャリパーにグレードアップ、従来のブレーキレバー・アジャスト式に加えてクラッチレバーもアジャスト式を採用、前後ウインカー部にハザードを内蔵させるなど、使い勝手をグンと向上させたのである。

エンジンにも手が加わり、PGMイグニッションにスロットルの区間移動速度検知を加え点火時期を制御、数値面での変化はないものの、4,000rpmからトルクの向上がみられたため、ファイナル・スプロケットを42から43Tに変更、２次減速比では2.470から2.529へローギアード化、ホイールベースも1,540mmから1,535mmへ短くなった。エンジンやエキゾーストも外装に合わせブラックアウトされたにもかかわらず価格は２万円高の940,000円と割安感を与えた。CB1000 SUPER FOURは減速比やカウル以外のエンジン部、ブレーキ系に同じ改善がされたが価格は据え置かれた。

CB400 SUPER FOURバージョンRの登場

CB400 SUPER FOURの1994年シーズンにおける販売台数は14,245台を数えトップを維持した。だがライバル達は発売10ヵ月でヤマハXJRが954台差に迫り、カワサキZRXも9,841台、スズキのインパルスも7,700台を数えていたのである。

ライバル達には1980年代のアメリカAMAにおけるスーパーバイク・レーサーのスタイルを復活させたビキニカウル装着車が出現していた。カワサキのZRXは水冷DOHC、53psで価格599,000円、スズキもインパルス・タイプSを同じく水冷DOHC、53psで579,000円の低価格で投入してきた。

CB400 SUPER FOURが、こうした各社の追撃をかわすにはさらなるレベルアップが必要となり、1995年３月10日から投入したのがエンジンとシャシーをチューンして、さらにCB1000 SUPER FOUR・T２とイメージ的にそろえた、角型ヘッドランプ内臓のオリジナル・ビキニカウルを装備したバージョンR「ホンダNC31、CB400FⅢS」の追加だった。NC23Eエンジンの変更点はシリンダー本体部分にも冷却フィンを加え、ヘッドカバーも大型化するとともにエンジンをブラック塗装してハイパワー感を高めていた。

Rという名に恥じないように、新開発のカムシャフトが組み込まれた点も見逃せない。CB400 SUPER FOURの伝統ともされるカム作動角はIN5－35、EX35－5度の作用角度220度に対して、RはIN10－30、EX40－0度とし、作用角度220度は同じながらもバルブ開閉時期を高速化。さらにCBR譲りのPGM-IG電子制御点火を採用、スロットルセンサーの追加によってスロットル開度＋スロットル区間移動速度を検知、理想的な点火時期＝400SFの14－38度BTDCに対して、Rは高回転で有効な16－39度＝を得られるようセットアップされての登場であった。

キャブレターもVP22DからVP02AとCBRに近いものを新開発。エアーファンネル等の吸気系も一新、排気効率の良い４－２－１ブラック・エキゾーストに軽量アルミ製の別体サイレンサーを採用、排気系も新型になった。

これによって53psの出力数値は変わらないものの、発生回転数は1,000rpmも高まって、一段と幅広い回転域で力強いパワーが得られるようになりPGM-IG化で微妙なアクセル操作にも俊敏！そのもののレスポンス性を可能にしたのである。高回転化にともなう２次減速比＝スプロケット枚数の変更42から45Ｔ＝2.800から3.000にともない、ホイールベースは５mm短縮された。

またバージョンRのフレーム部ダウンチューブにはクロスパイプを追加した結果、10％もの剛性アップを実現、キャスター角も30分立った26度45分、トレールも109から104mmに短縮、ステップ類もR専用であった。

CB400 SUPER FOUR バージョンR（1995年）
CB、直４の走りへのこだわりを持ってラインナップに加わったのがバージョンR。エンジンの吸排気系パーツを見直しチューニング、シャープな走りを提供。ビキニカウルにオレンジの車体、アルミサイレンサーなどが性能の高さを示していた。

前後のサスペンションもダンパーおよびスプリングレートをあげて、コーナーリング性能をアップ。加えて高速道路などで風防効果のあるビキニカウルを新装備。ヘッドライトも新型ハロゲンバルブに高精度6分割マルチリフレクターを組み合わせたコンパクトな新角型レンズを採用。1灯式ながらもF・Fバルブの採用で2眼なみの配光が得られるよう工夫された。ハンドル幅も15mm絞られた720mmという、純ネイキッドレース対応となっての登場であった。また軽量化のためにメインスタンドは除去されサイドのみになった。

Rはパールライブブラリーオレンジとミュートブラックメタリックの2色にシルバーのサイドカバー、レッドのリアスプリング、レッドスパークプラグコード、ブラックミラーなどカラフルな装備も目立った。こうした充実の改善がされたにもかかわらず、バージョンRの価格はCB400 SUPER FOUR のわずか2万円アップという609,000円のバーゲン的な数値に設定された。

CB400 SUPER FOUR「SC31 CB400FⅡS」も改善されフロントフォークが新設計になり、ブレーキ・ディスクもRとほぼ同じ仕様に。シートについてもR仕様の新型クッション材に変えられた。またカラーリングも新しくキャンディタヒチアンブルー、ミュートブラックメタリックを新採用、従来のキャンディトランスパレントレッドとの3色で価格は据え置き。また1995年7月15日には新カラーとしてスターライトシルバーが加えられた。

バージョンSの登場

ビキニカウル付のバージョンR投入後、1996年度を迎えて400ccのネイキッド・ライバル達もすばやく動きをみせた。ヤマハXJRにもRと似通ったビキニカウル付RⅡが加わり、カワサキのゼファーにも4バルブヘッドのカイが加わろうとしていた。

こうした市場の要求を察知するようにホンダでは1996年より日本国内の販売店について250ccまでの販売を「ホンダ店」に、二輪全車種の販売店をPRO' S「プロス店」として、顧客サービスは両店「ホンダサービスネットワーク店」とした。こうしてCBなどの自動二輪車はPRO' S店扱いになることになった。
新販売店方式を踏まえて1996年2月より、改良型CB400 SUPER FOUR「NC31

CB400 SUPER FOUR バージョンS（1996年）
外観はノーマルでおとなしく、走りはバージョンRのポテンシャルを持たせて設計されたのがバージョンS。基本メカニズムはRそのもので、以降400系はスタンダードと高性能のバージョンSの２モデル時代が３年間続いてゆくことになる。

CB400FⅡT」を投入。質感をさらに高めるためにHONDAタンクロゴに立体エンブレムを新採用、エンジン部とホイールの塗装をツヤありブラックにグレードアップ、リアショック部アジャスターカバーの装備など、さらに高級感を増した。カラーリングはキャンディタヒチアンブルーとキャンディトランスパレントレッドの２色に絞られたものの価格据置ということで人気を高めた。

ホンダはさらなる新型車を400ccネイキッド・クラスにむけ投入、ライバル達を大きく引き離すべく1996年３月14日より、バージョンRを進化させた新型CB400 SUPER FOUR「NC31 CB400FⅢT」バージョンSをラインナップに加えたのである。Sは市場の動向を見据え、多様化するユーザーニーズに対応、「カウル類のないノーマルCB400 SUPER FOURスタイリングのままの高性能車が欲しい！」というCBファンの要望が高まったことに対応。Rはタコメーター内に燃料計を内臓させた２眼タイプでスタイリッシュにしていたが、Sは標準型同様に３眼で、この点で外観的に豪華といえば豪華だった。

SはちょうどCB400 SUPER FOURとバージョンRの間に立ったモデルであり、両車の価格差を埋める599,000円に設定、各モデルが１万円刻みに価格設定されたことになり、非常にリーズナブルなCB達といえた。

Sのエンジンとシャシーの基本系は型式がノーマルのⅡでなくⅢとなっている点でもわかるように「バージョンR」を流用したものであるが、エンジン塗装を新型CB400 SUPER FOUR同様のツヤありブラックを採用。エンジンの中味はカムシャフトがバージョンRと同じタイミングの（IN10－30、EX40－05度）

220度カムを組み込んでいた。加えてPGMイグニッション＝電子制御点火を採用してスロットルセンサーの追加と点火時期もBTDC16度／1,200rpm＝とRそのもの。キャブレターもRのVP02Aを装備、排気効率の良い４－２－１ブラック・エキゾーストに軽量アルミ製の別体サイレンサー装着で53ps／12,000rpmを発揮した。

車体もバージョンRのフレーム部ダウンチューブ部にクロスパイプ追加で10%の剛性アップを実現、R同様にメインスタンドは除去されサイドのみ設定。キャスター角、トレール値、２次減速比、ホイールベースもRと同値、ハンドル幅720mmもRと同値。前後のサスペンションもCB400 SUPER FOURに対して、R同様にダンピングおよびスプリングレートをあげた。

さらにブレーキ系にも手が加わり、フロント・ディスクはピン装着部を小径化、フローティング・ピンを一新して熱ぞり性能を２割アップ。キャリパーもCB1000 SUPER FOUR譲りの「NISSIN」のロゴ入りゴールド４ポットを新装備、Rの２ポットに差をつけ、さらにNRに採用していたミューの高いレジンモールド・パッドを採用、あらゆる条件での制動性能が高められたのである。

リア・ショック・スプリングはRのレッドから精悍なブラックスプリングに変更、スプリング・アジャスターにゴールドアルマイト処理を実施して高級感を演出、リザーバータンクにファクトリー仕様車と同じSHOWAマークがつけられた。さらに駆動チェーンにはゴールド・チェーンを採用、車体のカラーリングもRに採用のミュートブラックメタリックに加えイタリアンレッドとスパークリングシルバーメタリックがS専用に加わり計３色で登場。もちろん従来のバージョンRも標準型のCB400 SUPER FOURと併売された。

ネイキッド・ライバル達のポテンシャルは、市場の要求によってエンジン性能面のみならず、個々のパーツについてもこだわりをみせるようになり、ホンダもCB400 SUPER FOURおよびバージョンSの装備パーツの充実をはかる意味から、1996年12月15日から改良新型車を投入することになった。

特にデザインのイメージを決定するシートカウルのフォルムを、ショック取り付け部分からテールにかけての下側が円弧を描いた立ち上がりだったのが、テールまで直線的形状になり、シートの後半部下部も斜め上がりの直線ラインになった。標準型のCB400 SUPER FOUR「NC31 CB400FⅡv」には、それまでの旧「バージョンS」のポテンシャルを上回る新開発のニッシン製ゴールド異径４ポット対抗ピストン・キャリパーを装備、質感が高められ登場、またハンドルバー幅も735から740mmに微増させていた。

注目すべきはバージョンS「NC31 CB400FⅢv」の変化で、エンジンにはCB1000 SUPER FOURでおなじみのPGMイグニッションを採用、アルミ製サイレンサーの採用もあり、出力数値的には変わらないものの、より力強いパワーフィーリングと微細なスロットル操作にエンジンが反応するようになった点で進化がみられた。

さらにフロントブレーキには、ライバルのXJR400と対等以上の立場にと、ファン待望のイタリア・ブレンボ製ゴールド異径４ポット対向ピストン・キャリパーを装備。これに合わせフロントフォーク部には、スプリング・プリロード調整機構を組み込んだことで、フォークセッティング度が高められた。またバージョンSとしての、標準型との外観的な差別化視認性を容易にするため、タンクからシートカウル上部には太い２本のストライプが追加された。車重はCB400 SUPER FOURとバージョンＳともに174kgにまとめられ、依然として400ccネイキッド・クラスの最軽量モデルとして、その存在性をアピールしたのであった。

CB400 SUPER FOUR（1996年）
外装面のシート、テールカウル部分をデザイン変更、フロントには異径４ポットキャリパーを装着して性能面を充実。バージョンSにはフロントフォークにプリロード調整ノブを追加、イタリア製ブレンボ製キャリパーを装着、充実させた。

4本マフラーのCB400 FOUR誕生

「NEWスタンダードネイキッド　元祖直4！新たなるはじまり」と称し1997年4月21日、400ccクラスのネイキッド車としてクラシックな4本マフラーのCB400フォア「NC36、CB400Fv」が登場、400ccクラスはさらに多彩になった。ホンダではモーターサイクルの新しい価値観を種々の「感じ」で表現、CB400は「聞いて感じ」ととらえ、それをモーターサイクルの排気音として最大限に感じられる新感覚の4本メガホンマフラーを装着、あの初代CB750FOURの主張と興奮を再現したと言明していた。

それを裏付けるように、エンジンの中味は排気量以外はCB400 SUPER FOURとは別物と考えてよく、実用域の特性を向上させるため新型カムシャフトを組み込んでいた。タイミングは（IN10－18、EX30－0度）で作用角210度と少なめに設計。PGMイグニッションを採用してスロットルセンサーを追加、点火時期もBTDC11度／1,200rpmに設定。キャブレターもVE55Aを組み合わせ吸入ポートもより水平に、エアーファンネルまでの長さを10％＝27mm伸ばしてトルク重視設定にしていた。

排気効率の良い4本ストレート・エキゾーストを採用した結果、53ps／10,000rpmと標準型のCB400 SUPER FOURより1,000rpm、Sより2,000rpm低い回転数で最高出力が得られ、トルクも4.1kg-m／7,500rpmと0.4kgも大きく2,500rpmも低い回転数で最大になる、扱いやすいセッティングになっていた。低中側域の全体パワーが増した結果、なんと60km／hまではCB750に匹敵する加速力を示し、排気音も図太いものになった。ミッションも新設計で1速より3.307－2.055－1.500－1.250－1.130というローとトップは同じ値として2－4速のギア比を均等に振り分けて設計。車体もポジション的にハンドルを25mm高く26mm前に、ステップ位置も43mm下げられ8mm前にセット。

タイヤは前輪を17から18インチにサイズアップ＋スポークホイールを装備した結果、車重は192kgと18kg程だが重くなった。価格は579,000円とCB400 SUPER FOURより1万円低く設定されて発売。イタリアンレッド、ピュアブラック、キャンディオーシャングリーン車が出荷、さらに翌年3月にはチタニ

CB400 FOUR（1997年）
やはりCBといえば４本マフラー車も必要…ということから開発、しかもエンジンの中味もSUPER FOURでなくCB400 FOURにふさわしくするため低中速域重視設計、ミッションも5速、タイヤもF18／R17インチ径にするなど手の込んだモデル。

ウムメタリック、キャンディフェニックスブルーの2色新カラー「NC36 CB400W」となり、重厚さを増したのであった。

人気のバージョンSはブルーおよびシルバー系のニューカラー車を97年7月１日に加えて発売開始、タンク部にウイングマークのデカール処理を実施したのが特徴。さらに500台の限定車としてブルーカラー車に、ホワイトのストライプを車体中央に配しホワイトホイールを装着したリミテッド・エディション「NC31 CB400FⅢv」を「刺激派CB」としてアピールして価格599,000円で投入、その美しさで、あっという間に完売となった

CB1300 SUPER FOUR東京モーターショーで公開

リッターバイク市場を形成する役割をはたしていたCB1000 SUPER FOURであったが、1996年の東京モーターショーで遂にCB1300 SUPER FOURにCB王者の座を譲ることになった。ショー会場にはオーバー１リッターのネイキッド達が勢ぞろいしており、ホンダも早くから1300投入を示唆していた。その前提には1995年東京モーターショーで公開され、開発を進めて1997年３月15日より、ようやく日本発売になった「パワードカスタム、ホンダX４、SC38」の存在があった。X４は「CB1300DCv」として国内供給されPRにも「トルクアート」とダッシュ力＝加速重視のドラッグレーサーイメージながらも「CB」の名が与えられていたのである。

1997年の東京モーターショーで公開されたCB1300 SUPER FOURのスケッチ。BIG-1思想を受け継ぎ、タンクをより大きく、さらに重厚なイメージを持たせたフォルムに注目。このままの姿で市販がされ、いかにデザイン重視だったかがわかるスケッチだ。

CB1300 SUPER FOUR（1998年）
1968年東京モーターショーでCB750FOURのプロトが公開されてから30年目、CBはクラス最大の水冷1300ccとなり、リアにダブルプロリンクを持つモンスターに生まれ変わった。しかし乗ってみると「楽」であるのは万人が認めるところであった。

X４がモーターショー公開から２年もの期間を経て誕生した背景には、多様化したビッグバイク市場におけるトップの座を確保する目的があったことに他ならなかった。1997年１月期の人気トップは速さとスタイリングのCBR1100XXであったが、２位にカワサキZRX1100、６位にXJR1200、８位にGSF1200と他社製ネイキッドの台頭があった。CB1000 SUPER FOURは「次代を担うネイキッド・ロードスポーツモデルはどうあるべきか」とのテーマでホンダ技術陣が開発したわけだが、顧客による魅力を分析、「排気量」「重厚あるハンドリング」「取り回し」などが重要視されていることを踏まえて「BIG-1コンセプトを昇華」させたCB1300 SUPER FOUR「SC40 CB1300DFw」を開発、ライバル達よりも高性能な新しいCBが誕生したといえた。

開発テーマ「感動」は５つ、「所有する感動」としてスタイル、カラーリングはBIG-1コンセプトを継承しつつ力強く進化、また400にも設けられたものの1000にはなかったシートの収納を４リッター確保した点で、ユーザーニーズに確実に応えて設計された一端がわかる。「跨った瞬間の感動」はライディング・ポジションをCB1000 SUPER FOURに対してハンドルは25mm上、ステップ位置を25mm後退、ライダーの上体を起こし気味にセット、「太い走りの感動」はエンジンと排気音はマフラー容量などを吟味し低周波音で力強く、音圧も全域で高めて迫力を増したセッティングに、「余裕の感動」は加速感を充実させるためのエンジンやミッツションに、「操り、征服する感動」はハンドリングの振動特性を高回転時に低減し制動系もホンダ車初の６ポット・キャリパー装着してCBR1100XX用と同材質の焼結パッドを採用、レバー比も軽減、タコメーターの指針反応もコンピューター補正を加えリアルな回転数を得られるよう工夫「最高峰を狙うネイキッド」として開発が進められた。

BIG-1の条件にある水冷４サイクルDOHC4バルブ直列４気筒エンジンは、X４同様1,284ccのSC38E型＝78×67.2mmながらも構成パーツを一新。SC30E型つまりCB1000 SUPER FOURをベースにしたもので、ピストン軸間を同じにしていたためボア拡大は１mmに抑えられる格好になったが、ストロークアップのためにクランクシャフトとミッション間の距離を６mm伸ばした結果、ストロークを53.6mmから67.2mmと13.6mm伸ばすことで大排気量化を達成、シリンダー高は13.6mm増したがエンジンの寸法的にはSC30Eとほぼ同サイズに納められたのである。

カムシャフトはX４（IN5－30、EX40－5度）のトルク重視型を、吸気カムを変更して高回転域の充填効率をアップしていた。キャブレターはX４のケーヒン製（VEPAA）に対して、CBは同じ36mm径ながら進化型の（VEPBA）を装備、吸入管の長さを50mm縮め、ヘッド部のポートカーブをやや下げてキャブレター位置を低くしてフレームへのおさまりをコンパククト化、BIG-1のライディング・ポジションに支障のないように工夫された。

圧縮比はX４同様に9.6に設定。エキゾーストパイプ長を695mmに設定、X４より185mmも短縮して高回転を得られるように工夫した結果、出力はX４の

100ps／6,500rpmに対して100ps／7,500rpmと出力数値的に同じながら1,000rpm高い回転数で発揮、トルクも12.3kg-m／5,000rpmに近似した12.2kg-m／5,000rpmとなった。ミッションへの１次減速比はX４同様の1.652、ミッション変速比も同じもので１速より3.083—2.062—1.545—1.272—1.130の５速、２次減速比2.277もX４と共通であった。

BIG-1の条件を満たすべく車体も新たにされ、時代性から前後17インチの３本スポークキャストホイールにフロント130／70、リア190／60の極太チューブレスタイヤを装着、CB1000 SUPER FOURに対してわずか５mm長いホイーベース1,545mmの車体にまとめられた。フレームはX４のモノバックボーン＝タンク下パイプが1本となり捻(ねじ)れ中心位置を100mm下側に移動した結果、捻れ／横剛性比率をSC30の1.85倍に高めた結果、全体的には25%のフレームの剛性アップがされた。

サスペンションも見直され、45mm径極太のフロントフォークはカートリッジタイプとし、リアはダブルプロリンク方式を採用、スイングアームピボット径はSC30より5mm太い20mmに、スイングアームにツインチューブでおなじみの「目の字断面素材」を採用して10%の剛性アップを実現した。ダブルプロリンクは１Gからフルストロークまでの荷重変化をスムーズにするもので、スイングアームの後部に三角形のリンクプレートを持ち、下側はスイングアーム部装備で支点となり、プレート前側は水平にロッドが伸ばされ車体側支点に固定、プレート後端部にはリアショックを装着した。

その結果通常のプログレッシブ（可変）スプリングではスプリングの巻き変化の変わり目でスプリングの荷重カーブが急に変化したが、ダブルプロリンクでは一直線の上昇カーブを得ることに成功したのである。

CB1300 SUPER FOURの価格は依然としてCB1100Rをほうふつさせるパールホワイト＋キャンディレッド系２トーン車がSC30の２万円高という940,000円に、シルバーメタリックまたはキャンディレイズオレンジの単色車が920,000円という…３種のカラーリング車が揃ってデビュー。「CBのピークだ。CB1300」「ビッグマシンを乗りこなす」と広告でのキャッチフレーズが人目を引いた。

400ccクラスはアメリカンモデルが台頭してきていたが、ネイキッド・クラ

CB400 SUPER FOUR　50周年アニバーサリー（1998年）
バージョンSをベースにホンダの「創立50周年」を記念して、特別にRA272ホンダF－1カラーのホワイト＋レッド・ストライプに仕上げた限定50thアニバーサリースペシャル。特別生産車にもかかわらず価格は上げずにいた。

スはCBがトップの座にあった。そして1998年7月にホンダは「創立50周年」の記念限定車＝アニバーサリースペシャル車としてリトルカブ、ライブディオZXとともにCB400 SUPER FOURバージョンS「NC31 CB400FⅢw」を販売した。バージョンSには1960年代に活躍したホンダF-1マシン、RA272をイメージとしたホワイト地にレッドストライプのタンク＆テールカウル、ホイールにマグテックゴールドを施し、リアサス・スプリングはレッドに、シート側面生地をカーボン風に仕立てて500台限定販売、しかも価格は599,000円と据え置きとしたバーゲン価格であった。

HYPER VTEC採用で全域の性能確保

ホンダが自信をもって送り出したCB400 SUPER FOURも6年以上にわたるロングセラーとなったことで、フルモデルチェンジの時期を迎えようとしていた。ホンダ技術陣の提唱したBIG-1コンセプトは、そのままユーザー達に満足を与えたのも確か。このため新型モデル設計の取り組みに際して、さらなる「力強い走り＝操る楽しさと、時代に対応させた環境性能」を与えることになる。

その結果、新しく導入されたのがホンダ製の4輪車エンジンに既導入済みのVTEC＝Variable valve Timing & lift Electronic Control Systemを二輪車用に進化させた「HYPER VTEC」採用のCB400 SUPER FOUR「ホンダNC39、CB400SFx」だった。車体コードはNC39が与えられた新設計車だったが、エンジン型式はボア・ストローク不変のためか依然NC23Eが踏襲されていた。

二輪車では初ともいえる新メカニズムHYPER VTECは6,750rpmまでは2バルブ制御、それ以上の回転数では電子制御のスプールバルブが開いて4バルブになる…直押しDOHCに追加された高度なメカニズムを導入したものだった。

HYPER VTEC用に新型カムシャフトを開発採用、2バルブ時は（IN7－33、EX34－6度）の作用角220度は従来とほぼ同じ。しかし4バルブの高回転域は（IN8.6－39.6、EX35.2－12.8度）と作用角228度の準レーシング・スペックになったともいえる。点火時期も16度／1,350rpmとR、Sとほぼ同じながら150rpm高く設定。キャブレターも新型VP04Aに排気効率の良い4－2－1ブラック・エキゾーストに軽量アルミ製の別体サイレンサーで出力53ps／11,000rpmに。

これまでの出力とほぼ同値だが、最大トルクは3.9kg-m／9,500rpmと0.2kg-mも強力かつ500rpmも低回転で発生させており、低中速域はトルクフルかつ

CB400 SUPER FOUR HYPER VTEC SPEC Ⅰ（1999年）
CBライダー達に「操る楽しさ」を…ホンダの姿勢がHYPER VTECのCB導入となった。かつてCBRで採用したREV機構を進化させた低回転時2バルブ、高回転時4バルブ作動の新型エンジンを搭載。ヘッドにエアー導入機構も採用し環境面にも配慮した。

6.6%も省燃費を実現、高回転域はレーシングマシンそのものの吹き上がりを体感できるように仕上げられていたのである。

吸入側の進化とともに、排気側も環境面に配慮したエキゾーストエアインジェクションシステムで1999年10月よりの排出ガス規制を先取りしてクリヤーした点で大きく評価された。エンジンに加えて車体もほとんど新設計で、キャスター角度はNC31標準型27度15分、NC31バージョンSの26度45分からさらに25度15分と立たされ、トレール値も標準型で109mmからバージョンSで104mmになったが、NC39ではなんと89ｍｍに詰められ、ホイールベースも1,415ｍｍと35ｍｍも縮められCBR600Fに近似した数値が与えられた。

操縦安定性確保のためエンジン搭載位置は旧NC30系より10ｍｍ下げられ、フロントフォークにCBR900RRと同型式のツーピース・ボトムケースを採用したことでシャープなハンドリングを達成。タイヤもバイアスからバイテクラジアル化、フロント120／60、リア160／60のZR17 と超ワイド化、高いグリップ性能を確保したのである。こうした改善で価格もキャンディフェニックスブルー、ブラックのソリッドで609,000円。フォースシルバーメタリックがAMAスーパーバイクタイプのストライプ入り２トーンで１万円高になったが、充分に満足できるポテンシャルだった。

新型CB400 SUPER FOURは1999年度5,170台を登録、400ccネイキッド・クラスでトップに輝いた。これをうけて2000年２月１日から投入されたのがユーザーの立場に立ち、盗難防止用のキー溝を改善した強化コンビネーションスイッチを組み込んだ改良型であった。そしてリア・サスのスプリングをかつてのR的に「レッド」にして見極められるようにしていた。カラーリングが全車ストライプ入りの２トーンになり、従来からのブルーメタリック車とともにキャンディフェニックスブルーとイタリアンレッドが追加された。

カラーオーダープランシステムの導入

2001年１月23日、多様化する国内二輪車市場に向けてホンダが新たにCB400 SUPER FOUR「NC39 CB400SF1」から採用したのが「カラーオーダープラン」で、導入当初はボディ系のタンク、フロント＆リアフェンダーが７色、前後の

CB400 SUPER FOUR HYPER VTEC SPECⅡ（2002年）
２バルブから４バルブへ作動切替えは、CBRのREVでは8,000rpm、CB400 SUPER FOUR HYPER VTEC SPEC Ⅰで6,750rpmに設定。このSPEC Ⅱで6,300rpmへ下げ、実用域での体感性能を高めた。カラーオーダープランもこのモデルから実施された。

ホイールセットでホワイト、グレー、ゴールド系の３色が選択可能となり、価格は標準型が619,000円になりカラーオーダー車は２万円アップに設定。ユーザーからの特別注文で、好みのカラーを施したマシンが、通常のペイントショップに頼むよりも、格安で入手できるようになった点は生産台数の多い人気車という土壌があってのものといえた。ホンダではインターネットでカラーオーダープランがチェック可能なようにも工夫して、ネット好きなライダー達の心を捕えてゆくことになった。

2002年１月31日からCB400 SUPER FOUR「NC39 CB400SF2」が、より乗りやすいセッティングになったHYPER VETC SPECⅡを採用して登場した。注目のエンジンは吸入側の新型カムシャフトを開発してバルブタイミングを変更、２バルブ時は（IN12－28、EX34－6度）で作用角220度は従来とほぼ同じ。４バルブの高回転域では（IN13.6－34.6、EX35.2－12.8度）で作用角228度も同じであるが、２バルブから４バルブの切り替えを6,750rpmから6,300rpmへ下げて高回転を早期に得られるようにして点火マッピングも変更されたのが特徴。これによる効果は中速域の出力、トルクともに性能が高められた点にあった。従って数値的に出力53ps／11,000rpm、最大トルク3.9kg-m／9,500rpmとSPEC Iと変わらないが進化は着実にみられた。エキゾーストも新規設計になり長さの変更、サイレンサー構造も変更され6,300rpmで切り替わる際の音圧を高めて、運転中にライダーに実感できるように改善されたからだ。

サスペンション系も一新、フロントはワンピースのボトムケースを採用、ダンピングの変更、アウター上部には高速時に虫があたってのインナチューブ部分に付着しない工夫のチッピングガードを装備、リアショックもダンピングを変更して、おりからの高速道路100km／h解禁の連続走行に対応させていた。

SPECⅡの新メカニズムとしてメーター部が伝統的な3眼から2眼になったことで注目された。多機能の液晶表示部をパネル下側に設け、スピードはツイントリップと距離、タコ側に時計、残量警告機能付燃料計を組み入れパネル部に「SPECⅡ」の表記もされた。メインスイッチ操作時に指針が動く作動確認機能を加えるなど、最先端エレクトロニクス式を導入。加えてメーター間インジケーター部分にH・I・S・S＝ホンダ・イグニション・セキュリティ・システムの表記がされインジケーターも装備、暗証番号内蔵のキー以外では始動不可能となりキーを抜くとインジケーターが点滅。セキュリティ面でも一段と進化を遂げ、車両位置を検索できるココセコムもオプション設定。価格はスタンダードプラン車で629,000円。CB400 SUPER FOURは、この頃のモデルチェンジ毎に1万円のアップがみられたが、全体的に装備の充実度からみると値下げに匹敵するものといえた。またCB400 SUPER FOUR人気の主軸となったカラーオーダープランも2万円の価格アップで継続された。

CB1300 SUPER FOUR第二世代に

BIG-1誕生から10年を経て、時代性にあわせたネイキッドスポーツ車の「楽しさ」は何か？をテーマに新型CB1300 SUPER FOUR「SC54 CB1300F3」の開発がスタート。テーマを満たす条件としてホンダ技術陣は「コントロール」「サウンド」「バイブレーション」の3要素を煮詰めることで作業を進めたが、それはグラム単位の軽量化作戦といえ「SC40」の246kgから226kgと20kg減！、なんと初代BIG-1、CB1000 SUPER FOURより軽いマシンとなったのである。

「コントロール」に対しては瞬時にリニアにスロットルが反応して、意のままに走れるようにエンジン系を見直した。既にCB400 SUPER FOURがHYPER VTEC機構を採用、ヘッド部分においてカムシャフトからバルブを「直押し」のDOHC機構を採用するのに対して、上級モデルであるCB1300 SUPER FOUR

CB1300 SUPER FOUR（2003年）
CB400 SUPER FOURの歴代のモデル達が、カムからバルブを「直押し」しているのを受けてCB1300 SUPER FOURも「直押し」メカ採用、車体も初代CB1000 SUPER FOURよりもコンパクトに生まれ変わり20kg軽くなって登場。BIG-1思想の傑作CBとなった。

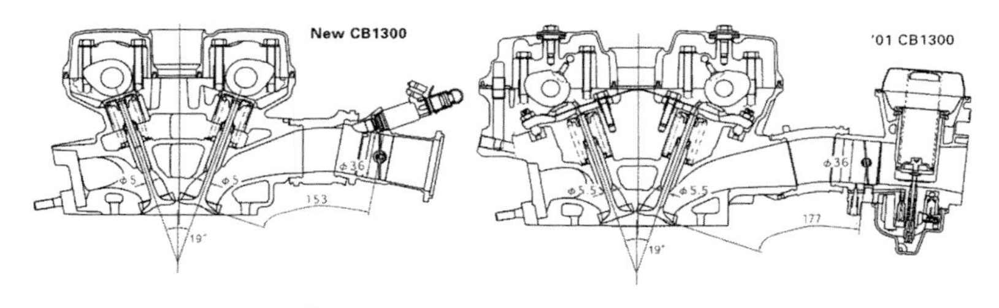

CB1300 SUPER FOUR バルブ作動比較（2003年）
CB1000 SUPER FOUR「SC30」とCB1300 SUPER FOUR「SC40」は、CBX750系のロッカーアーム作動でヘッド自体も大きい（図右）。対する新CB1300「SC54」はカムからバルブを直押しさせて作動をリニアに、燃料噴射PGM-FIの採用効果を最高に発揮している（図左）。

が空冷第3世代のCBX750に端を発する、ロッカーアームを介したバルブ作動機構を持つことにホンダ技術陣としても対策は必至と判断できた。

このためエンジン・シリンダーヘッド部に遅ればせながら「直押し」方式を導入、吸入方式も旧来のキャブレターから32ビット・プロセッサーによるPGM－FI＝デジタルフューエルインジェクションに変更。構造的にはIN、EXのバルブ挟み角19度は変更ないもののロッカーアームを廃したため、ヘッド内部タペットアジャスト部分が不要になり、ヘッドをコンパクト化した。

吸入バルブからスロットル部分までの吸入ポート長も24mmも短縮化、バルブステム径も0.5mm細めた5mmとして吸入ポートへの突き出しを減少。加えてエンジン回転数、速度、水温、吸入負圧、スロットル開度のデーターを演算して、いかなる場合にも優れた加速性能を得られるよう、三次元点火時期制御はアイドル時BTDC5度から46度／3,500rpm以上と柔軟に対応。加えて排気ポートにエアーを送り込むインジェクションシステムとPGM－FIにより、CO、HC、NOxをSC40に対して半減、国内排出ガス規制を大きくクリヤーしている。

シリンダーは初代CB1000 SUPER FOUR「SC30」同様の外観的にフィンのない水冷を強調フォルムに戻し、シリンダースリーブも切削加工品の圧入処理を、新たに円筒スリーブを鋳込んだセミクローズドタイプに変更した。

クラッチも素材の見直しでSC40の10枚構成から８枚に、作動部もSC40のV字断面シールからダブルOリングにして油圧ピストン作動をスムーズにしてレバー作動荷重を10％軽く、クラッチ板の内側にラバーダンパーを組み込み、ミッションのシフトドラムも改善することでシフティングを軽快に。こうした改善などでエンジンを８kgの軽量化に成功したのである。

「サウンド」に対しては聴覚から感じる走りの楽しさを演出するため、SC40の４－２－２左右２本出しから、360度位相４－2－１集合エキゾーストを装着。CBR1100XXに似た１－４が上、２－３が下に配置、後方ではさらに１本にまとめられた。マフラー内部には2,500rpmおよびスロットル開度28度以下の吸入負圧の少ない場合にはバルブが閉じ、それ以上ではバルブが開いて消音効果を高めるワイヤー作動による可変排気バルブを搭載。さらに２次減速部のローラーチェーン間に樹脂製ワッシャー＝ダンピングローラーをはさんだハイブリッドチェーンの採用などの積み重ねにより、日本における73dbの平成13年加速走行騒音規制値の大幅なるクリヤーに成功したのである。

「バイブレーション」に対しては心地よい鼓動感をライダーに与えるため、エンジンのフレームマウント部３ヵ所のうち後上部をラバーマウント化、トルク変動によって発生するバイブレーションや騒音を吸収、またクラッチセンターにダンパーラバーを組み込んで対応した。

またフレームはSC30同様のデュアルバックボーン・ダブルクレードルに戻しながら、ニーグリップ特性に配慮してシートレール幅を限界まで狭く、なんと７kgも軽量化したのが特徴。ホイールベースを1,515ｍｍとSC40より30mmも短く、キャスター角も２度立てた25度というクイックなセッティングにした点で走りの鋭さを狙ったことがわかる。これにあわせステップは５mm後退、シートとハンドルを11mm前に移動。加えてハンドルホルダーを逆にすることでさらに20mm前にセットできるようにしていた。

サスペンション系も新設計とし、フロントフォークもSC30同様の43mm径としつつ低フリクションシールを採用、加えて伸び側ダンピング調整ノブをフォーク上に装備、マニアックな仕上げとした。リア・スイングアームもSC30同様のツインショックに戻し、リザーバータンク付ショックはロッドも1.5mm太くした14mmにして剛性も充分なものとして、下部に伸び側15段、上部に圧縮側4段のダンピング調整ノブを持たせていた。SC40に対してブレーキ系もフロントはマスターシリンダーやキャリパーの各ピストンを小径化しフリクションを軽減、レバーは新しく6段アジャスト式に。リアはブレーキディスクを20mm小径化、下引き2ポットを上引き1ポットキャリパーに。さらにホイールも応力分散させた5本スポークにするなど…各パーツを煮詰めてのバネ下重量を軽減する努力がはらわれ、総体的に足回りで5kgの軽量化を達成した。

装備面は時代性を反映させたもので、メーター部中央の5個のインジケーター下の液晶に10通りの機能を持たせ充実感を与える工夫がされ、ヘッドライトはマルチリフレクター、テールにLED18個が組みこまれた。さらにCB400 SUPER FOURで先行採用されていたH･I･S･S＝ホンダ・イグニション・セキュリティ・システムを採用、車両位置を検索できるココセコムもオプション設定にしての登場であった。注目の価格は「SC40」の2万円高にソリッドカラー車を設定、2トーン車は1万円アップの990,000円だった。

HYPER VTECがスペックⅢに進化

CB400 SUPER FOURの人気は他社にはないHYPER VTEC機構がもたらす鋭い走りにあるといって過言でないだろう。2003年12月25日からついにHYPER VTECに進化型のSPECⅢが与えられたCB400 SUPER FOUR「N39 CB400SF3」が市場投入された。

歴代のHYPER VTECにおける2バルブから4バルブへの切り替え回転数をみてゆくとSPECⅢで6,750rpmであったが、やや高回転すぎたとみえSPECⅡでは6,300rpmに下げられた。ホンダ技術陣も回転の切り替えをどこにするか、思

CB400 SUPER FOUR HYPER VTEC SPEC Ⅲ（2003年）
HYPER VTECも2カムから4カムへの回転数をトライ、結論はSPEC Ⅲとして5速まではSPEC Ⅱの6,300rpm、6速のみSPECⅠの6,750rpm作動にすることで解決。時代性を見据えたHISS盗難抑止機構も組み込まれ顧客ニーズに対応した。

案していたとみえSPECⅢでは両SPECの長所を取り入れ1－5速まではSPECⅡ同様の低い6,300rpmで切り替え実施、6速のみを高回転で切り替わるよう、新たなる点火時期マップを加えて6,750rpmに設定した。これは低中側および高速域での最適な燃焼性能を追うことで、どの回転域でも燃料消費を減らそうとしたものだった。その結果、60km／h時の定地走行値でSPECⅡの34.7km／ℓから37km／ℓへと6.6%の省エネ化を達成したのであった。

またエキゾーストパイプは4－2－1集合であるが、4－2は1－2、3－4の集合で、各気筒パイプ後端と4－2集合、さらに2－1集合部に排気干渉音の透過を減らすためグラスウールを巻き、各回転での音圧と周波数を低める努力がされた結果、CB1300 SUPER FOUR同様の日本における73dbの平成13年加速走行騒音規制値の大幅なるクリヤーに成功した。

車体面では「高速道路の二人乗り」に対応させ、前後サスペンションのダンピングを改善、シートの着座性にも気を配りサイドカバー左右幅を10mmずつ詰め、シート形状の見直しとシート高自体も5mm低めた755mmに設定。ブレーキはリアをCB1300 SUPER FOUR同様に、下引き2ポットから上引き1ポットキャリパーに変更してバネ下重量を軽減した。ヘッドライトも流行のマルチリフレクターとし視認性を10%向上、テールランプもLED構成となった。こうした改善にもかかわらず価格は据え置きされ、スタンダードプラン車で629,000円。カラーオーダープランも2万円アップで継続された。

SUPER BOL D'ORが加わる

BIG-1のネイキッド思想も、1992年以来15年を経た2005年2月18日に新たなる旅立ちが訪れた。CB1300 SUPER FOURが、サイドカバー左右幅を10mm詰めて改善されたのに合わせて、新バリエーションモデルが加えられたのである。型式も新たになり、従来まで1機種だった標準型は「SC54 CB1300のあとが年式記号の5」のみ、つまり「SC54 CB1300 5」となった。さらに加えられたのがSC54は同じながら「CB1300A 5」「CB1300 S 5」「CB1300 SA 5」の3機種であった。AはABS装着を意味するもので、前後輪部に車速センサーを加えて、コンピューターがタイヤロックを監視して車体をコントロール、ブレーキング時の安心感をユーザーに与えることになった。

そしてCBフォア史上に燦然と輝いてきたカウリング仕様車が「ボルドール」「CB1300 S 5」「CB1300 SA 5」として復活した。ボルドールの名称は1980年の輸出モデルCB900Fzに初めて使われ、カウル付CB900F 2とともにサイドカバーにロゴが貼られてホンダ車の名称として一般化したものでもあった。

日本向け販売モデルでは、1981年の鈴鹿8時間耐久記念限定CB750FCに欧州向けのフルカウル車CB900F 2・BOL D'OR 2の外装を装着したのが最初だが、販売ディーラーも限られた。このため正式量産モデルとしては1985年5月11日から発売されたCBX750F2Fのフルカウル車がBOL D'ORと呼ばれたのみだった。それ以前のカウル装着車であるCB750FⅡCや、その他の日本向けカウル装着車の多くは「インテグラ」と命名された。従って1980年代のCBを知る人達にとってボルドールといえば「カウル付」モデルであることは容易に察しがついた。

BIG-1開発時点からネイキッドにこだわってきたホンダCBの技術陣ではあったが、カウル装着車が高速走行時のライダーに対する風圧の解消に断然有効なことは衆知の事実であり、CB1000 SUPER FOUR T 2ではビキニカウルを装備し、その後はオプションのメーターバイザーがビキニカウルの代用的なものと考えられてきた。しかしCB1300 SUPER FOURが新たに「トラディショナル・バイク」として、日本での高速道路2人乗りが解禁し、高速走行の多い欧州への輸出も考慮した結果「カウル装着」車、およびABS装着車を加えることにな

CB750 （2004年）
400と1300が年々進化するなか、ロングセラー車CB750もスロットルポジションセンサー付キャブなどで近代化、カラーリングもCB1100Fをほうふつとさせる豪華な2トーンカラー車のみに集約。地道ながらも着実な歩みをしてファンを魅了していた。

CB1300 SUPER BOL D'OR （2005年）
BIG-1コンセプトに新たなる造型改革がみられ、ついにBOLD'OR モデルが復活することとなる。CB1100RB同様のハーフカウル装備ながら、空力特性を考慮して形状として角型マルチリフレクター・ヘッドランプ装備。ABS装備で安全性をより高めて登場。

CB1300 SUPER FOUR （2006年）
ラインナップが増えたCB1300 SUPER FOURのベーシックモデル。ABSもカウルもつかず価格的にも購入しやすい設定。2006年には大人向きのグレーメタリックカラーも追加され、30歳以上のベテランにも対応させたモデルとなった。

CB1300 SUPER BOL D'OR ＜ABS＞ SPECIAL （2006年）
カウル付きは欧州でCB1300Sの名で登場したが、日本国内のCBマニアに向けてCB400 SUPER BOL D'ORも登場。さらに入念に限定期間受注してから製作するCB1100RカラーのCB1300 SUPER BOL D'ORも赤いフレーム、シート、フォークで登場した。

ったと考えられる。

ネイキッドおよびカウル装着の両CB1300 SUPER FOURにABSナシと装着車が揃ったわけであるが、実際のユーザー達の声は「やはりABS車がベターなハンドリング」との声が多いことから、ホンダ技術陣の考えが正しかったことになる。そして2005年３月30日、CB400 SUPER FOURの改良型が登場。フロントフォーク上部にプリロード・アジャスターを追加、シートに高密度ウレタン素材を採用。パーツリストなどの機種名型式も「NC39」は同じだがそれまでの「CB400SF」から単に「CB400」となった点で注目された。

2006年1月にはCB1300 SUPER FOURの4機種改良型が登場、スモーククリヤーのウインカーレンズ、リアショックのスプリングカラーをレッド系に変更。さらにシックなシルバーメタリック・カラー車を加えた。そして2006年３月31日より２ヵ月間、1000台の期間限定受注車CB1300 SUPER BOL D'OR＜ABS＞SPECIALが登場。フレーム、シート、フォークをレッドカラーとした、かつてのCB1100Rをほうふつとさせるカラーリングを施したもので、まさにCBフォアの集大成といえるマシンとなった。1958年にCBの称号が初めて与えられたプロトタイプCB71の発表から今日に至るまで、CBシリーズは常に進化を遂げ、50から1,300ccまでのさまざまなモデル達がラインアップされた。そして今なお、第１号市販モデルのCB92をはじめとして、歴代のクラシックCBから現行マシン達が、いずれも世界中で愛用されており、CBシリーズの進化はこれからも止まることはないだろう。

CB1300 SUPER FOUR Specifications

< >内はCB1300 SUPER BOL D'OR。〔 〕内はABS仕様。
CB1300 SUPER BOL D'OR〈ABS〉Specialは、CB1300 SUPER BOL D'OR ABSと同一です。

車名・型式	ホンダ・BC-SC54
全長(m)	2.220
全幅(m)	0.790
全高(m)	1.120<1.215>
軸距(m)	1.515
最低地上高(m)	0.135
シート高(m)	0.790
車両重量(kg)	254〔260〕<260〔266〕>
乾燥重量(kg)	226〔232〕<232〔238〕>
乗車定員(人)	2
燃料消費率(km/ℓ)	25.0(60km/h定地走行テスト値)
最小回転半径(m)	2.7
エンジン型式	SC54E
エンジン種類	水冷4ストロークDOHC4バルブ4気筒
総排気量(cm³)	1,284
内径×行程(mm)	78.0×67.2
圧縮比	9.6
最高出力(kW[PS]/rpm)	74[100]/7,000
最大トルク(N・m[kg・m]/rpm)	117[11.9]/5,500
燃料供給装置形式	電子制御燃料噴射式(PGM-FI)
始動方式	セルフ式
点火装置形式	フルトランジスタ式バッテリー点火
潤滑方式	圧送飛沫併用式
燃料タンク容量(ℓ)	21
クラッチ形式	湿式多板コイルスプリング
変速機形式	常時噛合式5段リターン
変速比	1速 3.083
	2速 2.062
	3速 1.545
	4速 1.272
	5速 1.130
減速比(1次/2次)	1.652/2.166
キャスター角(度)	25°00′
トレール量(mm)	99
タイヤ	前 120/70ZR17M/C(58W)
	後 180/55ZR17M/C(73W)
ブレーキ形式	前 油圧式ダブルディスク
	後 油圧式ディスク
懸架方式	前 テレスコピック式
	後 スイングアーム式
フレーム形式	ダブルクレードル

■道路運送車両法による型式指定申請書数値　■製造事業者/本田技研工業株式会社

CB1300 SUPER FOUR

車体色:パールフェイドレスホワイト×
キャンディーアルカディアンレッド

車体色:アイアンネイルシルバーメタリック

CB1300 SUPER BOL D'OR

車体色:パールフェイドレスホワイト×
キャンディーアルカディアンレッド

車体色:デジタルシルバーメタリック

CB1300 SUPER BOL D'OR〈ABS〉Special

車体色:パールフェイドレスホワイト×
キャンディーアルカディアンレッド

■写真はすべてABS仕様車です。

クリーン!サイレント! 二輪車排出ガス規制 & 騒音規制適合車

●燃料消費率は定められた試験条件のもとでの値です。したがって、走行時の気象、道路、車両、整備などの諸条件により異なります。※新単位として、出力は「PS」から「kW」に、トルクは「kg・m」から「N・m」に切り替わっています。 ※本仕様は予告なく変更する場合があります。 ※写真は印刷のため、実際の色と多少異なる場合があります。※スペシャルブック内の走りの写真の一部は、プロライダーによるサーキット走行を撮影したものです。一般公道では制限速度を守り、無理な運転をしないようにしましょう。※一部の写真は、撮影のため任意に点灯したものです。※PGM-FIは本田技研工業(株)の登録商標です。

スペック・データは2006年刊行の
「CB1300SUPER FOUR/CB1300SUPER BOL D'OR PROJECT BIG-1 VOL.2」
(発行:本田技研工業株式会社)より

第16章

CB1300 SUPER FOUR 最先端をいく原点回帰

担当者が語る開発への思い

(A)開発責任者／(B)シリーズ開発責任者 …………… **原　国隆**（はら　くにたか）

(A)完成車まとめ ………………………………… **玉村　光央**（たまむら　みつお）

(A)サウンド担当 ………………………………… **山中　健**（やまなか　たけし）

(A)エンジン設計担当 ……………………………… **寺田　幸司**（てらだ　こうじ）

(A)シャシー設計担当 …………………………… **福永　博文**（ふくなが　ひろふみ）

(A)走行テスト担当 ……………………………… **下川　浩治**（しもかわ　こうじ）

(A)デザイン担当 ………………………………… **竹下　俊也**（たけした　しゅんや）

(B)デザイン担当 ………………………………………… **伴　哲夫**（ばん　てつお）

(B)完成車まとめ（テスト総括）……………… **工藤　哲也**（くどう　てつや）

※肩書き及び内容は当時（出典明記）のものです

（A：出典）CB1300 SUPER FOUR　PROJECT BIG-1スペシャルブック　2003年1月発行
（B：出典）CB1300 SUPER FOUR/SUPER BOL D'OR　PROJECT BIG-1　VOL.2　スペシャルブック　2006年3月発行

1．CBのフィロソフィーは「感動性能」

開発責任者　原　国隆

幸福感をストレートに伝えてくれる

「自分にとって乗りたいオートバイがないよな」

そう思ったのが今から12年くらい前。私が40代になったばかりの頃です。

その当時のHondaの代表的な大型車はCBR1000でした。フルカウル、高出力の高性能追求モデルです。ある意味でCBRはわかりやすいですね。1km/hでも速く、1馬力でも多く、というのが目標ですから。

けれど、高性能追求を否定するわけではなく、個人的に乗りたいのはそれとは異なったオートバイでした。そういうものを求めたのは、やはり年齢的な部分もあったでしょう。でも、私はとにかくCBをやりたかった。なぜなら、Hondaに入社したのもCB750 Fourが好きだったからなんです。実を言うと、はじめてCBと出会ったときは、どこのメーカーがつくってるかなんて知らなかった。と言うか、気にもならなかった。それよりもオートバイそのものにとてつもないインパクトを覚えたんです。私のオートバイ原体験と言ってもいいでしょうね、CBは。

多分18歳のときですよ、最初の直4エンジンのCBが出たのは。いわゆるK0と呼ばれる初期型です。750の排気量を含め、全体の質量を目の当たりにして、なんてデカいんだろうと思いました。しかも独創的なデザインでね。圧倒的な存在感に打ちのめされて、その強烈な感動が「こういうオートバイをつくりたい」気持ちにさせたんです。それでHondaの浜松製作所に入った。何とか潜り込んじゃえば、そのうちCBを設計できるだろうと思ってね（笑）。

そうしてやっと開発を任されるようになって、じゃあ何がやりたいかといったら、これはもうCBしかないわけです。しかもCB750FでCBの歴史が止まっていた。活発なのはCBRなんだけど、Rがつくとこれは CBの根幹ではないんです。枝として伸びていったモデルです。それはそれとして、私はやはりCBという太い幹を育てたかった。それは使命感に近いものでした。

CBというのは、時代の先駆けなんです。テクノロジーにしても、それからのライフスタイルの表現手段としても。ライダーが中心にあると言えばいいのかな、もちろん高性能なんだけど常にフレンドリーで、乗るだけで楽しい気分になる。操る喜び、所有するうれしさ、そんなオートバイがもたらす幸福感をストレートに伝えてくれるのがCBなんです。それが今から12年くらい前にはなかった。自分が乗りたいオートバイがなかったというのは、そういうことだったわけです。

そこで新しいCBを企画するのですが、時代は高性能追求に傾いていたから、私が乗りたいオートバイなんてのは流れに沿っちゃいなかった。だから隠れてやりましたよ（笑）。形にして見せなきゃ上の人にはわからないと思ってね。ただ、周囲には共感してくれる人が多かったですよ。「乗りたいものがない」と感じていたのは私だけじゃなかったんでしょうね。

もっとも注意を払ったのはサイズ感でした。私がK0で覚えたインパクトを再現したかったんです。とにかく「太い」オートバイにしようと思いました。特にフューエルタンク。思い通りにやってみたら、かなりデカいものが出来てきて、こりゃさすがにビッグだなあと。実はその最初の感想がプロジェクト名になったんです。

そうしてPROJECT BIG-1がスタートしました。その第一弾が、1992年のCB1000 SUPER FOURです。

CBの存在に普遍の価値を持たせたい

その後、PROJECT BIG-1は二代目のCB1300 SUPER FOURを1998年に登場させました。そして今回、初代のBIG-1から10年の節目を迎えるに当たり新たな開発を行なったわけですが、私は改めてCBのフィロソフィーとは何かを考えてみました。

CBが持つべきものとは何か。それは五つの項目から構成される「感動性能」です。ひとつ目は「太い走りの感動」。二つ目は「操る感動」。三つ目は「大型車らしい余裕の感動」。四つ目は「跨った瞬間の感動」。そして最後は「所有する感動」。これらすべての感動において最高レベルに達しているのがCBだと定めました。

感動を形にするというのは、PROJECT BIG-1の大命題です。1キロ1馬力の向上を目指すよりは困難な作業ですが、つくる側に明確なイメージさえあれば不可能じゃありません。大事だなと思うのは、オートバイというのは趣味だということなんですよね。好きで手に入れるものには、やはり味わいが必要です。その味わいというのは、実は普遍の価値なんじゃないかなと思います。

個人的な話ですけど、若い頃に、ある有名なクロノグラフの腕時計に憧れまして

1969年　ドリームCB750Four

CB1300 SUPER FOURのコックピット。最新の技術を投入し、新型CBが目指したのは「感動性能」の探求であった。

1992年　CB1000 SUPER FOUR

1998年　CB1300 SUPER FOUR

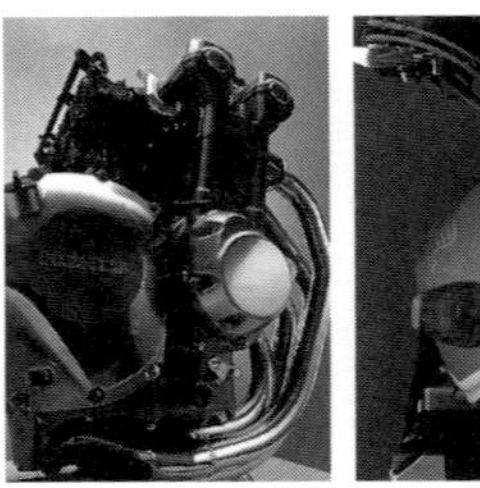

CB1300 SUPER FOURのエンジン部（左）とヘッドライト回り（右）

2003年　CB1300 SUPER FOUR

サイドケースの新型CB1300 SUPER FOUR専用エンブレム

ね。海外出張で見つけたときは本当に欲しかった。でも、当時じゃ買えないんですよ、高いから。それから何年か経って再びその時計を見ても、やはり欲しいという気持ちは持続している。そこに生じているのは、ブランドの普遍性に対する憧れなんです。そういう価値感って、比較的多くの人が共感できると思うんですよ。男の趣味といったら語弊があるかもしれないけど。

CBというオートバイ、あるいはブランドも、そういう普遍性のあるものにしたいんです。すでになりつつあるのかもしれない。けれど、今回の三代目で確実に構築したいと考えました。クロノグラフの腕時計と同じように、その人らしさ、つまりライフスタイルを表現する手段として、CBの存在に普遍の価値を持たせたい——。

単純に言えば、ひと回り走ってシートから降りたとき、誰もが笑顔になれるような、そんなオートバイをつくりたかったんです。最初に言った「乗りたいオートバイ」というのはそういう種類を指します。ライダーに安心感と満足感を与えること。それもCBの大事なポイントです。これだけテクノロジーが進んでいるんだから、たとえばフロントを倒立フォークにしないのかとか、あるいはリアショックはいつまで2本なんだと指摘する人がいるかもしれないけれど、それで乗り手の気持ちに焦りが出たりするのはCBにとって望むところではない。それに、味わいの追求は倒立フォークじゃなくても可能だし、テクノロジーの後退にもならないんです。むしろ「感動性能」の探求において新型1300 SUPER FOURは、最新最高の技術が投入されています。

確かに、CBが目指す「感動性能」はスペックに表れ難いものです。二代目に較べ乾燥重量が20kgの軽減がもたらす「CBらしい」運動性能の向上は、やはりカタログではわかりません。

ではどうするか。乗ればわかります。跨った瞬間でも一目瞭然のはずです。すでにオーナーとなられた方なら、その違いに気づいてもらえたと確信しています。私も新しいCBを買いますよ。今から納車が楽しみです。お断りしておきますが、開発責任者の義務として購入するのではありません。ひとりのオートバイ好きとして、手に入れずにはおけない1台だからです。そんなCBをつくれたことを、こころから幸せに感じています。

２．味を追求した、人間臭いオートバイになりました

完成車まとめ　玉村　光央　サウンド担当　山中　健

雑音を消して　心地いいサウンドだけを引き出した

玉村「私はLPL（開発責任者：Large Project Leader）代行ということで開発全体の取りまとめを担当しましたが、CB1300 SUPER FOURでもっとも大切にしたかったのが、味なんです。味とは何かというと、オートバイの楽しさそのものです。そこを徹底的に追求しました。

オートバイに乗ることの楽しさは大きく分けて3要素があります。コントロール、サウンド、バイブレーション。我々はそれらの頭文字を取ってC、S、Vと呼んでいます。これら3要素をいかに引き出し、かつ融合させるかが新しいCB1300 SUPER FOURの決め手になるわけです。

まずサウンドですが、オートバイにとって音というのは嗜好品みたいなものです。しかし、ただ大きくて張り裂けるような排気音ならいいというものではありません。また騒音規制も年々厳しくなっています。

具体的な数値をお話しますと、二代目CBまでの加速時走行音は二次規制の75dBで、対して新型は三次規制の73dBをクリアするのが目標でした。数値上はたった2dBの減少ですが、実は大変なトライなんです。極端に言えば半分くらいは音を消して、その上でサウンドを向上させなければならない。

走行音には聴きたくない音もあります。それを消し去れば、ライダーにとって心地いい吸気音や排気音だけが耳に届く。そこで、まずはエンジン各部の見直しを図りました。たとえばシリンダーヘッドは、それまでのロッカーアームを使ってバルブを押す方法から直押し式に変えましたが、ロッカーアーム方式だと隙間が広くてノイズが大きかったんです。

次にフレーム。エンジンの振動を拾ってアンプのように音を増幅させてしまう部分でもあって、ここは従来の完全リジットマウントから1箇所のみラバーマウントにしました。少しでも金属同士の干渉を少なくしたかったんです。ゴムの質にもこだわりました。1箇所だけラバーマウントにしたことで、ほどよいバイブレーションが得られています。エンジンの働き具合がライダーに伝わりやすくなっています。あくまで味付

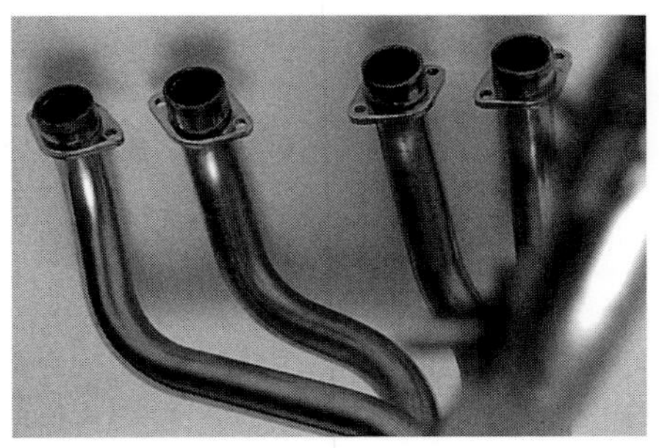

「迫力がある」、「太い」などと言ってもらえるCB1300 SUPER FOURの4気筒エンジンの排気音は、周波数などによる物理的な目標数値はあるものの、実際の作業は繰り返しのテストによって作り込み、実現した。

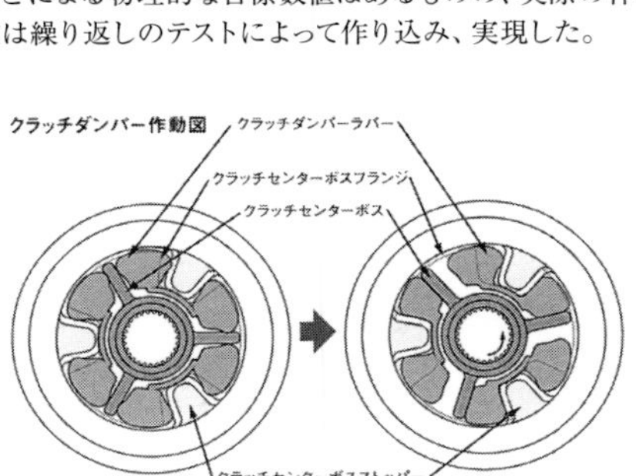

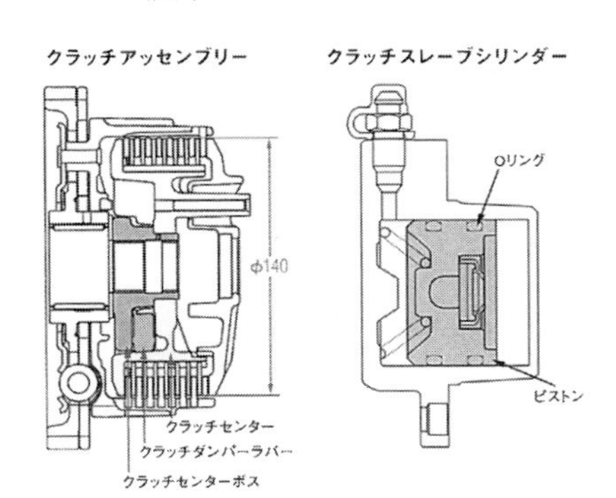

クラッチにはラバー製センターダンパーが装備され、スロットルを開けた際のフィーリングの向上とともにシフト時に発生する衝撃音を緩和している。さらに、新たに高効率スレーブシリンダーを採用。クラッチディスク材の変更と合わせてレバー加重の10%の低減を実現している。

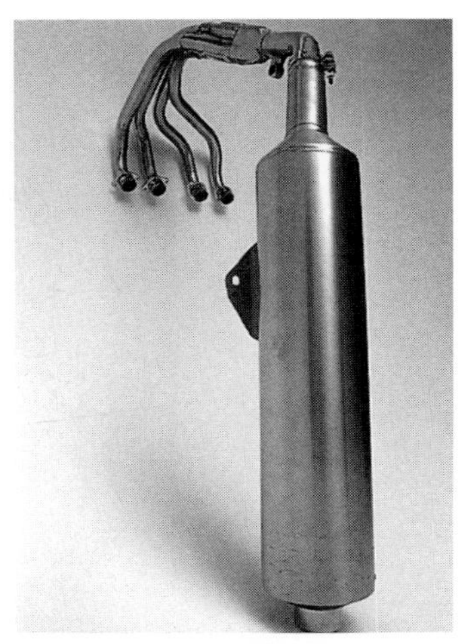

エンジン各部やフレームなど、大幅に見直しを図り、走行音として聴きたくない音（ノイズ）を消し去ることにより、心地いい吸気音や排気音だけがライダーの耳に届くように徹底的に追求したCB1300 SUPER FOUR。

けの範囲ですけどね。このバイブレーションは乗り味にも好影響を与えています。

その他には、ドライブチェーンのひとコマずつに樹脂プレートを噛ませたハイブリッドチェーンを採用して金属の干渉音を低減させているとか、数え上げたらきりがないくらいですね。そうやって雑音を消し、その上でマフラーの音質を向上させた。マフラーの集合部分にもグラスウールを備えて排気干渉音を低くするなどの技術を盛り込んでいます」

山中「具体的な実験は私が担当しました。ポイントはライダーの耳にどう聴こえるかでした。テストは、ヘルメットの中にマイクを仕込み、開発グループのスタッフたちに乗ってもらって行ないました。感覚に頼るだけはなく、周波数などによる物理的な目標数値はあるものの、実際の作業は手探りの連続でした。でも、スタッフ達からは　『迫力がある』とか『太い』などと言ってもらえて安心しました」

玉村「彼は黙々と作業するタイプなんです。納得する結果がでるまで報告しない。普段はこんなにしゃべらないですよ。今日は特別だね（笑）」

山中「規制への対策作業って、本音を言うとどこかネガティブな感じだったんです。環境のことを考えたらおろそかにできないです、おもしろい仕事かと聞かれたら答えに困ってしまう。でも、今回こういう形でいい音だけを引き出す取り組みをやってみて、考えが変わりました。規制値が厳しくなっても、オートバイらしい音を楽しむことはできるんです。すごく勉強になりました」

職人の魂を込めたオートバイ

玉村「造り込みがわかる部分としては、シフトもいいですね。クラッチにラバー製のセンターダンパーを採用したり、スレーブシリンダーの構造を見直して油圧フィールを改善したりして、シフトの操作荷重を10パーセント軽くしました。しかも効率がいい。レーシングマシンで使われている技術を投入しました。ここは、ほかのオートバイとくらべたらすぐに良さがわかるはずです。意味なくシフトチェンジしたくなるくらいキレがいい（笑）。

でも、そういう細かい部分だけが突出しているわけではありません。最初に話したように、各所ごとの担当者がこだわって開発したものが融合されて、CBとしての味になっている。だから、ポイントによってはレーシングマシンに使うような技術が採用されていても、それは奇をてらうためではないんです。

私がPROJECT BIG-1に参加するのは、初代のCB1000 SUPER FOUR以来です。声がかかったときに考えたのは、職人の魂を盛り込もうということでした。職人がつくるものって、何か訴えかけてきますよね。それが、その人にしか出せない味です。だから今回の新型は、人間臭いオートバイにしたかった。個人の意見をどんどん採り入れて、思い入れがたくさん詰まったCBに。我々の仕事はマスプロダクトですから、一般的には職人的味付けを生み出すのが難しい。でもマスプロで味を求めるのが無理かと言えば、私は可能だと信じています。現に今回のCB1300 SUPER FOURはそういう味を持って生まれましたから。新型は浜松の製作所でつくっているんですけど、行きましたからね、現場まで。ラインの人に会って開発サイドの意志を伝えてきました。今回はそこまでやっています。

特にCBのように高価な商品は、感性に訴えかけるものが必要なんです。パワーやスピードも欠かせませんが、それだけを追求すると無味乾燥になってゆく。そこで重要なのが味です。味があってこそブランドが成り立つわけで、今CBにとって重要なのは、名前の持つ重さや意味なんだと思いますね。

やっぱりCBというのは、この日本においてなくてはならないオートバイです。それは、私がHondaの人間だからというのではなく、ひとりのオートバイ好きとして思うことです。私が最初に触れたCBは、高校生のときに見たCB500 Fourです。バイク屋さんに通い詰めで眺めましたよ。33万5千円（当時）かぁ、すげえなって。そういう憧れの対象なんですよね。最高峰のモデルだけど、その時代を語るベーシックなモデルでもある。それがCBです。

山中「僕がお客様に望むのは、吸排気音に注目して欲しいということです。和音がいいんです。楽しめるサウンドになっていますからね」

玉村「やはり乗ればわかりますからね。そのために各販売店でも試乗車を用意してもらうようお願いしました。一度乗ったら降りられません。そう自信をもって言えるくらい、いいオートバイになりました」

3．CBはインラインフォアのアイコンなんです

エンジン設計担当　寺田　幸司

バルブ回りの改良で約8kgの軽量化を実現

PROJECT BIG-1におけるCBのエンジンは、コンセプトが明確なんです。「太い走りの感動」をキーワードにして、単純に数値を追いかけるのではなく、乗り味を大事にすること。それは三代目CB1300 SUPER FOURの最優先事項でした。

開発初期段階では、初代BIG-1から10年目という節目もあって、ゼロから設計し直したブランニューエンジンを投入するというプランがありました。そこで当初はクランク系の慣性マスを変えた試作機をつくってみたんです。あくまでフィーリングを重視しようということで。場合によっては、より乗り味がよくなるのであれば、排気量ダウンもいとわない覚悟でした。PROJECT BIG-1の初代CBが1000で、二代目が1300と拡張方向できたのに、三代目で縮小したらちょっとおかしいことになりますよね、普通は。それでも最優先事項が達成できるならいいと。

しかし、いろいろとテストしてみて、二代目のエンジンがすでに目標に近いところにあったので、今回はブランニューが見送られました。それも、実にCBらしいと思います。

具体的には、下回りは二代目を残しました。しかし、ヘッドはかなり変更があるんです。まずバルブ回り。それまではロッカーアームを使ってバルブを動かす構造でしたが、新型はロッカーアームを廃し、カムがリフターを介して直接バルブを押す直押しタイプを採用しました。

この変更がもたらした大きなメリットのひとつは軽量化です。二代目の240kgという車重を220kgまで落とすというのが全体の目標で、それはエンジンの分野でも課題となりました。パーツ点数の多いロッカーアーム式をやめたのも、そこに理由があります。他にも変更箇所はありますが、バルブ回りの改良で約8kg軽くなっています。せっかくバルブ回りを変えたので、吸気ポートにも手を入れました。それにより、レスポンス性と燃焼効率が上がっています。こうしたバルブ周辺のレイアウトは、最新のCBRと同じです。かつて私はCBR各モデルを担当したことがあって、そのときの経験が生かされています。

二代目CB1300 SUPER FOURからエンジンの下回りは引き継がれたが、三代目のCB1300 SUPER FOURには目に見えない部分にも手が加えられている。そのひとつにシリンダーバレルのスリーブを圧入タイプから鋳込タイプへ変更したことがある。またフューエルインジェクションの仕様を変更したことにより、スムーズで幅広い回転域で楽しめる4気筒エンジンを実現した。

シリンダーヘッド比較

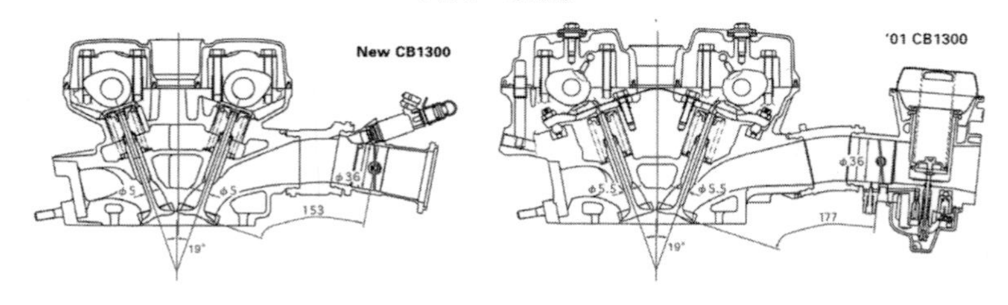

左が、2003年の三代目CB1300 SUPER FOURに与えられたシリンダーヘッド。右は2001年二代目CB1300 SUPER FOURのもの。同じ1300のエンジンまわりでも大胆に小型化されたことがわかる。バルブ回りの改良により、約8kgの軽量化が図られた。小型化軽量化にも貢献しているのである。

シリンダースリーブ比較

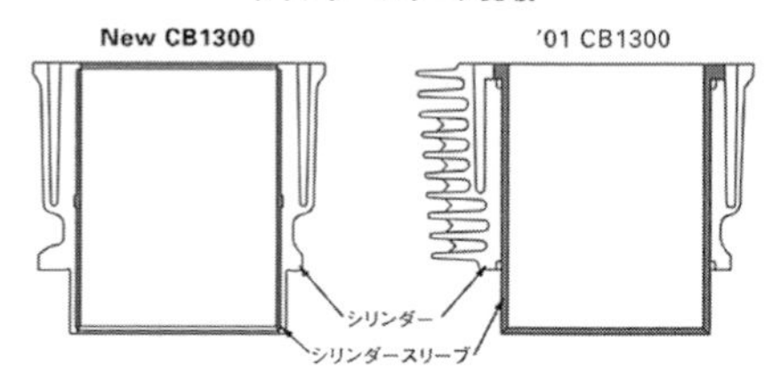

三代目CB1300 SUPER FOURでは、シリンダーバレルのスリーブを圧入タイプから鋳込みタイプへ変更し、スリーブのトップフランジを廃することで軽量化に貢献している。

ただ、バルブを直押しタイプにしたことで、ヘッドだけでなくエンジン全体がかなり小さくなり、デザイナーには苦労をかけました。最終的にうまくまとめてくれたと感謝しています。

エンジン関係でもうひとつのトピックスは、フューエルインジェクションの採用です。これはCB900 HORNETのスロットルボディをベースに、インジェクターの穴の数を増やしたりして開発しました。

従来のキャブレターに対するシンパシーの強さや、あるいはスロットルのリニアリティ等でフューエルインジェクションに懐疑的な意見を持たれるお客様もいると思います。伝統は大事ですね。でも、古いだけがいいとは限りません。環境への配慮を考えなければならない社会の動向も鑑みると、この決定は間違っていないでしょう。

それに、よく誤解されるんですが、フューエルインジェクションでもキャブレターのような「タメ」はつくれるんです。「タメ」でわかりにくければ、味付けと言い替えてもいいですね。また、ここでもう少しだけ吹け上がりがほしいというような場合は、むしろフューエルインジェクションのほうが補正が利きます。気温や気圧に左右されやすいキャブレターは、どうしても遅れが生じてしまう。フューエルインジェクションは非常に細かいセッティングが可能で、そこには人の意志を介在させることができます。つまり我々のCBエンジンに対する気持ちみたいなものですね。こういう話を続けていると感覚だけで決めているように受け止められかねませんが、ちゃんと数値化したデータの指標や裏づけはあるんです。

いずれにせよ、今回のエンジンはセッティングに時間がかかりました。各分野の設計者もかなり乗り込んで確認作業を繰り返しています。エンジンを完全リニューアルするより手間がかかったかもしれないですね。まぁとにかくよく乗りました。

自分のペースで走るとその真価が理解できる

PRPJECT BIG-1では初代のCB1000 SUPER FOURにも携わりましたが、やはり大排気量には直列4気筒がベストな選択だと思います。ガサツなんて言うと語弊がありますけど、荒々しい部分も持ちながら、スムーズによく回る面も兼ね備えていて、性格的に懐が深いんですよ。幅広いエンジン回転域で楽しめる。スタンダードと表現すればいいのかもしれませんね。実用的とは異なった意味で。

それはそのままCBのイメージにつながります。オールマイティなんですよ。どんな

1992年にベールを脱いだPROJECT BIG-1、GB1000 SUPER FOUR。直列4気筒エンジンを搭載した初代CB750Fourのスムーズなエンジンフィーリングを引き継いだモデルであり、後のCB1300 SUPER FOURにもその思想は継承されている。

1992 CB1000 Super Four

場面でも楽しく乗れるオートバイですね。そこは明らかにスーパースポーツとは違う部分です。まさにスタンダード。だからエンジンも直列4気筒らしい性格を与えてある。というよりも、CBはインラインフォアのアイコンなんですね。直4なくしてCB は成り立たないし、だからこそもっとオールマイティに使える最高のエンジンが載っている。これまでもそうだったし、これからもそうです。正常進化を続けていくのは間違いないところでしょう。

目標に対しては高いレベルで達成できたと自負しています。決めた方向に持っていけましたからね、個人的にも満足ですよ。

お客様には、とりあえずひとりで、できれば長距離を走る中でこのオートバイと真正面から向き合ってほしいですね。何人かとツーリングしたり、腕を競い合うのもいいですけど、今回のCBは特に自分のペースでスロットルを開けるとその真価が理解できるのです。テストの段階でも、お客様がどういう使い方をするか相当に研究して乗り味を追求しましたから。そういう手間ひまかけたセッティングの妙を知ってもらいたいですね。

ちなみに新型はヨーロッパでも販売されます。向こうでは小さくてもいいからカウルを付けたがる傾向にありますが、高速域でもカウルなしで十分走れます。それに、通常は欧州モデルの方が出力を高めに設定しますが、今回はさして違いはありません。というのは、新型は日本国内での使われ方を重視したセッティングになっているんです。だから日本のユーザーがもっとも得するかもしれませんね（笑）。

4．意のままに操れるフレームをめざしました

シャシー設計担当　福永　博文

軽量化とマスの集中化が図れた新フレーム

何が大変だったかと言えば、やはり軽量化です。今回は二代目のCB1300 SUPER FOURの運動性能を高める目的から車重を20kg落とすのが目標でした。軽量化は、何も今回がはじめてじゃありません。初代から二代目に移るときもトライしました。そのときは5kgでしたが、気付かないと思います、それくらいだと（笑）。

二代目は車重的には重いですが、バランスは良かったんですよね。CBのコンセプトである「太い走りの感動」にふさわしい車格だった。でも、お客様の中にはそれを「重い」と感じる人もいたようですし、新型を開発するに当たって「太い走り」を生かしつつ「軽快感」を高めようという狙いもあった。それで算出した目標値が20kg減です。口にするのは簡単ですけど、現実にはすごくしんどかったですね。

私が受け持ったのは、エンジンと足回りと電装関係以外のすべてです。軽量化は各部で割り振りがあって、エンジンが8kg、足回りが5kg、そして車体では7kg。

さてシャシーでどうやって軽量化をするかと考えたら、フレームを新設計する以外に選択肢はありませんでした。

今回のフレームは、基本的には従来どおりのダブルクレードルです。やっぱり大型車にダブルクレードルは適しています。安定性と操縦性が高いレベルで達成できるし、何といってもCBの伝統的な屋台骨ですから。

フレームにおいて二代目との大きな違いは、バックボーンの構造にあります。この背骨という意味の部位は、フューエルタンクで隠れて見えないエンジン上部を通る部分を指します。二代目は、そのバックボーンが角パイプ式のシングルタイプだったんですね。それを今回は丸パイプ式の2本に、つまりデュアルバックボーンに改めました。ボックス式だと断面積が大きくて、軽量化には厳しい面がありました。一方、デュアルバックボーンは、ボックス式のシングルタイプとくらべると剛性バランスの変更が比較的実施し易いので、ピポッド回り、ステアリングヘッド回り、エンジンマウント各部の最適なバランスを追求しました。

フレームって、ただ硬けりゃいいものではなくて、適度な“しなり”も必要です。

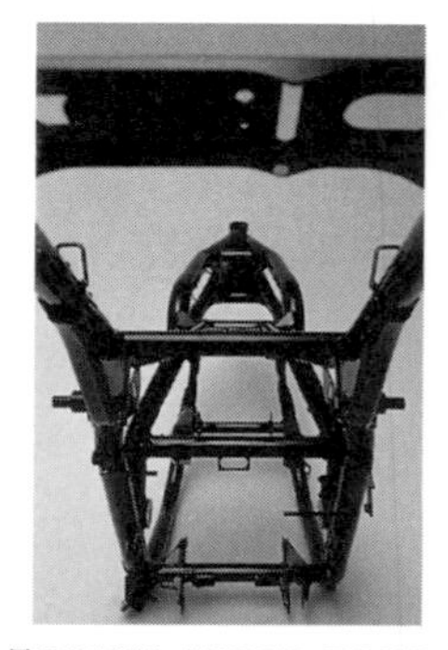

三代目CB1300 SUPER FOURでは、バックボーンを2本の丸タイプに変更し、デュアルバックボーンとし、最適な剛性バランスを追求している。

歴代のCBの伝統を守り、フレームは大型車に適しているダブルクレードルを採用。三代目CB1300 SUPER FOURでは、車体では7kgの軽量化が開発目標であった。

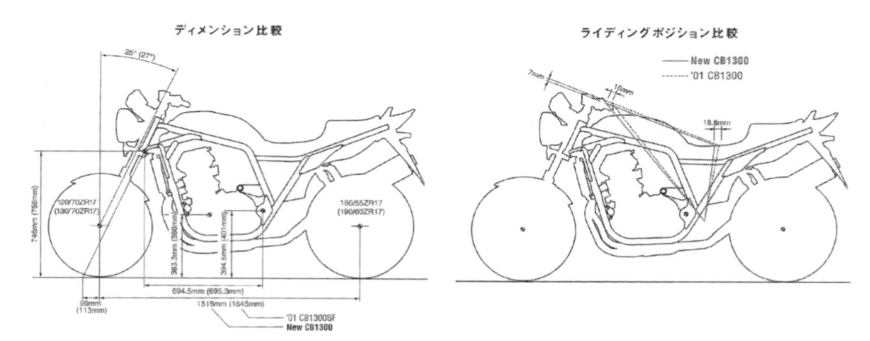

二代目と三代目とのディメンションの比較とライディングポジションの違い。三代目CB1300 SUPER FOURでは、ヒップポイントは従来のモデルに比べて少し前に変更され、運動性能と取り回し性が高められている。

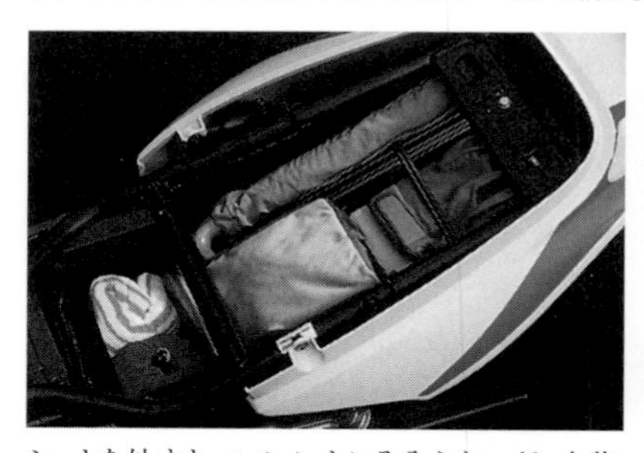

シートを外すと、ヘルメットこそ入らないが、小物やレインウェアなどが収納することができる12リッター容量のスペースが確保されている。

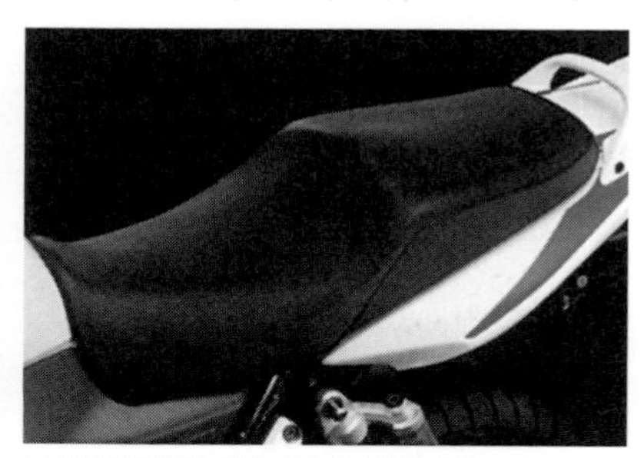

三代目CB1300 SUPER FOURでは、クッションの厚みやシート形状にこだわり、幅を詰めることなどで従来のモデルに比べて足着き性が高められた。

そうすることで剛性にバランスが生まれるんです。
さらに、直接的な軽量化に当たってはフレームをコンパクトにすることで対応しました。ホイールベースで表すと、二代目が1,545mmに対し、新型は1,515mm。その差30mmです。これで軽量化とともに、マシンの旋回性と操縦安定性が向上しました。こうしたコンパクト化が実現できたのは、エンジンがコンパクトになったお陰です。重量物を車体の中央に集める。つまりマスの集中化が図れたことで、走り自体もよくなった。これだけ大きなオートバイを意のままに動かせるなんて、相当におもしろいと思いますよ。

跨ぐだけでも新型の個性が伝わる

フレームの新設計で盛り込んだ要件は他にもあります。ひとつは足着き性です。私のCB初体験はCB750Fourで、タイプで言うとK3型でした。それはもう大きく感じられてね。私のビッグバイクの原点になりました。ただ、いかんせん私だと足がツンツンで（笑）、こりゃ乗れないんじゃないかと恐ろしくなりましたよ。
で、まあそういう人がいたらいかんということで、さらに足を着きやすくしようと努めたわけですけど、普通、足着き性を高めようとすると、まずはシート高自体を下げますね。そういう切り口もありますが、新型では特にシート形状に着目しました。まず、幅を詰めました。これはシートだけでなく、フレームの内側に絞ってあります。また、クッションの厚みや形状、角度にもこだわりました。タンデムシートもそうです。ロングツーリングに出たとき、次の休憩所までの距離を少しでも伸ばそうと思ったんです。すぐにお尻が痛くなるビッグバイクでは困りますから。
また、ライディングポジションも変えました。ライダーのヒップポイントを少し前に移動しました。こうすることで、より運動性能と取り回し性を高め、居住性を煮詰めた結果、オートバイとの一体感が上がりました。
フレームのもう一つの見所は、シート下のユーティリティスペースです。広いですよ。ぜひシートを外してのぞいてみてください。容量でいうと12リッター。スタッフからは「メットインになったね」と言われましたね。さすがにヘルメットまでは入らないんですけど、大小のU字ロックや、A4程度の書類、レインウェアなら2人分は同時に収納できます。1泊ツーリングくらいならシートに荷物をくくり付けなくても済みますね。

好きじゃないんですよ、シートに荷物を載せるのって。だからと言って上着のポケットに荷物を詰めるとボコボコになって見映えが悪い。そういう不便やカッコ悪さをCBから排除したかったんです。荷物を収める場所があれば、ライダーが自由に活用できるでしょ。そうして自分なりのライフスタイルに合った乗り方ができたらいいなというのが、ユーティリティスペースを設けた理由です。

しかし、設計は苦労の連続でした。12リッターのユーティリティスペースを確保するのでもバッテリーの位置決めに悩んだり、あるいはシート下を狭くするとなるとエンジン担当からクレームが来たり（笑）。開発スタッフ全員ですったもんだしながらつくりました。

軽量化もそうです。走行テストグループが実験をするときは、何かパーツをいじったならグラム単位の報告書を出してくれとお願いしたり。それから、なぜか大掛かりな作業が大型連休前に発生したんです。連休の前日にもかかわらず、気持ち良く連休明けを迎えるために残業して試作車を作り上げて、重量の目標達成を確認し合いました。チーム全員が「これでもか」って感じで仕事してきましたよ。

そうやってグループ全員で努力してつくった新型ですから思い入れも大きいです。とにかく軽いです。それは取り回してもわかるし、サイドスタンドを外して車体を起こすだけでも気付くはずです。言葉は悪いですけど、四の五の言わずに乗って欲しい。いや、跨ぐだけでもいいです。そうすれば、新しいCB1300 SUPER FOURの個性がはっきりと伝わりますから。

5．街中での走りが確実に進化しています

走行テスト担当　下川　浩治

「間」を大事にしたセッティング

私の仕事は、一言では表し難いですね。一応、走行テスト担当ということになっていますが、ほぼ完成した試作車に乗って評価するだけの、いわゆるテストライダーとは違います。走りに関するすべての領域が担当なので、開発の初期段階から最終確認まで全域にわたって関わります。だからとっても仕事が長いんです（笑）。ただ、実際に物理量に変換し難い作業なので、他のどの部署よりも感覚的な部分が重要視されるのは事実です。

私にとってPROJECT BIG-1の仕事は、すごく難しかったです。ある意味でコンセプトが抽象的だったから、それをどうやって具体的なフィーリング評価とするかが大変なんですね。過去にVFRやCBR、それからHRCでレーサーの開発にも携わりましたが、これらはラップタイムで判断できるからテストもわかりやすい。対してCBは、感動商品なんです。非常に趣味性が高いオートバイなので、お客様にどう感じてもらえるか、何を伝えるべきかを確実に見極めなければなりません。そこが本当に難しかった。

走りにおけるキーワードは、「安心感」でした。二代目のCB1300 SUPER FOURに関して言うと、操る醍醐味は十二分にありました。「デカくて重い」という狙いがはっきり表れていて、お客様にもそれを理解して頂けた。そこから三代目に移るとき、さらに進化させるためには何を引き出すかを検討し、私は安心感の向上を提案しました。ライダーはどこから安心感を察知するかというと、まずはライディングポジションです。ハンドルやステップの位置が適正でないと、言いようのないぎこちなさを感じてしまう。それからヒップポイント。車体のどこにライダーの重心が来るのかは、操縦安定性に大きく影響します。

さらにはフレームの剛性バランス、エンジンの特性も、ライダーの感覚に訴える大事なファクターです。要するに、一口に安心感を高めると言っても、開発してゆく段階ではすべての担当者とプランを煮詰めて行くんです。誰もが安心感を向上させたいと思っていても、まずはそれぞれの見地でものを考えるから、まとまるまでが大

変。つかみ合いまでにはなりませんが、口の殴り合いはよくある事です（笑）。特にCBは各自が相当にこだわりを持っているから、しょっちゅうぶつかります。でも、そのほうがいいものができますね。間違いなく。

非常に苦労したのは、今回から導入されたフューエルインジェクションのセッティングです。言うまでもなくスロットルレスポンスは、操縦安定性はもとよりライダーが

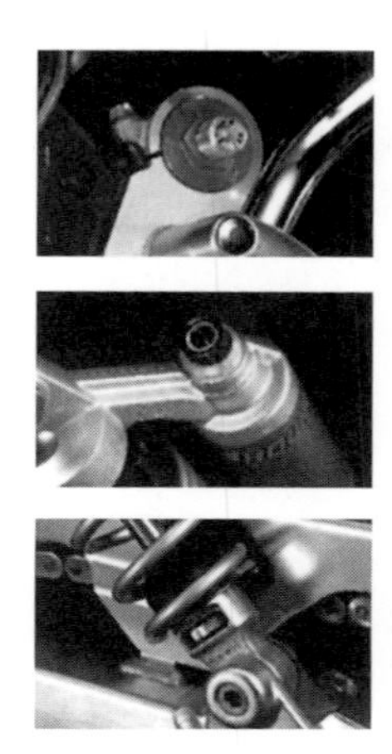

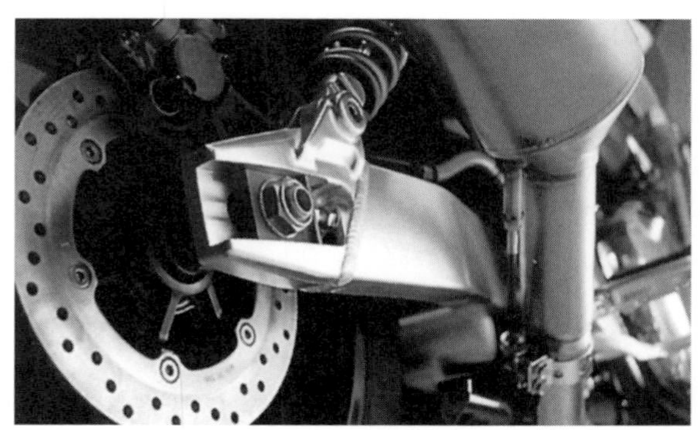

CB1300 SUPER FOURのフロントサスペンションは手ごたえのあるハンドリングと適切なダンピング特性を実現する、ストローク120mmの極太φ43mmカートリッジタイプを採用。また、ライダーの好みに応じ伸び側のダンピング特性を無段階でセッティング可能としている。
また、リアサスペンションには伸び側15段、圧側4段のダンピングアジャスターを装備し、ライダーの好みに応じたセッティングが可能とし、2段スプリングを採用したクッションは、ピストン形状を見直しダンパーロッド径をφ12.5mmからφ14mmへ拡大している。

受け止める安心感にも大きく寄与します。注意を払ったのは、「間」ですね。スロットルを開けてエンジンがついてくる時間の「間」。電子制御のシステムなので、たとえば限りなくゼロに近い「間」もつくれます。でも、それだと逆に操作が難しくなる。レスポンスがいいとされるレーシングマシンにだってそれなりの「間」があります。逆に「間」をとり過ぎると、鈍感で面白くなくなる。クルマとくらべると、オートバイのスロットルワークはとても繊細ですから。電子制御でセッティングも幅が広いだけに、この「間」を決めるのは本当に難しい仕事でした。

でも、いい「間」ができました。スロットルを開け始めたときの車体の反応はすごく良い。走り出したらすぐにわかります。キャブレターとかインジェクションとかは関係なく、このエンジンの立ち上がりの気持ちよさを楽しんでもらえると思います。

どんな場面でも安心して扱える

そうしたセッティングがうまく行ったのは、テスト場所の選択が正しかったからでしょうね。通常、発売前のモデルは専用のクローズドコースで走行テストを繰り返します。そういう意味では、Honda車の多くはテストコースで生まれるわけです。このコースには様々なセクションがあって、できるだけ一般道の条件に近い走行ができるようになっているのですが、やはりお客様はテストコースを走りませんよね。そういう反省もあって、今回はプロトタイプの段階から公道走行のテストを増やしました。月に1回は必ず外に出て、それも1年近く続けました。もちろん合法的にやりました。然るべき手順でナンバーを頂いて。

普通はここまで公道での試験走行をやりません。第一に機密の問題もありますし、ナンバー取得には時間とお金もかかりますから。それでも許される限り外に出たのは、このオートバイに乗って頂けるお客様の使用状況に近づけたテストをしたかったからです。やっぱりCBは、スーパースポーツとは一線を画しているモデルなので、街中で走って楽しくなくちゃいけないんです。信号や渋滞のストップ＆ゴー。細かい裏道から高速道路まで、どんな場面でも安心して扱えることを重要視しました。フューエルインジェクションのセッティングも、公道で得たデータを相当に生かしたものになっています。断言できますが、これまでのCBよりも街中での走りが確実に進化しています。

今回の開発全体で改めて感じたのは、この開発チームは乗るのが好きだということです。マフラーの仕様をわずかに変えても、まずは乗ってみて操縦安定性の違いを確認する。その頻度が新しいCBでは特に激しかった。テストは私だけでなく、各部署のスタッフも行ないました。私の意見や考えを確かめるために。見解の相違は当然あります。日常茶飯事と言ってもいいくらいに。でも、これだけ手間をかけて納得がゆくまで仕事をするのは滅多にないことです。

それだけこのPROJECT BIG-1にかける各スタッフの思いが熱かったんです。逆に言えば、ここまでやらなければお客様に感動してもらえないのかもしれない。そう思いました。とてもいい経験になりました。

少しおこがましいかもしれませんが、お客様には、ぜひゆったりと乗って感動して頂きたいです。決して遅いオートバイじゃありません。速く走ろうと思えばちゃんと対応してくれる。でも、かっ飛ぶだけがオートバイの楽しさじゃないですよね。我々がこのCBに込めた安心感の高さは、実は非常に自然なものなんです。たとえばツーリングに行ったとき、美しい景観に包まれて走る喜びを一切スポイルしない、そういう類の操縦安定性なんです。それは、オートバイとライダーが一体となったときにはじめて得られる感動なんじゃないかと思うんですね。その辺りを意識してもらえたらうれしいです。でも、乗った瞬間にわかるはずですから、今さら私が心配する必要はありませんね。

それとサスペンションセッティングについて少しアドバイスをさせて頂きます。今回のCBが特別なセッティングを必要とするわけではありませんが、お客様がより楽しめて快適な自分仕様のマシンとなるためのアドバイスです。

もちろん、標準状態のセッティングでも自信を持ってお奨めできます。しかし速く走られる方、2人乗りをされる方、体重の重い方でどうも乗り心地がいまいちだと感じられるとき、まずリアサスペンションのスプリングイニシャルをアップしてみてください。ただしあまりアップし過ぎると今度はリア回りの落ち着きが悪くなることがあります。そうしたら今度はテンションアジャスターを締めていってください。そうすればフワツキが減少していきます。これでリア回りが決まってきたら、次にフロントが動き過ぎる感じが出るはずです。その場合は、リアでやった手順と同様にスプリングイニシャルアップからスタートしてください。フワツキがでたらテンションアジャスターを締めていくという具合に。こんな感じで自分仕様のセッティングを見つけてください。

６．ネイキッドモデルのデザインは醍醐味に溢れている

デザイン担当　竹下　俊也

テールカウルに現れた「デザインの進化論」

世間一般では、「Hondaのデザインはコンサバティブだ」なんて言われますけど、社内の開発段階では相当に尖ったデザイン案が飛びかっているんですよ。とにかく単純に保守的だなんて言われたくないから、今回はかなり思い切った造形に挑戦しました。そのひとつがテール回りのデザインです。

新型のデザインスケッチを描いたのは、初代CB1000 SUPER FOURのデザインリーダーだった岸さんです。開発に当たって何案かのプランがでましたが、やはり彼のデザインがもっともCBらしさを表現していました。そのスケッチの最大の特徴は、シャープに切れ上がったテールカウルでした。今回は「キレ」を押し出そうというのが最大のデザインコンセプトで、止まっている状態でも「走りそう」なイメージに重点を置いてデザインを進めました。なんとかこのシャープさを生かそうと思ってつくった最初の試作車は、スケッチよりも薄いカウルになりました。さすがにちょっとやり過ぎで、自分でも安っぽくなったと感じました。

その後、完成車に近いモックアップを社内で検討したところ、「本当にこれでいいのか？」という意見が大半でした。特に若い人からは「族っぽい」と言われました。もちろん良い意味で（笑）。元気のあるデザインで、Hondaらしくないところが面白いと。いずれにせよ、予想したとおり賛否両論でした。

テールカウルを鋭くしたとき、もっとも難しいのはランプの処理です。ご覧になっていただければわかりますが、こんなにシャープなテールランプは他にないですよね。さくっとLEDを押し込めば簡単ですが、我々はCBの伝統でもある四角に丸二つというテールランプデザインを踏襲しかったから、作業は容易ではありませんでした。最終的にはLEDを束ねる形で2灯にして、ランプ内部の反射板をわざわざタテ3枚に切り分けて仕上げました。電装担当が頑張ってくれて実現しましたけど、かなり大変だったと思います。それでもまだ社内には懐疑的な声があります。「本当にこれでいいのか」と。個人的には、これからCBを目指す若い世代に是非、注目してほしいと思っています。伝統は大事ですが、モダンであることもCBの命です。

CB1300 SUPER FOURは、あらゆる部品が露出しているネイキッドモデルであり、各部分において機能や性能が見えるようなデザインに徹底的こだわり、全体のスタイリングがまとめられた。デザインリーダーを担当した岸敏秋氏によるスケッチ。

デザインが反映されたテールカウル。狙いは停車中でも「走りそうな」イメージであり、薄いテール部にどのようにテールランプを入れ込むかが課題になった。

CB1300 SUPER FOURのスケッチ。切れ上がったテールカウル部分の特徴あるデザインが目を引く。(作画:片桐潔氏)

質感の高い鍛造品のスイングアームのエンドピース。

デザインと材質にこだわったマフラーエンド部。

もし機会があったら、PROJECT BIG-1の三世代を並べて、テールランプを見比べてほしいです。そこにデザインの進化論が発見できるはずですよ。

世界一カッコいい水冷エンジンをつくる！

特に困難を極めたのは、エンジンでした。新型は、二代目にあったフィンを廃して初代に近い形状にすると決めて、最初はあえて無機質な形にしました。

なぜかというと、理論を積み重ねていけばおのずと機能美が生まれるものだと思ったからなんですね。けれども、何度もその無機質なエンジンを眺めているうちに、何かが欠けているような気がしてきた。あまりに無味乾燥なんじゃないか、どこか血が通っていないんじゃないかと自問自答を繰り返すようになったんです。

様々な角度から再考しました。また他のデザイナーに何度も意見を尋ねた挙句に気付いたのは、いかにフィンがないとは言え温かみのある造形ではなかったということでした。軽量化であるとかフューエルインジェクションだとか、機械の中身にとらわれ過ぎていたんでしょうね。そうしてエンジン各部の造形をコンマ5mmレベルからやり直したんです。

それでもまだ決定的なアイデアが浮かばなくて頭を痛め続けました。そんな私の姿を見かねた上司が、ツインリンクもてぎの中にあるホンダコレクションホールから古いHonda F1のエンジンを借りてきてくれたんです。1.5リッターのターボとか、3リッターの10気筒とか。それぞれ1週間くらいはデザイン室に置いてありました。それでやっと水冷エンジンのあるべき姿がつかめました。と同時に、世界で一番カッコいい水冷エンジンをつくろうという気概も生まれたんです。いずれにせよこの期間は、デザイナーとして勉強することがすごく多かったですね。

ペイントも悩みどころでしたよ。これまでと比較してエンジンがコンパクトになっているから、黒で締めると小ささが強調されてしまう。そこで、ガンメタリックにバフクリアという塗装に初挑戦しました。全体的にはうまくマッチしたと思います。新しさも演出できましたし。

エンジン関係ではエキゾーストパイプにも苦労しました。エンジン担当が最初に設計したのは、2本ずつがクロスする複雑なパイプ構成だったんです。でも、それだと性能が良くても見映えが悪いので、何とか変更してもらうようお願いしました。これもかなり嫌がられましてね（笑）。エンジン担当は管長を変えたくないんです、当た

CBらしさを追及したメーター回りのデザイン（左）とハンドル部分（右）

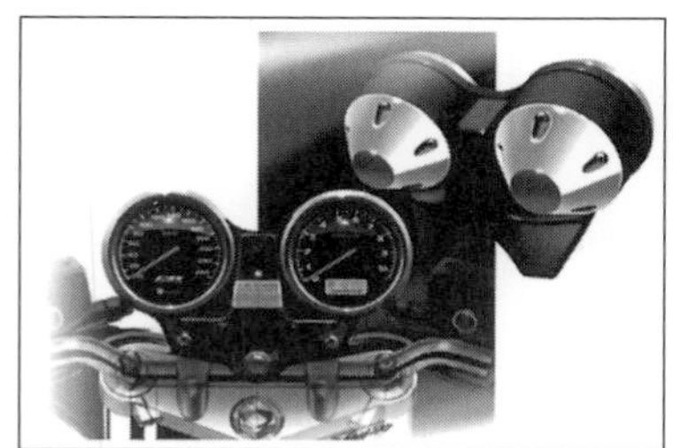

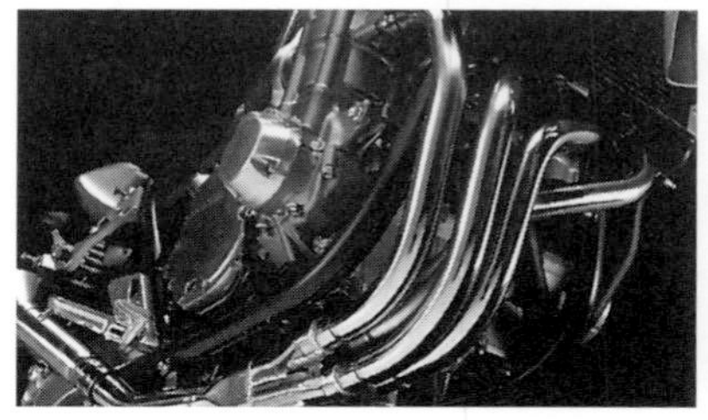

性能がよくても見映えがよくないデザインは納得できず、エンジン担当者と切磋琢磨して美しさにこだわり完成したエキゾーストパイプ回りの形状。

コンパクト化されフィンを廃したエンジンは、必要以上に小さく見えないように配慮が必要であり、そのデザインは困難を極めた。

り前ですけど。じゃあどういう形なら美しいのかということになって、何本も試作品をつくりました。パイプ曲げにも半年を費やしましたね。

それからマフラーエンドのピースにもこだわりました。ここ、アルミダイキャストなんですよ。ずっと隠れて仕込んでたんですけど、結局バレました（笑）。

細部のつくりでいうと、スイングアームのエンドピースもスゴいです。バフアルマイト仕上げの鍛造品。スタッフからはカッコいいと評判ですね。

ネイキッドモデルは、どの部分においても手が抜けません。エンジンハンガー1個でも露出していますからね。いかなる部分でも、機能や性能が見えるデザインにしなければならない。

実は私、ネイキッドを手掛けるのはこれがはじめてなんです。ずっとCBR系を担当してきたんですよ。その代わり、というのも変だけど、個人所有のオートバイはすべてネイキッドでね。だから、余計にこだわったところもあります。そのせいかもしれませんが相当に神経が参って、ストレスが原因で体調を崩しました。医者に行ったらなんて言われたと思います？「3カ月仕事を休んでハワイで過ごせばきれいに治る」だって。そりゃそうだろって感じですよね（笑）。

7．CB、という共通言語

シリーズ開発責任者　**原　国隆**

打倒HRC宣言で出場した「8耐」

三代目CB1300 SUPER FOURが発売されてから今日までの間で、最も大きなトピックと言えば、やはり2003年の「8耐」（鈴鹿8時間耐久ロードレース）挑戦でしょう。

「8耐」に参戦した理由はいくつかあります。まずひとつは、「8耐」というイベント自体が当初のフィロソフィーを失いつつあるような気がして、ちょっと心配だったことですね。昔は、いろんなモーターサイクルが走っていたでしょう。リザルトも重要だけれど、それと同等以上にこのマシンで「8耐」を戦ってみたいという、モーターサイクル自体への想いがあった。

実は私も昔の「8耐」に参加しているんです。1978年のRCBで。あのマシンの設計担当だったんですね。ファクトリーに所属していたからプライベーターに負けられないんだけれど、彼らのマシンづくりやレースに賭ける意気込み、もちろん私たちの情熱も含めて、当時の「8耐」の空気が好きでしたね。

それがなぜ失われつつあるのか。原因はファクトリー化による競争の狭さにあるのかもしれません。現在ファクトリーというのはHondaだけだから、HRCに「8耐」をもっと盛り上げてもらわないと（笑）。それならHRCにケンカを売ってやろうと、冗談みたいなことを考えたわけです。

いや、真剣でしたよ。ここ（朝霧研究所）の昼休み、全館放送で宣言しましたから。「HRCに勝つぞ。30位以内に入るぞ」ってね。

マシンは当然、CB1300 SUPER FOUR以外にありません。チームも、CB1300 SUPER FOURの開発チームで構成する。乗り手だけはレーシングライダーを招いたけれど、CBの純血を守りたかった。

その姿を、CBのユーザーに見せたかったんです。近年のレースにCB1300 SUPER FOURで参戦するのがいかに無謀かはよくわかっている。でも、量産車で挑むかつての「8耐」の醍醐味の復活と、そして我々がいかにCBに対して本気で向き合っているかを知ってもらうためにも、このチャレンジには大きな意味があると思いました。

CB1300 SUPER FOUR Type-R（2003年鈴鹿8時間耐久レース参戦マシン）「8耐」への参戦は、開発メンバーにとっても大きな挑戦になった。

たくさんのユーザーが応援に来てくれて、本当にうれしかった。一体感がありましたね。実際のレースは、予選中に転倒があったりして大変でしたが、宣言どおり30位になれた。特にライダーはよく頑張ってくれました。

喜ばしい出来事は、「8耐」後にも続きました。「8耐」に出場した我々のCB1300 SUPER FOURを参考にして、ユーザーの方々がいろんなカスタマイズをしてくれたんです。その広がりこそが、「8耐」に出る意味でした。

愛好家によるBIG-1ミーティングという集まりがあるのですが、そこに「8耐」マシンを持っていって、走行しない限りは跨ろうがエンジンをかけようが好きにしてくれと、そういうこともやりましたね。

CBを中心に、人と人がつながってゆく。私が求めていたのは、そうした一体感の高まりでした。

長く製作側にいると、時にユーザーの姿が見えなくなることがあります。企業の論理が優先して、実際のユーザーとの間にギャップが生じてしまう。それは、ものをつくる人間にとって、いちばん恐れなきゃいけないことなんですね。

PROJECT BIG-1を立ち上げるとき、私は「自分が欲しいモーターサイクルをつくりたい」という、渇きにも似た希望を根本に置きました。そういう考えは、もはやHondaのメンバーという枠を超え、ひとりのモーターサイクル好きの発想に過ぎないかもしれません。しかし、それを推し進めれば、ユーザーとのギャップは埋められると。そう確信してPROJECT BIG - 1を続けてきました。

つくりたかったのは、CBという“共通言語”です。「8耐」の参加と以後の広がりで、その基礎は構築できました。まだ語彙は少ないけれど、それでもCB1300 SUPER FOURで参戦したことと、開発スタッフでチームを構成したことは、やはり正しかったと思っています。

SUPER BOL D'ORで獲得したのは新しい語彙

2005年モデルでSUPER BOL D'ORが追加されて、あれは「8耐」の影響で生まれたんじゃないかという声をずいぶん聞きました。

「8耐」に出たマシンは、CB1300 SUPER FOURという存在のある一面を表現したもので、あの車両が今のSUPER BOL D'ORに直接つながったわけではありません。何しろ私は、「8耐」マシンにカウルを付けたくありませんでしたから。けれどライダーから、8時間も走るのに何もなかったら耐えられないと言われて、やむなく最低限のカウルを用意したんです。デザイン的にも似て非なるものだし。だから、2005年のカウリングの装着車と「8耐」マシンの関係に直接的なつながりはありません。やはりCB1300 SUPER FOURの王道はネイキッドですよ。

SUPER BOL D'ORが誕生した背景にあるのは、社会の変化です。特に高速道路の二人乗り解禁が大きい。高速道路をより快適に走れるCBというものも必要になってきたんですね。

繰り返しになりますが、CB1300 SUPER FOURはネイキッドなどという以前に、もっとシンプルなスタイルのモーターサイクルであるべきだと考えています。PROJECT BIG - 1がスタートした時点では、カウルを備えるなんて夢にも思わなかった。レーサーレプリカ主流でカウリング装着が当たり前の時期でしたから、それに対抗する意識も強かったし。

その一方で、CBに求めるもの、求められるものも変わっていきます。時代の風を無視して突っ走るのは、決してCBにふさわしいとは言えない。SUPER BOL D'ORは、そうしたCBのフィロソフィーを継承してゆく中で誕生した、新しい価値なんですね。そういう発想が芽生えたことは、私にとってうれしい事件と言えるものでした。実は、私自身それほどマーケットに響くと思っていなかったんです。我々は派生モデルという認識でつくっていましたから。ところが、予想に反してたくさんのユーザーに買っていただけた。

先にSUPER BOL D'ORと「8耐」マシンのつながりは薄いと話しましたが、SUPER BOL D'ORを買っていただいたユーザーのほとんどは、おそらく2003年の「8耐」をご覧になっておらず、あのマシンを見てカウル付きを選んだのではないと思うんですね。聞くところによれば、SUPER BOL D'ORユーザーはいわゆるリターンライダーが多く、かつネイキッドより若干年齢層が高いそうです。

そのユーザーの方々にとってSUPER BOL D'ORは、まさに待望の1台だったのではないでしょうか。CBの名前に記憶があり、それが現代のさまざまな事情を吸収しながら進化し続けている事実に共感してもらえたのではないか。それが、私のSUPER BOL D'OR人気の解釈です。

ユーザーの枠が広がりましたよね。大々的なアピールをせずにここまでCBのファンが増えたことは、本当にありがたいと思います。

この状況を鑑みて感じるのは、ものづくりとして幸せなのは“説得商品”ではなく“納得商品”であることです。パワーが凄い。トルクが太い。だから速い、という説得も大事ですけど、製作側が語りすぎるのは、あるいは自信がない証拠と受け止められる危険性も含む気がするんですね。その説得で納得してもらえる裏づけをつくるのが我々の仕事でもあるけれど、存在自体に共感を覚え、実際に手にとって納得できる。それが口コミのような形で浸透してゆくほうが、商品としてリアルなのではないでしょうか。

我々がSUPER BOL D'ORで得たものは、CBという“共通言語”の新たな語彙です。これからもCBは、さらに広がりを見せ、言葉を豊かにしてゆくでしょう。

そうした言語の源にあるのは、モーターサイクルへの愛です。私が愛なんて口にすると笑われそうですが、しかし、厳しさも優しさもすべて一体となった愛情があってこそ、モーターサイクルは、あるいはCBは進化してゆくのだと思います。つくり手の我々として成すべきことは、ものですべてを語ること。まずは自分たちが納得し、同時にユーザーにも理解と共感を得てもらえる表現を継続すること。

それが、Hondaのものづくりの原点です。

8. ネイキッドらしいハーフカウルをつくりたかった

デザイン担当 **伴 哲夫**

PROJECT BIG-1の原型はマッシブなCB1100R

CB1300 SUPER FOURで思い出すのは、まだPROJECT BIG - 1という名前すらなかった1980年代の終わり頃ですね。当時のデザインチームリーダーに岸さんという方がいて、秘密部屋にこもって、スケッチを描いていた。どうやら新しい大型モデルのアイデアらしいんです。

その頃の僕は、NSR250R等の国内中型スーパースポーツのチームにいたのですが、元来のビッグバイク好きだから、岸さんのスケッチにめちゃくちゃ興味がありました。そこで、手を挙げたんです。僕にもやらせてくれって。

そのスケッチがなぜ秘密で描かれたかというと、当時はまったく理解されないものだったからです。ネイキッドなんて言葉すらなかったのに、岸さんは典型的なスタイルのモーターサイクルを描いていた。マーケットはレーサーレプリカを中心としたフルカウル全盛時代でしたからね。ヘッドライトむき出しのデザインなんて会社が受け入れるはずがなかった。

それなのになぜ今こういうスタイルなのかを岸さんに尋ねたら、「自分が欲しいモデルが今のHondaにないんだ」とおっしゃった。同感でした。ラインアップに大排気量車はあるけど、おおむねスーパースポーツ系かツアラー系で、普通のスポーツモデルがなかったんです。そして何より、岸さんのスケッチにしびれました。モチーフとなっていたのはCB1100R。オリジナルをよりマッシブに仕立てたイメージで、このまま出せたら本当にカッコいいなと思いました。カラーリングも赤と白だったし。

そこで宣言しちゃったんですね。僕にやらせてくれたら絶対に買うって。自分自身もこういうモーターサイクルが欲しかったんです。そうして岸さんとデザインの煮詰めに入り、PROJECT BIG - 1の原型を固めていきました。

自分が欲しいもの、というのはモチベーションが上がりますね。というか、かなり傲慢（笑）。岸さんも僕も身長が180cmくらいあるから、シート高を思い切り高くしたり。こうじゃないと街中のショーウィンドウに映ったときカッコ悪いよな、とか言ってね。でも、設計チームのメンバーはみんな小柄で、「これじゃあね」って呆れられ

岸敏秋氏のPROJECT BIG-1スケッチ。後にデビューするCB1000 SUPER FOURの源流であるが、CB1300 SUPER FOURのハーフカウルの製作にも少なからず影響を与えた。

ました。それから、デザインの参考にと、スケッチの元になったCB1100Rのフューエルタンクを手に入れて眺めてみたのですが、昔見た雰囲気と違っていたんですね。もっと大きくて堂々とした印象だったけれど、それは記憶が膨らませたものだった。

一口にCBと言っても、世代によってイメージが異なります。いちばん最初のCB750 FourのK0に憧れて入社した人もいれば、CB750Fが好きな人もいる。みんなの意見をデザイン的にまとめるのは大変でした。

ただ、CBとは何かを考えると、Hondaの伝統であると同時に、その原点は日本独自のインライン4を積んだジャパンオリジナルであること。そうしたコンセプトにブレはありませんでした。

開発を進めていく過程では、CBの復活に否定的な声もあったけれど、テストチームなどは理解を示してくれて、現場としては作業がスムーズでした。おもしろいなと思ったのは、岸さんが秘密部屋でスケッチを描いていた時期には、CBの開発責任者である原さんと意見交換を行なっていなかったことです。それぞれが勝手に構想を練っていたんですね。新しいCBが欲しいという希望を抱いていたのは、決してひとりではなかったのです。

ゼロスタートだったハーフカウルデザイン

歴代のPROJECT BIG - 1で特に思い出深いのは、1994年に発表されたCB1000 SUPER FOUR・T2です。これは、オールブラックペイントのスパルタンなバージョンです。

デザイナーというのは天邪鬼なところがあって、最初にCB1000 SUPER FOURを出すときは絶対に赤白で行きたいと思っていたのに、マイナーチェンジでの追加モデルではそれと裏腹なトライをしたくなるんですね。

CBにもっと凄みを出したくて、全面黒で統一しました。もっとも苦労したのが、スイングアームでした。塗装にすれば簡単なんです。けれど、ペイントだと樹脂パーツのように見えてしまう。それではHondaのフラッグシップモデルに似合わない。そこで、スイングアームにハードアルマイト処理を施しました。サビにくく、傷つきにくいのが特長ですが、コストの関係上、量産車ではまず行ないません。それでもこれ以外に手段はないと考えて、200本ほどのカラーサンプルの中からベストなものを選びました。

しかし、期待したほどの人気は出なかったようで……（笑）。CBに賭けたデザイナーの思い込みとしては達成感がありましたが。

PROJECT BIG - 1とは長い付き合いになりますが、実は三代目の開発途中で一度チームを離れました。その当時はCBR1000RRのデザインワークを任されていたんです。新しいCB1300 SUPER FOURが開発されていくのを横目でながめるのは複雑な気分でしたね。オレならこうする、とかね（笑）。

再びチームに戻ったのは、05年モデルからです。ご存知のように、このタイミングでSUPER BOL D'ORが追加されましたが、そのカウリングのデザインを担当することになったんです。

「CB1100Rのような感じ」。それがオーダーの主旨でした。
考え込んでしまいましたね。まだ名前すらなかった頃のPROJECT BIG - 1はCB1100Rを強く意識していたけれど、それをそのまま現代に蘇らせるのはどうなんだろうと。過去のイメージを引きずることに、ひどく違和感を覚えました。

やはり、現代のCB1300 SUPER FOURにふさわしいものをつくりたい。そこで僕は、ネイキッドらしいハーフカウルをつけよう、そう考えました。サイズ的にも小さく、全体のバランスを崩さず、かつ実用性も備わっている。それこそが05年モデルのベストなカウリングになると思ったのです。

ただひとつ、CB1100Rへのリスペクトを込めて、ヘッドライト左右にダクトを設けることだけは最初から決めていました。しかし、ただ穴を開けるのでは現代性に欠けるので、ダクト開口部から後方へと続く部分を別パーツにしました。実は一体成型も可能なんです。けれど、パーツの合わせの巧みさも含め、精密機械が凝縮した雰囲気を出したくて、あえて別体に挑戦しました。金型が増えるのでコスト的には難がありましたが、立ちゴケなどをした場合、別パーツなのでカウル全体を交換しなくて済むメリットもあるんです。最初からそれを狙っていたわけじゃないんですけどね（笑）。

スクリーンも、マニアックな面構成にしてあります。両サイドに段をつくって、走行風を適度に逃がす工夫を施しました。単純にプロテクション効果を高めるだけなら、スクリーン上部にリップと呼ばれる段を設ければいいけれど、その手法は1980年代のものなんですね。CB1100Rのスクリーンにも、大きなリップがついている。だからこそ、それはやりたくなかった。何にせよ、新しいものでありたいと考えてつくりました。そうして完成したSUPER BOL D'ORはCB1300 SUPER FOURのイメージを崩さない、新鮮なスポーツツアラーになったと自負しています。でも、今だから言えますが、苦労が多かったですよ。周囲も、そして僕自身も、カウルを後付けするだけだからそんなに時間はかからないだろうと思っていたんです。ところが、フルカウルは得意でもハーフカウルに関するノウハウが少なかった。事実上ゼロスタートでした。スケッチに承認をもらうのに何枚描いたことか……。

走行テストも試行錯誤の連続でした。テストコースに粘土を持ち込んで、走っては盛り、走っては削り、の繰り返し。そのSUPER BOL D'ORが好評をいただいて、本当によかったと思います。やはりPROJECT BIG-1にはずっと関わっていきたい。なぜなら、CBはむずかしいから。エンジンがすべて見えるネイキッドモデルであること。そして、単に高性能にすればいいというものではないこと。さらには、伝統を守りつつ進化してゆくこと。一筋縄じゃいきませんね。だからこそデザイナーとしてもやりがいがある。

そして何より、僕自身が大型のインライン4が好きだから、信念を持って仕事ができる。常に自分が買う気で立ち向かっていますから。そのモチベーションはかなりのものですよ。

９．CBは、その時代最高の“スタンダード”です

完成車まとめ（テスト総括）工藤　哲也

モーターサイクルを愛する人の普遍的価値

おかげさまでCB1300 SUPER FOURにたくさんの支持をいただき、つくり手としてうれしい限りです。

なぜ今このモーターサイクルが受け入れられるのか、あらためて考えてみると、おそらく実際のユーザーが求めているものを具現化できたのではないか。こうした大型の“スタンダード”なモデルを多くの人が待っていたのではないか、と思うのです。1992年にCB1000 SUPER FOURで始まったPROJECT BIG - 1は、「こういうモーターサイクルが欲しい」という、開発サイドの強い願いが根っこにありました。それから14年が過ぎ、ハードウェアとしてのCBも1000から1300に変わったけれど、PROJECT BIG - 1の根底に流れているものはずっと守られてきた。そうした価値の永続性が、今、多くのユーザー、というかモーターサイクル好きに認められたのではないでしょうか。

とは言え、PROJECT BIG - 1のスタートは、相当に気負っていました。「乗れるなら乗ってみろ」と言わんばかりの気合いの入れようで、スタイルを重視したから足着き性も悪かった。新しい価値創造の出発点だから、当初はそれでもよかったけれど、CBの世界をより多くの人に知ってもらうためには、やはり間口の広いものでなければならない。そうして裾野を拡大する方向で、PROJECT BIG - 1は進化してきました。先に“スタンダード”なモデルと言いましたが、現実には1,300ccもあるエンジンですから、そのパワーをどうコントロールするかは大きな課題になります。

現実的にこの手の大型モデルは、3,000回転以下で走行する機会が圧倒的に多い。スロットル開度で言えば20％以下。その領域で使える馬力やトルクの出し方が重要で、しかも低回転域での制御は技術的にも困難がつきまといます。

二代目のCB1300 SUPER FOURのエンジン特性は、どちらかと言えば高回転寄りでした。たとえばエキパイの集合方法。180度集合と呼んでいる手法で、1番と2番、3番と4番をそれぞれつないだ先で一度まとめ、そこからさらに2本出しとしました。対して2003年のモデルチェンジでは、360度集合に変えました。1番、4番、2番、3番

風からライダーの体を完璧にプロテクトするのではなく、適度にライダーに風が当たるよう設計されたカウルを装着するSUPER BOL D'OR。本来のネイキッドモデルであるCB1300 SUPER FOURの特性と方向性を熟考した結果として派生モデルとして誕生。

の順でつなげて1本出しにする集合管です。こうすることでエンジンが本来持っている馬力を低速で発揮させ、かつ音質も低回転域で豊かになる。

さらに05年モデルでは、PGM‐FIのセッティングも変更しました。全閉から5度までのスロットル開度を全面刷新したんです。この超低速域のセッティングは、実はデータに表れにくいんですね。微小な差です。数字にしたら100分の1の世界……。

けれど、人間はそのわずかな設定の違いを感じ取ってしまうんです。我々のように訓練された者だけが感知できるわけではなく、普段モーターサイクルに乗っている人なら多分わかります。つくづく人間のセンサーは凄いなあと感心します。だから決してごまかせない。

そうした微小な差というのは、非常にアナログ的なんですね。それをデジタルのPGM‐FIで表現するのは本当に難しい。しかし、テスト総括の私の立場としては絶対に譲れない部分でした。

05年モデルで変更したのは、それだけではありません。リアホイールの中に組み込まれたダンパーのガタをギリギリまでなくしたり、あるいはクラッチセンターダンパーの振り角を狭くしたりして、駆動系全体のレスポンスを高めました。それらの変更は、カタログスペックには表れません。エンジンをテストベンチにかけても数値が変わるわけではない。

けれどそうした小さな進化は、必ず乗り手に伝わります。そして、CBの世界をより広くするために大きな効果を果たします。

CBはその時代において最高の“スタンダード”なんです。ビッグバイクに憧れる人々をこの世界に誘うために、ある意味で敷居が低く、付き合うほどに深みを感じてゆく存在。最大公約数的に言えば、モーターサイクルを愛する人を増やすための普遍的な価値でもあると思うのです。だから、CB1300 SUPER FOURが担う役割は非常に重要だと思っています。

けれど、03年モデルでやんわりとご指摘をいただいたシート高は、05年モデルで数値を変えていません。操縦性とスタイルの両立を考慮して、サイドカバーを中に入れ込むことで足着き性をよくしました。つくり手もまた、頑固ですからね（笑）

SUPER BOLD'ORが誘った大人の二輪生活

05年モデル最大のトピックは、SUPER BOL D'ORの追加です。私はこのSUPER BOL D'ORを、「休日の温泉特急」と呼びました。

40代のおじさんが、週末にポンと時間が空く。カミさんも子供も出かけた。昼過ぎから出かけて晩飯までに帰ってくれば、きっと怒られないだろう。そういうタイミングで、たとえば東京に住んでいるなら箱根あたりの温泉までひとっ走りしてくるのに最良のモデルなんです、このSUPER BOLD'ORは。

ネタをばらしますが、そのモデルケースは私自身です。05年モデルのSUPER BOLD'ORを購入して、お話したとおり週末に走り回っている。私の場合、晩飯までに帰れなくてよく怒られていますけど（笑）。

カウリングが装着されることの最大のメリットは、プロテクション効果による疲労の軽減です。ネイキッドのCB1300 SUPER FOURより、体感的に20％は高速走行が楽になりますね。

その一方、重量物がフロントに備わるので、運動性能の低下を危惧されるかもしれません。しかし現実には、CB本来の軽快なハンドリングは損なわれていないんですよ。ヘッドライトやメーター類がハンドルから外されているので、ハンドル自体はむしろ軽くなっている。実際はフロントサスペンションのバネレートを高めていますが、全体的なセッティングは変わっていません。あえて言えば、ネイキッドのほうが自分のアクションで走りたい人向きで、カウル付きはオン・ザ・レール感覚。流して走るのに向いているでしょう。

SUPER BOLD'ORの開発でもっとも重要だったのは、カウルの大きさです。プロテクション効果を主眼にすれば、より大きいほうが有効的。しかし、単純に大きなカウリング、たとえばかつてのCB1100RのようなものではCB1300 SUPER FOURの良さをスポイルしてしまう。また、CB1300 SUPER FOURでレース参戦を考えるユーザーも少ないから、レーシーな方向でもないと。

2005年に登場したCB1300 SUPER BOL D'ORのサイドビュー。全体のバランスを壊すことなく、サイズは小さく、実用性も十分に備わったデザインが追求された。

そこで考えたのが、スポーティーで現代的なカウリングでした。サイズで言えば小さめ。問題となるプロテクションも、むしろライダーには風を当てようと。当てた上で気持ちよく流すという設計にしたんです。もちろん、カウル自体のデザインやスクリーンの形状で最低限のプロテクション効果を確保していますが、CB1300 SUPER FOURのキャラクターを考えたとき、風を感じて走ることはカウリングの有無に無関係だと思うんですね。ただ、開発陣にとってSUPER BOL D'ORは、悩ましい存在でもありました。PROJECT BIG-1の本流はネイキッドです。伝統的なモーターサイクルらしいスタイルこそがCBであるという考えは、我々の誰もが持っていた。

しかし、高速道路の二人乗り解禁など、時代は刻々と変化していきます。それに対応するのも、その時代最高の"スタンダード"であるCBに求められることではないか。そうしてSUPER BOL D'ORは、派生モデルとして誕生したのです。

ところが、という表現は正しくありませんが、このSUPER BOL D'ORが大好評を博した。これもまた、こういうモーターサイクルを求めていた人が潜在的に多かったことの証明になりました。大人のライダーが増えているのだと思います。自分のライフスタイルにモーターサイクルを取り入れるとき、何がもっとも理想的かを見極められる人が多い。

そして何より、シュリンク傾向にあると言われて久しい二輪マーケットにも、SUPER BOL D'ORの反響によって、実はまだまだポテンシャルがあることがわかった。モーターサイクルに乗りたい人は少なくない。ただ、自分に合うモデルがなかっ

CB1300 SUPER BOL D'OR（2006年・左）には、CB1100R（1981年・右）へのリスペクトを込めて、ヘッドライト左右にダクトが設けられ、スクリーンにもCB1100R同様の大きなリップが付けられていた。また、赤と白を基調とした全体のカラーリングも継承されている。

ただけなんだと。その事実は、我々にとってうれしい誤算と言えるでしょう。CBが果たすべき役割を再確認できたわけですからね。

これは私自身に言い聞かせていることでもありますが、大人になった今こそ、カッコよく乗りたいと思いますね。40代や50代のおじさんがビッグバイクをさらりと乗りこなしているのって、特に若い世代にとって大事じゃないですか。かつて自分たちが憧れたわけですから。CBは、そういう願いもかなえてくれます。力まず、自然体で乗れる“スタンダード”さがあるから。それは、ひとりのユーザーとして私自身が日々感じていることでもあるのです。

CB750をつくった意図

『ホンダ社報』No.124「社長に31の質問」より復刻

本田　宗一郎　社長(当時)

社長　だいたい750は外国部のほうから「作ってくれ」と要請があったが、ことにアメリカ人の連中が来たときも「作ってくれ、作ってくれ」と盛んにぼくのところへハッパをかけに来たものだけれども、最初はあんなでかいものを作っていいのかなあ？とためらっていたんですよ。

ところが、ことしの6月にスイスへ行ったときに、ぼくらは公園で遊んでいた。そうしたらお巡りさんが白バイに乗ってきて、ポコッと降りたんですよ。「なんだ、小さなオートバイに乗ってきやがったなあ！　これはお巡りさんにふさわしくねえな」と思って、日本のお巡りさんを想像しているから小さいなあと思っていたら、なんとこれがトライアンフの750ccなんだよ。だから実際はでかいんだよ。

それが、どうして、そんなに小さく見えたかというと、お巡りさんがでかすぎるんだよ(笑)。ちょうどおれがカブを扱っているぐらいにちょこちょこっと置きやがるんだよ(笑)。

「なるほど、これじゃ、日本の感覚でオートバイを作っていたんだじゃ、だめだわいなあ！」と思ったんですよ。

いやはや、どうもおれも認識不足だわいと思って(笑)この年になって、オートバイの専門家だなんていったって、これはだめだわいと思って考えたなあ！

日本にいると、ついそんな考えになっちゃうんですね。

アメリカ人が「大きいのを作れ、大きいのを作れ」と言うし、うちのアメホンなんかからも「大きいのを作れ」と言ってきても、なかなか腰が重くて上がらなかったのは、そういうふうな頭がおれにもうちの連中みんなに、あったんじゃないかなあ？　向こうへ行ってびっくりしちゃったんだよ。

それで急に早く作れ、作れと、ハッパをかけたわけですよ。

そうしたら、この間、ホリディ・イン・ジャパンで来たアメリカ人なんか喜んじゃってね、乗って走って……これなら売れるなあと言ってね。

だから、世界は広いなあ！と思ったなあ！　おれなんか、ずいぶん世界も歩いているし、自分でも、かなりいろいろな考え方もするなあと思ったけれども、まだまだこれじゃとてもじゃないけれども、と思ったりして……この年になって目が覚めるよ。世界は狭い、狭いといっても広いよ！

1968年12月12日　本田技術研究所発行

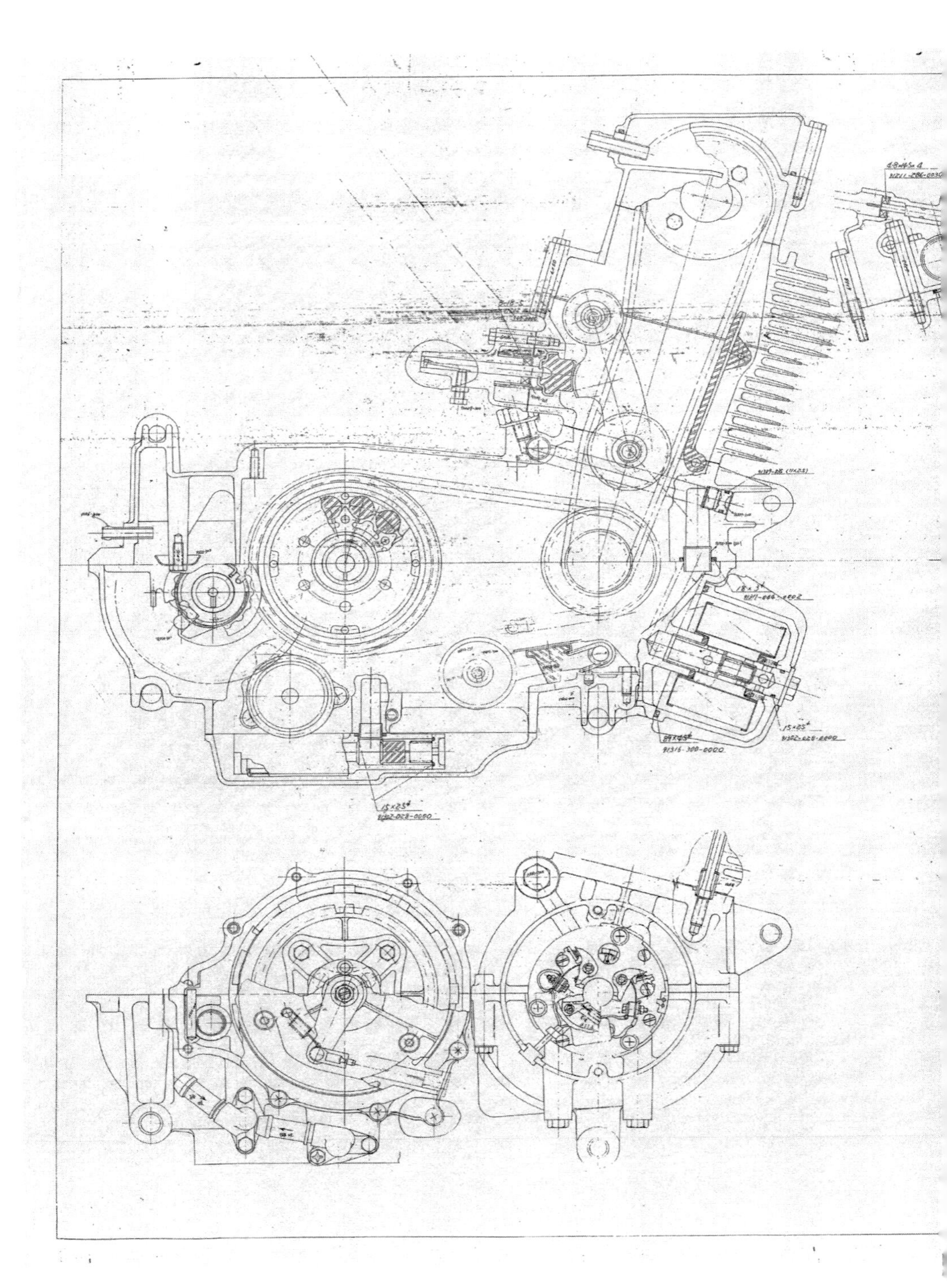

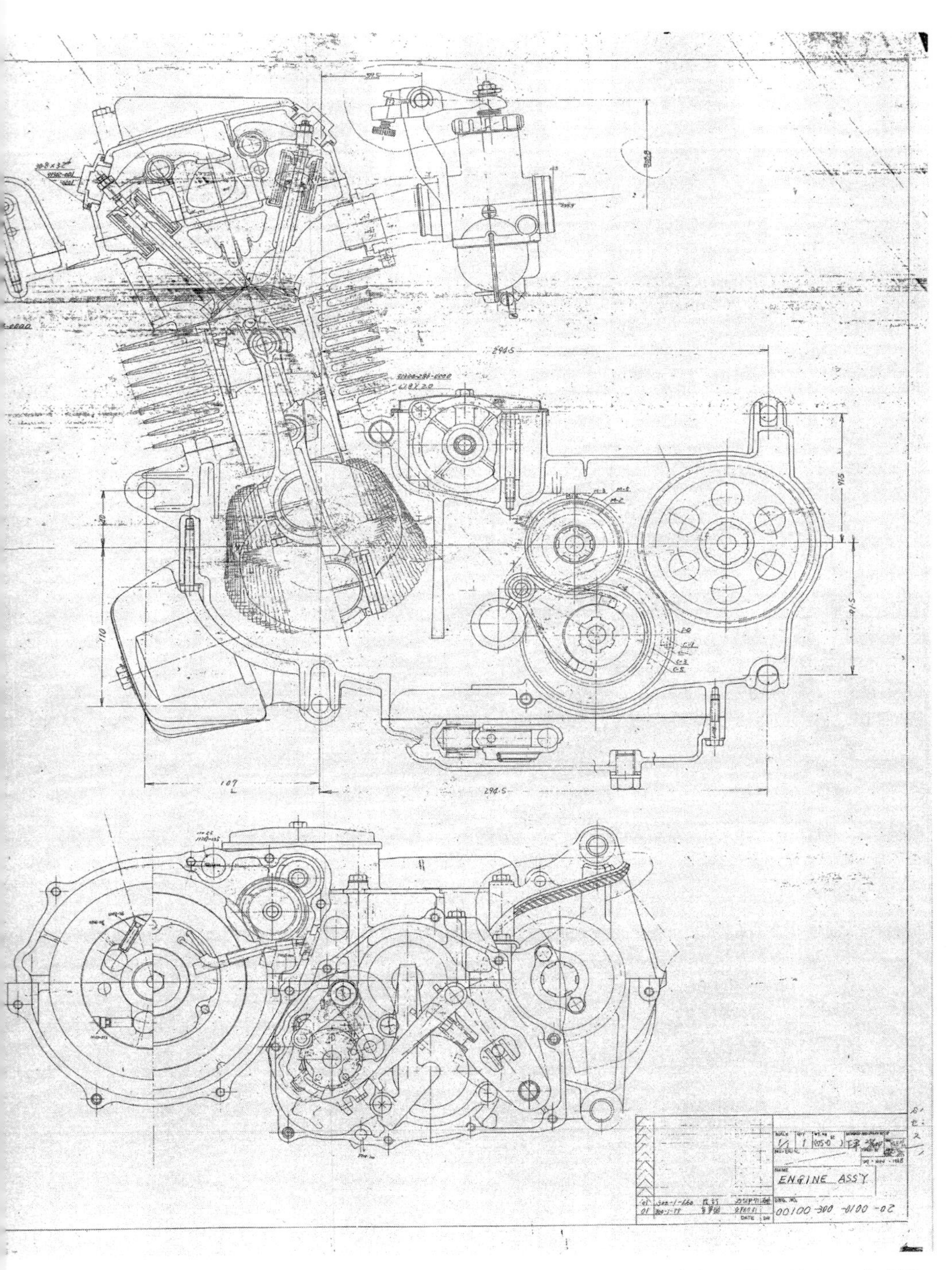

Honda Dream CB750 FOUR エンジン組図

■本文17頁に掲載したCB750 FOURについて

CB750FOUR（1969年型）　写真の展示車はホンダコレクションホールでレストアされたホンダCB750FOURで、フレームNo. CB750-1004704、エンジンNo. CB750E-1004581という打刻番号のCB750K1以前の初期型。パーツリスト（本田技研工業株式会社発行）によると、CB750の初号機はCB750-1004149（フレーム）、エンジンはCB750E-103566であるので、この車体は556台目に量産されたことになる。テストコースでの実走行も可能であり、動態保存されている貴重な一台。

■打刻号機について

フレーム号機

CB750	CB750-1004149〜	＊
CB750K1	CB750-1055209〜	＊
CB750K2	CB750-2000001〜	＊
CB750K4	CB750-2400002〜	＊

エンジン号機

CB750	CB750E-1003566〜1057051	
CB750K1	CB750E-1057052〜	＊
CB750K2	CB750E-2000001〜	＊
CB750K4	CB750E-2341915〜	＊

（HONDA CB750, CB750K1, K2, K4,パーツリスト〔発行：本田技研工業株式会社〕より）

編集部より

本書は1998年の初版制作時より、20年以上にわたり、多くの方々のご好意を賜わりまとめられました。ここに改めて、厚くお礼申し上げます。（順不同・敬称略）

取材協力／原田義郎　白倉　克　池田　均　秋鹿方彦　佐藤允弥

資料協力／本田技研工業㈱ 広報部　松岡洋三　永山清峰　高山正之　三田村　武

ホンダコレクションホール　青山儀彦　小林　勝　桜谷国雄　神杉　進

鈴木芳樹　山崎　彰

㈱ ホンダモーターサイクルジャパン　森口雄司

MPS　中村英雄／㈳自動車工業振興会資料部資料課　綱蔵　豊

みちのく記念館　小船浩幸

編集製作／ヴィンテージ・パブリケーションズ　小川文夫

㈲ガルフ・ガルフ　中村　靖

小林謙一

著者略歴

小関　和夫（KAZUO OZEKI）

1947年東京生まれ。1965年より工業デザイン、機器設計業務とともに自動車専門誌編集者を経て、現在に至る。1970年毎日工業デザイン賞受賞。フリーとなった後は二輪、四輪各誌へ執筆。二輪、三輪、四輪の技術および歴史などが得意分野。雑誌創刊にも複数関与する。自動車、サイドカー、二輪車部品用品を設計する「OZ」ハウス代表。

〈著　書〉
『単車』『単車ホンダ』『単車カワサキ』『単車ハーレーダビッドソン』『単車BMW』『サイドカー』各歴史書（池田書店）、『気になるバイク』『チューニング＆カスタムバイク』（ナツメ社）、『カスタムバイクハンドブック』（CBSソニー出版）、『マイカーベストチューニング講座』『クルマのメンテナンス入門』（交通タイムス社）、『日本のトラック・バス【いすゞ　日産・日産ディーゼル　三菱・三菱ふそう　マツダ　ホンダ】編』『国産三輪自動車の記録』『日本の軽自動車』『スズキ ストーリー』『カワサキ マッハ』『カワサキ モーターサイクルズストーリー』『国産二輪車物語』『日本のスクーター』『日本の自動車アーカイヴス　二輪車1908-1960』『国産オートバイの光芒』『カタログでたどる 日本の小型商用車』（三樹書房）、他にも雑誌・ムックなど多数を執筆。

ホンダ CB ストーリー
— 進化する４気筒の血統 —

編著者　三樹書房 編集部 編
　　　　小 関 和 夫　他共著
発行者　小 林 謙 一
発行所　三 樹 書 房
URL　http://www.mikipress.com
〒101-0051
東京都千代田区神田神保町１-30
TEL　03（3295）5398
FAX　03（3291）4418

印刷・製本　モリモト印刷株式会社